课题资助：

北京林业大学科技创新计划项目“政府工作报告视阈下
中国特色社会主义生态文明建设道路研究（2019MJ05）”

北京林业大学重大科研成果培育项目“美丽中国建设的
目标、内容与制度研究（2017CGP026）”

主 编 方 然 林 震
副主编 高兴武 孙彦军 林龙圳

县域生态文明建设的理论与实践

图书在版编目（CIP）数据

县域生态文明建设的理论与实践/方然，林震主编. --福州：福建人民出版社，2023.4

ISBN 978-7-211-08956-7

Ⅰ.①县… Ⅱ.①方… ②林… Ⅲ.①县—生态环境建设—研究—福建 Ⅳ.①X321.257.4

中国版本图书馆 CIP 数据核字（2022）第 222966 号

县域生态文明建设的理论与实践

XIANYU SHENGTAI WENMING JIANSHE DE LILUN YU SHIJIAN

主　　编：方　然　林　震
副 主 编：高兴武　孙彦军　林龙圳
责任编辑：韩腾飞
责任校对：林乔楠
出版发行：福建人民出版社　　**电　　话**：0591-87533169(发行部)
网　　址：http://www.fjpph.com　　**电子邮箱**：fjpph7211@126.com
地　　址：福州市东水路 76 号　　**邮政编码**：350001
经　　销：福建新华发行（集团）有限责任公司
印　　刷：福州德安彩色印刷有限公司
地　　址：福州金山工业区浦上 B 区 42 幢
开　　本：700 毫米×1000 毫米　1/16
印　　张：20.25
字　　数：297 千字
版　　次：2023 年 4 月第 1 版　　2023 年 4 月第 1 次印刷
书　　号：ISBN 978-7-211-08956-7
定　　价：60.00 元

前　　言

党的十八大以来，我国坚持绿水青山就是金山银山的理念，生态环境保护发生了历史性、转折性、全局性变化，我们的祖国天更蓝、山更绿、水更清。人与自然和谐共生是中国式现代化的本质要求。未来，生态环境保护任务依然艰巨，更要像保护眼睛一样保护自然和生态环境。

我国的生态文明建设取得今天的成就也经历过一段漫长的历史过程。本书第一章梳理了新中国生态文明建设的历程。恩格斯在《自然辩证法》中就曾揭示人与自然和谐共生的规律，但是人类社会从 20 世纪中叶才开始醒悟，探索可持续发展之路。1972 年联合国人类环境会议在斯德哥尔摩召开，发布了重要的《人类环境宣言》。新中国的生态建设与治理始于建国初期，1949 年 9 月通过的首部宪法性文件《中国人民政治协商会议共同纲领》就明确提出保护森林的规定。那时，我国生态环境事业主要集中在生态保护和建设、大江大河治理、卫生环境整治和资源综合利用等方面。在斯德哥尔摩会议的启示下，1974 年国务院环境保护领导小组正式成立，这是新中国第一个环保机构。从此以后，我国逐渐地从环境保护向生态文明建设迈进。至 2008 年，生态文明建设正式作为国家政策确定下来。2012 年党的十八大报告把生态文明建设提到前所未有的高度，生态文明建设从此全面展开。2022 年党的二十大报告强调人与自然和谐共生是中国式现代化的本质要求。制度和体系是生态文明建设得以推进的基本保障。从党的十八大以来，我国在生态文明建设的顶层设计和部署下，开展了多项制度改革与建设。《关于构建现代环境治理体系的指导意见》明确提出，到 2025 年建立健全多项生态文明的治理体系的目标。

第二章是对绿色治理的研究。绿色行政扬弃了工业时代的传统行政范式，是适应生态文明时代的一种公共行政范式，生态化或绿色化是其发展动力，它以系统、整体、协同为主要特征。绿色行政要实现环境友好型的行政，必须对传统行政进行生态化改造。绿色治理是指多元治理主体以绿色价值理念为引导，实现“五位一体”持续和谐发展的美好生活的活动或活动过程。绿色治理具有公共性、人民性、福利性等属性特征，以系统化、科学化与精细化为推进绿色治理的路径。绿色治理得以实现需要在公共问题治理上，坚持政府各部门共同但有区别的责任原则。例如大气污染防治，它不是环保部门或几个政府部门能够独立解决的问题，需要各级政府、各部门通过互动合作协同应对。我国铸就了世界第二大经济体的“中国奇迹”，但是多年来经济高速增长也积累了一系列深层次矛盾。为实现绿色发展，政府需将绿色行政与公共治理融合起来，走绿色治理之路。

本书讲述生态文明建设是以县域为单位展开的。县在我国行政体制中占据承上启下的重要地位。我国的县制，“渊源于周，雏形于春秋，确立于秦”。新中国成立以后，经过一番筹备和酝酿，1954 年宪法确立了地方行政区划为省、县、乡三级体制。我国城镇化率从 1949 年末的 10.64％增加到 2019 年末的 60.60％，县级行政区结构也随之发生了重大变化。习近平总书记在宁德市做地委书记的时候说过：“如果把国家喻为一张网，全国三千多个县就像这张网上的纽结。”从整体与局部的关系看，县一级工作好坏关系生态文明建设的成效。第三章详述了我国现行的市管县体制特征、县级行政区分的类型、县级党政机构的设置等。随着国家治理体系和治理能力现代化的推进，2018 年至 2019 年我国完成了一轮从中央到地方的机构改革，统筹优化地方机构设置和职能配置，构建了从中央到地方运行顺畅、充满活力、令行禁止的工作体系。生态文明体制改革最后都要落到县域层面，例如绿色城镇化、美丽乡村建设、农村人居环境整治等。

第四章用全国县域政府工作报告的文本分析描绘出全国县域生态文明建设的全景图。该章从各县政府网站上共采集 2017 年政府工作报告或同类政策文本、新闻 2650 篇。文本分析结果中反映经济建设的词语出现频率最高，印证了当前我国地方治理仍然以经济建设为中心。报告中生态文明建设相关的高频词有“生态”“环境”“绿色”“资源”“美丽”“绿化”，说明生态文明建设已经成为县域治理的重要部分。如前所述，生态文明建设需要社会各界形成合力，必须将生态文明建设融入经济社会发展的方方面面。分析结果发现了一些“生态+”结构的词语，如“生态宜居”“生态乡镇”“生态补偿”“生态文化”“生态经济”等。这些词语反映出生态文明建设正在逐渐融入各个领域。从 2017 年开始，生态环境部评选了 6 批国家生态文明建设示范市县（以下简称示范市县）。本章特别汇总了示范市县 2019 年的政府工作报告，分析它们在生态文明建设方面的突出特征。报告文本反映出示范市县政府对生态文明建设工作更加重视，它们也能更好地践行“绿水青山就是金山银山”的理念。

本书上篇梳理了生态文明建设的发展历程，论述了绿色治理，讲述了我国的县制以及县域生态文明建设的特征，并且以全国县域政府工作报告文本为分析对象描绘了生态文明建设的状况。本书下篇展现了 23 个生态文明建设成效突出的县域案例。福建省位于我国东南沿海地区，由于自身生态优势显著，成为首个被评为国家生态文明先行示范区的省。案例部分第五章首先展现福建省生态文明建设的经验，以永泰县、泰宁县、长泰区和长汀县为例。第六章介绍北京市延庆区等大城市辖区的先进做法。第七章介绍了 4 个县级市。第八章搜寻了全国 10 个践行“两山”理论走在前列的县，如江西省婺源县、山东省微山县、河南省鄢陵县、云南省勐海县等。它们都在摸索绿色治理与挖掘自身优势之间找到了结合点，在保护绿水青山与创造金山银山之间找到了契合点，从而绿色发展之路越走越宽。

目　录

上篇　理论篇

下篇　案例篇

上篇

理论篇

第一章　生态文明建设的根基在县域

生态文明是人与自然和谐相处、共生共荣的一种社会形态。生态文明建设是我国针对资源约束趋紧、环境污染严重和生态系统退化等问题而采取的节约资源、治理环境和修复生态等举措。生态文明建设已经成为新时代中国特色社会主义“五位一体”总体布局和“四个全面”战略布局的重要组成部分。2018年的宪法修正案将“生态文明”和“美丽”写入宪法，并把生态文明建设列为政府的重要职责。

郡县治，天下安。县级行政区是我国国家治理的重要单元，在全国行政区划当中居于中间层级，从秦朝确立郡县制以来，两千多年中县是最为稳定的地方行政组织结构。习近平总书记高度重视县域治理，指出：“县一级承上启下，要素完整，功能齐备，在我们党执政兴国中具有十分重要的作用，在国家治理中居于重要地位。”[①] 县不仅是一级行政区划，也是一级经济区划，同时还是国家主体功能区的基本单位，在生态文明建设中发挥着不可替代的作用，是国家生态文明建设的根基所在。

第一节　新中国生态文明建设历程

一、人类社会对可持续发展的探索

“生态兴则文明兴，生态衰则文明衰。”这是人类社会发展的普遍规

① 习近平：《作风建设要经常抓深入抓持久抓　不断巩固扩大教育实践活动成果》，《人民日报》2014年5月10日。

律。西方传统工业化的道路在创造巨大物质财富的同时，也导致了全球资源能源危机加剧、环境公害事件时有发生、生态系统破坏严重等问题，醒悟过来的人类社会从20世纪中叶开始积极探索可持续发展之路。

蒸汽机的诞生把人类送进了工业文明时代，资本主义生产方式在提高生产效率的同时也加快了掠夺自然的速度。这种大规模的攫取行为，违背了自然的规律，损害了地球的生态系统，其后果是使人与自然处于尖锐的矛盾与冲突之中，并不断受到自然的报复，使人类自身的发展遭遇到严重危机。20世纪30年代开始，欧美工业发达国家和一些新兴的工业国家发生多起环境污染事件，以“八大环境公害事件”影响最为恶劣。

面对人为造成的环境危害，人们开始反思自己的行为。1962年，美国海洋生物学家蕾切尔·卡逊《寂静的春天》一书出版，该书警告人类要克服“控制自然”这种妄自尊大的思想，拉开了全球保护生态环境运动的序幕。1972年，罗马俱乐部推出《增长的极限》，从环境承载力的角度，指出了传统生产模式的不可持续性：地球的资源是有限的，人类的发展不能是无节制的。

1972年6月5日至16日，联合国人类环境会议在瑞典首都斯德哥尔摩召开。会议通过了《人类环境宣言》，呼吁各国政府和人民为维护和改善人类环境，造福全体人民，造福后代而共同努力。此前一年，即1971年，联合国教科文组织牵头开展了“人与生物圈计划”，这是一项着重对人和环境关系进行生态学研究的多学科的综合研究计划。其宗旨是通过自然科学和社会科学的结合，基础理论和应用技术的结合，对生物圈不同区域的结构和功能进行系统研究，并预测人类活动引起的生物圈及其资源的变化，以及这种变化对人类本身的影响，从而寻找有效解决人口、资源、环境等问题的途径。

1987年2月，世界环境与发展委员会发表报告《我们共同的未来》，分析了人类面临的一系列重大经济、社会和环境问题，系统阐述了“可持续发展”的理念。报告鲜明地提出了三个观点：(1) 环境危机、能源危机和发展危机不能分割；(2) 地球的资源和能源远不能满足人类发展的需要；(3) 必须为当代人和下代人的利益改变发展模式。

1992年6月，联合国环境与发展大会（也叫全球环境首脑会议或地球首脑峰会）在巴西里约热内卢举行。会议通过了《里约环境与发展宣言》（又称《地球宪章》）和《21世纪议程》，签订了《生物多样性公约》《气候变化框架公约》《森林公约》等重要文件。在这次会上，环境保护与经济发展的不可分割性被广泛接受，“高生产、高消费、高污染”的传统发展模式被否定。会议最大的成就在于促进了各国政府把宽泛的政策目标转化为具体的行动，并在通过经济的、行政的以及制度的手段管理环境上作出了初步的尝试。

20年后，各国领导人再聚里约召开2012年联合国可持续发展大会(也称“里约+20”峰会)，集中讨论两个主题：一是绿色经济在可持续发展和消除贫困方面的作用，二是可持续发展的体制框架。大会最终达成了《我们憧憬的未来》的成果文件，重申了“共同但有区别的责任”原则，肯定绿色经济是实现可持续发展的重要手段。

2015年9月，联合国可持续发展峰会在纽约联合国总部召开。会议正式通过了由193个会员国共同达成的成果性文件《2030年可持续发展议程》。议程涉及经济发展、社会进步和环境保护3个方面，包括17个可持续发展目标及169个相关具体目标，其重点是：消除贫困和饥饿，促进经济增长；全面推进社会进步，维护公平正义；加强生态文明建设，促进可持续发展。

二、新中国初期的生态建设与治理

尽管“生态文明建设”一词出现在官方话语中的时间并不长，但党和政府在生态环境保护方面的制度建设却由来已久。在新中国成立的头20年，我国生态环境事业主要集中在生态保护和建设、大江大河治理、卫生环境整治、资源综合利用等方面。

1949年9月召开的中国人民政治协商会议通过了《中国人民政治协商会议共同纲领》这一具有临时宪法性质的文件，第三十四条专门对农林渔牧业做了规定，明确提到“保护森林，并有计划地发展林业”。为此，中央人民政府专门成立了林垦部（1951年更名为林业部），并在每年召开一次全国性林业工作会议。1952年3月，为粉碎美国在我国和朝鲜发动的细菌战争，全国掀起了轰轰烈烈的“爱国卫生运动”，周恩来总理担任首届中央爱国卫生运动委员会主任。

1950 年，淮河流域发生特大洪涝灾害，给人民群众生命财产造成极大损失。同年 10 月 14 日，政务院发布《关于治理淮河的决定》。毛泽东主席指示“一定要把淮河修好”。到 1957 年冬，治淮工程基本完成，培修淮河主要地方和运河堤防共 4600 多公里，极大提高了防洪泄洪能力。淮河成为新中国第一条全面系统治理的大河。1955 年 7 月，第一届全国人民代表大会第二次会议通过了《中华人民共和国发展国民经济的第一个五年计划（一九五三——一九五七)》和《关于根治黄河水害和开发黄河水利的综合规划的决议》。与会的人大代表们欢欣鼓舞，著名音乐家马思聪在《人民音乐》发表文章《把祖国建成最美丽的花园!》，对美丽中国建设充满期待。

1955 年下半年，毛泽东主席向全国人民发出了在 12 年内绿化祖国的号召。中国开始了“12 年绿化运动”，目标是“在十二年内，基本上消灭荒地荒山，在一切宅旁、村旁、路旁、水旁，以及荒地荒山上，即在一切可能的地方，均要按规格种起树来，实行绿化”。1956 年，全国第一个自然保护区在广东肇庆鼎湖山建立。1958 年，毛泽东又指示，要使我们祖国的河山全都绿起来，要达到园林化，到处都很美丽，自然面貌要改变过来。1963 年 5 月 27 日国务院颁布了《森林保护条例》，这是新中国成立以后制定的第一部有关生态保护工作的行政法规。

这一时期，中央还逐步形成了资源综合利用的思想，先是对水资源和水利设施的综合利用，进而扩大到对煤炭等工业原料的综合利用，同时针对日益增加的环境污染问题，开展了工业废料的综合利用以及生活废弃物的回收利用。

三、生态文明建设在中国的兴起

（一）从环境保护到生态文明建设的发展历程

1972 年，我国政府派代表团参加了联合国首次人类环境会议，认识到了我国也存在着严重的生态环境问题。由此，国务院委托国家计委于 1973 年 8 月 5 日至 20 日在北京组织召开了第一次环境保护会议。会议审议通过了“全面规划、合理布局、综合利用、化害为利、依靠群众、大家动手、保护环境、造福人民”的环境保护工作32字方针和我国第一个环境保护文件《关于保护和改善环境的若干规定（试行草案）》，推动我国环境保护事业迈出了关键性的一步。1974年，国务院环境保护领导小组正式成立。这是新中国第一个环境保护机构。

1979年，在邓小平的领导和推动下，《中华人民共和国森林法（试行）》和《中华人民共和国环境保护法（试行）》颁布实施。1983年12月31日至1984年1月7日，国务院召开了第二次环境保护会议，将环境保护确立为基本国策。会议制定了经济建设、城乡建设和环境建设同步规划、同步实施、同步发展，实现经济效益、社会效益、环境效益相统一的指导方针，以及“预防为主，防治结合”“谁污染，谁治理”“强化环境管理”三大环保政策。

1987年，中国生态农业的奠基人叶谦吉教授在全国生态农业研讨会上呼吁，要“大力提倡生态文明建设”，并给出了生态文明的定义：获利于自然又还利于自然，改造的同时保护自然，人与自然保持和谐统一的关系。1989年，著名生态经济学家刘思华教授提出了生态经济协调发展论，指出物质文明、精神文明、生态文明的高度统一才是社会主义现代文明。同时，人们开始从文明进程的角度来理解生态文明，认为生态文明是人类文明发展的一个新的阶段，是一种超越工业文明的文明形态；生态文明是人类遵循人、自然、社会和谐发展这一客观规律而取得的物质、精神与制度成果的总和；生态文明是以人与自然、人与人、人与社会和谐共生、良性循环、全面发展、持续繁荣为基本宗旨的社会形态。

1988年，国务院决定独立设置国家环境保护局，作为国务院的直属机构。1989年新的《中华人民共和国环境保护法》颁布施行。1994年3月25日，国务院审议通过《中国21世纪议程》，中国成为全球第一个制订和实施21世纪议程的国家。1998年，国务院进行机构改革，设置了正部级的国家环境保护总局。1998年大洪水之后，国家启动了林业六大工程，实现了林业从“砍树”到“看树”的历史性转变。

进入新世纪以来，我国在保持经济快速、稳定发展的同时，注意加强生态建设、资源节约和环境保护，积极探索科学发展之路，努力建设美丽中国，实现中华民族的永续发展。

2002年党的十六大报告强调实施可持续发展战略，走生产发展、生活富裕、生态良好的文明发展道路。2003年，中共中央、国务院发布《关于加快林业发展的决定》，明确提出建设山川秀美的生态文明社会。这是党和国家的重要文件首次明确肯定和使用“生态文明”概念。2005年《国务院关于落实科学发展观加强环境保护的决定》提出要发展循环经济，倡导生态文明，强化环境法治，完善监管体制，建立长效机制，建设资源节约型和环境友好型社会。

2007年党的十七大报告将“建设生态文明”作为实现全面建设小康社会奋斗目标的新要求之一，要求“基本形成节约能源资源和保护生态环境的产业结构、增长方式、消费模式。循环经济形成较大规模，可再生能源比重显著上升。主要污染物排放得到有效控制，生态环境质量明显改善。生态文明观念在全社会牢固树立”。

2008年9月，胡锦涛在中共中央政治局第三次集体学习会议中指出，贯彻落实实现全面建设小康社会奋斗目标的新要求，必须全面推进经济建设、政治建设、文化建设、社会建设以及生态文明建设，从而正式将生态文明建设作为国家政策确定下来。

2012年党的十八大报告明确要求要树立一个理念——尊重自然、顺应自然、保护自然的生态文明理念；明确两个目标——实现永续发展，建设美丽中国；解决三个问题——资源短缺、环境污染和生态退化；采取四个措施——优化国土空间开发格局、全面促进资源节约、加大自然生态系统和环境保护力度，以及加强生态文明制度建设；构建“五位一体”总体布局——生态文明建设融入经济、政治、文化、社会建设的各方面和全过程，大力推进中国特色社会主义经济建设、政治建设、文化建设、社会建设和生态文明建设。

2015年4月出台的《中共中央　国务院关于加快推进生态文明建设的意见》指出：加快推进生态文明建设是加快转变经济发展方式、提高发展质量和效益的内在要求，是坚持以人为本、促进社会和谐的必然选择，是全面建成小康社会、实现中华民族伟大复兴中国梦的时代抉择，是积极应对气候变化、维护全球生态安全的重大举措。意见提出了加快推进生态文明建设的五大基本原则：坚持把节约优先、保护优先、自然恢复为主作为基本方针，坚持把绿色发展、循环发展、低碳发展作为基本途径，坚持把深化改革和创新驱动作为基本动力，坚持把培育生态文化作为重要支撑，坚持把重点突破和整体推进作为工作方式。

党的十八届五中全会提出要坚持创新、协调、绿色、开放、共享的五大发展理念，建议将生态文明建设纳入“十三五”发展规划。其中，绿色发展就是以促进人与自然和谐共生发展为目标，以资源承载力与生态环境容量为约束，通过生产生活方式的绿色化和生态化实践，协同推进人民富裕、国家富强和美丽中国，实现经济、社会、生态协调发展的过程。

2017年，党的十九大报告把“坚持人与自然和谐共生”作为贯彻落实习近平新时代中国特色社会主义思想的14个基本方略之一，指出：“建设生态文明是中华民族永续发展的千年大计。必须树立和践行绿水青山就是金山银山的理念，坚持节约资源和保护环境的基本国策，像对待生命一样对待生态环境，统筹山水林田湖草系统治理，实行最严格的生态环境保护制度，形成绿色发展方式和生活方式，坚定走生产发展、生活富裕、生态良好的文明发展道路，建设美丽中国，为人民创造良好生产生活环境，为全球生态安全作出贡献。”

2018年，全国人大对宪法进行了修改，把“生态文明”“美丽”“新发展理念”等写入宪法，把“生态文明建设”增列为国务院的职权。至此，生态文明和美丽中国成为宪法规定和保障的大政方针和发展目标。

（二）生态文明从理念到政策

在新中国成立的头20年，我国生态环境事业主要在生态保护和建设、爱国卫生运动和资源综合利用等方面。如前所述，我国自1972年参加过斯德哥尔摩会议之后认识到生态环境的严重性，次年组织召开了国内第一次环境保护会议并制定了我国第一个环境保护文件。这是我国环境保护事业迈出的第一步。10年后的1983年我国正式将环境保护确立为基本国策。这之后，生态文明工作在理论上逐渐发展起来，1987年叶谦吉教授给生态文明下了定义，1989年刘思华教授提出生态经济协调发展论，越来越多的人投身到生态文明的理论研究中来。

生态文明从理论探讨上升为国家政策是在新千年之后。进入新世纪，我国在实现经济社会迅猛发展的同时，也凸显出了发展中不平衡、不协调、不可持续的问题，资源约束趋紧、环境污染严重、生态系统退化的形势日益严峻，成为制约经济持续健康发展的重大矛盾、人民生活质量提高的重大障碍、中华民族永续发展的重大隐患。为解决这些问题，我国提出了科学发展的指导思想。2003 年“生态文明”首次明确出现在中央文件中。2005 年《国务院关于落实科学发展观加强环境保护的决定》倡导生态文明，到了 2007 年“生态文明”首次出现在党的十七大大会报告中。

（三）生态文明建设的全面开展

生态文明建设的全面展开始于 2012 年党的十八大。十八大报告把生态文明建设提到前所未有的高度，指出建设生态文明是关系人民福祉、关乎民族未来的长远大计，大力推进中国特色社会主义生态文明建设。2015 年《中共中央　国务院关于加快推进生态文明建设的意见》是对生态文明建设的顶层设计和总体部署，体现出“绿水青山就是金山银山”的理念，体现出实现中华民族永续发展的决心。党的十八届五中全会提出五大发展理念，建议“十三五”发展规划中要吸收生态文明建设思想，以及之后“十三五”规划纲要中对生态文明建设的要求等一系列举措，体现党和国家领导人对尊重自然、维护自然生态平衡、实现生态文明和绿色发展的战略部署。

党的十九大明确指出中国特色社会主义事业总体布局是“五位一体”，要“统筹推进总体布局”。党的十九届四中全会再次强调生态文明建设是关系中华民族永续发展的千年大计，要坚持和完善生态文明制度体系，促进人与自然和谐共生。党的十九届五中全会进一步指出促进经济社会发展的全面绿色转型，推进建设人与自然和谐共生的现代化。中国特色社会主义生态文明建设的要求不断明确，进程不断加快。

在实践上，到 2020 年，我国基本形成节约能源资源和保护生态环境的产业结构、增长方式、消费模式，循环经济形成较大规模，可再生能源比重显著上升，主要污染物排放得到有效控制，生态环境质量明显改善，生态文明观念在全社会牢固树立。2021 年十九届六中全会回顾了十八大后生态文明建设工作取得的成就：党中央以前所未有的力度抓生态文明建设，美丽中国建设迈出重大步伐，我国生态环境保护发生历史性、转折性、全局性变化。

2022 年，习近平总书记在党的二十大报告中肯定了过去 10 年的生态文明建设成绩。我国生态环境保护工作覆盖到全方位、全地域、全过程，包括生态文明制度体系，污染防治攻坚，绿色、循环、低碳发展等。生态环境保护发生历史性、转折性、全局性变化。报告强调，人与自然和谐共生是中国式现代化的重要特征和本质要求，尊重自然、顺应自然、保护自然是全面建设社会主义现代化国家的内在要求。未来推进美丽中国建设，4 个重点举措是：加快发展方式绿色转型，深入推进环境污染防治，提升生态系统多样性、稳定性、持续性，积极稳妥推进碳达峰碳中和。

第二节　生态文明的体系与制度

一、生态文明制度建设与体制改革

（一）建立系统完整的生态文明制度体系

制度建设是以习近平同志为核心的党中央推进生态文明建设的创新之举和重要法宝。生态环境问题的解决固然有赖于科学技术的进步，但更为重要的是如何突破体制机制方面的障碍，让政府、企业和社会对生态环境的保护和治理各负其责、各尽其能。这就需要从顶层设计和制度安排上进行创新。党的十八大报告强调“保护生态环境必须依靠制度”，要求加快建立生态文明制度，健全国土空间开发、资源节约、生态环境保护的体制机制，推动形成人与自然和谐发展的现代化建设新格局。党的十八届三中全会作出的《中共中央关于全面深化改革若干重大问题的决定》指出，“建设生态文明，必须建立系统完整的生态文明制度体系，实行最严格的源头保护制度、损害赔偿制度、责任追究制度，完善环境治理和生态修复制度，用制度保护生态环境”。

2015 年 9 月，中共中央、国务院印发《生态文明体制改革总体方案》，提出了生态文明体制改革的具体目标，即到 2020 年，构建起由自然资源资产产权制度、国土空间开发保护制度、空间规划体系、资源总量管理和全面节约制度、资源有偿使用和生态补偿制度、环境治理体系、环境治理和生态保护市场体系、生态文明绩效评价考核和责任追究制度等八项制度构成的产权清晰、多元参与、激励约束并重、系统完整的生态文明制度体系，推进生态文明领域国家治理体系和治理能力现代化，努力走向社会主义生态文明新时代。

（二）生态文明体制改革的主要任务

《生态文明体制改革总体方案》作为我国生态文明领域改革的顶层设计和部署，提出了由八大制度构成的系统完整的生态文明制度体系，并且阐述了构建这些制度所针对的问题以及改革的目的。（见表 1-1）

表 1-1　生态文明体制改革的主要内容

	制度名称	改革内容	改革目的
1	自然资源资产产权制度	建立统一的确权登记系统 建立权责明确的自然资源产权体系 健全国家自然资源资产管理体制 探索建立分级行使所有权的体制 开展水流和湿地产权确权试点	构建归属清晰、权责明确、监管有效的自然资源资产产权制度，着力解决自然资源所有者不到位、所有权边界模糊等问题。
2	国土空间开发保护制度	完善主体功能区制度 健全国土空间用途管制制度 建立国家公园体制 完善自然资源监管体制	构建以空间规划为基础、以用途管制为主要手段的国土空间开发保护制度，着力解决因无序开发、过度开发、分散开发导致的优质耕地和生态空间占用过多、生态破坏、环境污染等问题。
3	空间规划体系	编制空间规划 推进市县“多规合一” 创新市县空间规划编制方法	构建以空间治理和空间结构优化为主要内容，全国统一、相互衔接、分级管理的空间规划体系，着力解决空间性规划重叠冲突、部门职责交叉重复、地方规划朝令夕改等问题。

续表

	制度名称	改革内容	改革目的
4	资源总量管理和全面节约制度	完善最严格的耕地保护制度和土地节约集约利用制度 完善最严格的水资源管理制度 建立能源消费总量管理和节约制度 建立天然林保护制度 建立草原保护制度 建立湿地保护制度 建立沙化土地封禁保护制度 健全海洋资源开发保护制度 健全矿产资源开发利用管理制度 完善资源循环利用制度	构建覆盖全面、科学规范、管理严格的资源总量管理和全面节约制度，着力解决资源使用浪费严重、利用效率不高等问题。
5	资源有偿使用和生态补偿制度	加快自然资源及其产品价格改革 完善土地有偿使用制度 完善矿产资源有偿使用制度 完善海域海岛有偿使用制度 加快资源环境税费改革 完善生态补偿机制 完善生态保护修复资金使用机制 建立耕地草原河湖休养生息制度	构建反映市场供求和资源稀缺程度、体现自然价值和代际补偿的资源有偿使用和生态补偿制度，着力解决自然资源及其产品价格偏低、生产开发成本低于社会成本、保护生态得不到合理回报等问题。
6	环境治理体系	完善污染物排放许可制 建立污染防治区域联动机制 建立农村环境治理体制机制 健全环境信息公开制度 严格实行生态环境损害赔偿制度 完善环境保护管理制度	构建以改善环境质量为导向，监管统一、执法严明、多方参与的环境治理体系，着力解决污染防治能力弱、监管职能交叉、权责不一致、违法成本过低等问题。
7	环境治理和生态保护市场体系	培育环境治理和生态保护市场主体 推行用能权和碳排放权交易制度 推行排污权交易制度 推行水权交易制度 建立绿色金融体系	构建更多运用经济杠杆进行环境治理和生态保护的市场体系，着力解决市场主体和市场体系发育滞后、社会参与度不高等问题。
8	生态文明绩效评价考核和责任追究制度	建立生态文明目标体系 建立资源环境承载能力监测预警机制 探索编制自然资源资产负债表 对领导干部实行自然资源资产离任审计 建立生态环境损害责任终身追究制	构建充分反映资源消耗、环境损害和生态效益的生态文明绩效评价考核和责任追究制度，着力解决发展绩效评价不全面、责任落实不到位、损害责任追究缺失等问题。

生态文明体制改革最后都要落到县域层面。例如，在《国家生态文明试验区（福建）实施方案》中就规定了以下改革内容：“重点推进霞浦县—宁德市、永安市—三明市、永春县—泉州市等地区空间规划编制试点”；“研究探索建立多元化赎买资金筹集机制，2016 年起在武夷山市、永安市、沙县、武平县、东山县、永泰县、柘荣县等 7 个县（市）开展赎买试点”；“按照既反映自然资源规模变化也反映自然资源质量状况的原则，2016 年起在长乐市、晋江市、永安市和长汀县开展自然资源资产负债表编制试点”；“探索并逐步完善领导干部自然资源资产离任审计制度，2016 年起在莆田市和闽清县、仙游县、光泽县开展党政领导干部自然资源资产离任审计试点”；等等。

《国家生态文明试验区（江西）实施方案》中提出：“在德兴市、靖安县、宁都县开展农村环境整治政府购买服务试点”，“探索建立水权交易制度。推进高安市、新干县、抚州市东乡区等 3 个水资源使用权确权登记试点”，“支持上犹县、遂川县、乐安县、莲花县等开展生态扶贫试验区建设”等。《国家生态文明试验区（贵州）实施方案》中规定：“在六盘水市、三都县、雷山县等地开展市县多规合一试点，深入推进荔波、册亨国家主体功能区建设试点示范，加快构建以市县级行政区为单元，由空间规划、用途管制、差异化绩效考核等构成的空间治理体系”；“在赤水市、绥阳县、六盘水市钟山区、普定县、思南县开展自然资源统一确权登记试点”；“在六盘水市、赤水市、荔波县开展自然资源资产负债表编制试点”；等等。

二、生态文明的治理体系

我国生态文明制度建设方兴未艾，尚未形成制度优势，还需要固根基、扬优势、补短板、强弱项，构建系统完备、科学规范、运行有效的制度体系。在 2018 年召开的全国生态环境保护大会上，习近平总书记强调，要加快构建生态文明体系，加快建立健全以生态价值观念为准则的生态文化体系，以产业生态化和生态产业化为主体的生态经济体系，以改善生态环境质量为核心的目标责任体系，以治理体系和治理能力现代化为保障的生态文明制度体系，以生态系统良性循环和环境风险有效防控为重点的生态安全体系。党的十九届四中全会重申了十九大报告中提出的“生态文明建设是关系中华民族永续发展的千年大计”，要求坚持和完善生态文明制度体系，促进人与自然和谐共生。这就必须践行绿水青山就是金山银山的理念，坚持节约资源和保护环境的基本国策，坚持节约优先、保护优先、自然恢复为主的方针，坚定走生产发展、生活富裕、生态良好的文明发展道路，建设美丽中国。要实行最严格的生态环境保护制度，全面建立资源高效利用制度，健全生态保护和修复制度，严明生态环境保护责任制度。

专栏：坚持和完善生态文明制度体系

（一）实行最严格的生态环境保护制度。坚持人与自然和谐共生，坚守尊重自然、顺应自然、保护自然，健全源头预防、过程控制、损害赔偿、责任追究的生态环境保护体系。加快建立健全国土空间规划和用途统筹协调管控制度，统筹划定落实生态保护红线、永久基本农田、城镇开发边界等空间管控边界以及各类海域保护线，完善主体功能区制度。完善绿色生产和消费的法律制度和政策导向，发展绿色金融，推进市场导向的绿色技术创新，更加自觉地推动绿色循环低碳发展。构建以排污许可制为核心的固定污染源监管制度体系，完善污染防治区域联动机制和陆海统筹的生态环境治理体系。加强农业农村环境污染防治。完善生态环境保护法律体系和执法司法制度。

（二）全面建立资源高效利用制度。推进自然资源统一确权登记法治化、规范化、标准化、信息化，健全自然资源产权制度，落实资源有偿使用制度，实行资源总量管理和全面节约制度。健全资源节约集约循环利用政策体系。普遍实行垃圾分类和资源化利用制度。推进能源革命，构建清洁低碳、安全高效的能源体系。健全海洋资源开发保护制度。加快建立自然资源统一调查、评价、监测制度，健全自然资源监管体制。

（三）健全生态保护和修复制度。统筹山水林田湖草一体化保护和修复，加强森林、草原、河流、湖泊、湿地、海洋等自然生态保护。

加强对重要生态系统的保护和永续利用，构建以国家公园为主体的自然保护地体系，健全国家公园保护制度。加强长江、黄河等大江大河生态保护和系统治理。开展大规模国土绿化行动，加快水土流失和荒漠化、石漠化综合治理，保护生物多样性，筑牢生态安全屏障。除国家重大项目外，全面禁止围填海。

（四）严明生态环境保护责任制度。建立生态文明建设目标评价考核制度，强化环境保护、自然资源管控、节能减排等约束性指标管理，严格落实企业主体责任和政府监管责任。开展领导干部自然资源资产离任审计。推进生态环境保护综合行政执法，落实中央生态环境保护督察制度。健全生态环境监测和评价制度，完善生态环境公益诉讼制度，落实生态补偿和生态环境损害赔偿制度，实行生态环境损害责任终身追究制。

（摘自：《中共中央关于坚持和完善中国特色社会主义制度　推进国家治理体系和治理能力现代化若干重大问题的决定》）

2019 年 11 月 26 日，习近平主持召开中央全面深化改革委员会第十一次会议，审议通过了《关于构建现代环境治理体系的指导意见》。2020 年 3 月 3 日，新华社全文播发了由中共中央办公厅、国务院办公厅印发的这一意见。意见提出构建党委领导、政府主导、企业主体、社会组织和公众共同参与的现代环境治理体系，以实现政府治理和社会调节、企业自治良性互动，完善体制机制，强化源头治理，形成工作合力，为推动生态环境根本好转、建设生态文明和美丽中国提供有力的制度保障。意见明确，到 2025 年，建立健全环境治理的领导责任体系、企业责任体系、全民行动体系、监管体系、市场体系、信用体系、法律法规政策体系，落实各类主体责任，提高市场主体和公众参与的积极性，形成导向清晰、决策科学、执行有力、激励有效、多元参与、良性互动的环境治理体系。

2022 年党的二十大报告重申了健全现代环境治理体系。二十大报告同时对生态文明建设中的多项制度和体系建设提出了要求。其内容主要包括：加快构建废弃物循环利用体系；完善支持绿色发展的财税、金融、投资、价格政策和标准体系；健全资源环境要素市场化配置体系；深入推进中央生态环境保护督察；深化集体林权制度改革；建立生态产品价值实现机制，完善生态保护补偿制度；完善碳排放统计核算制度，健全碳排放权市场交易制度。

第三节 绿水青山就是金山银山

一、“两山”理念的实践意义

绿水青山就是金山银山——起源于浙江、实践于全国的“两山”理念是习近平同志在浙江主政期间提出来的一个重要理念。

“两山”理念是在深刻认识和解决中国现代化进程中日趋严峻的生态环境问题时提出来的，是在面对中国现代化建设难以避免的经济发展与生态环境保护的冲突时提出的解决方案和中国智慧。“两山”理念致力于人与自然的和谐共生，强调人与自然和谐发展，是正确妥善处理代与代之间、人与自然之间公平与效率问题的重要指导，对于解决我国面临的环境问题、推进我国生态文明建设、建设美丽中国、实现“绿水青山就是金山银山”具有重大的现实意义和深远的历史意义。“两山”理念的提出为当前如何处理好经济发展和生态环境保护提供了科学的指导，为具体落实绿色发展战略、扭转曾经的“GDP至上论”、推动绿色转型提供了方法论和具体路径。

“两山”理念要我们转变经济发展理念。绿水青山既是重要的公共产品，也是重要的生产要素。提供优质的绿色产品和生态服务不仅是生态文明建设的战略需要，也是当前人民群众生活的实际需求，更是提升人民生活质量的重要内容。2020年是我国全面建成小康社会，实现第一个一百年奋斗目标的一年。与全国城乡居民达到全面小康水平相适应的，是美丽、宜居、和谐的生态环境，蓝天白云，山清水秀。同时，发展经济要把环境成本纳入企业生产的成本核算之中，要算好经济效益和生态效益“两笔账”。在当前经济新常态和优化结构的背景下，要把低碳、清洁、节约、高效理念自觉融入企业生产、居民消费和政府决策过程，自觉开发绿色经济增长的新动力、新市场和新环境，推动经济发展方式转变。绿色经济绝不是对经济的制约，而是经济的一种转型、提升和创新。从长远看，坚持绿色发展，遵循自然规律，将生态优势转变为经济优势，把生态资本转变为发展资本，就可以源源不断地带来“金山银山”。

“两山”理念要我们走“生态+”的发展模式。习近平总书记强调：“要通过改革创新，让贫困地区的土地、劳动力、资产、自然风光等要素活起来，让资源变资产、资金变股金、农民变股东，让绿水青山变金山银山，带动贫困人口增收。”好的生态环境是可以分享的，分享才可能搞活，才可能有收益。要让生态环境的要素活起来，就要按照绿色发展的理念，从本地实际出发，找好环境保护和经济发展的结合点，大力发展生态产业、乡村休闲旅游业，走“生态+”发展模式。

“两山”理念要我们完善生态制度体系。“两山”理念的落脚点是保护好我们的绿水青山。习近平总书记讲：“绿水青山可带来金山银山，但金山银山却买不到绿水青山。”我们要用最严格的制度和最严密的法治保护好生态环境。党的十八大以来，随着一系列生态环境保护制度陆续制定实施，我国已经构建起产权清晰、多元参与、激励约束并重、系统完整的生态文明制度体系，使生态文明体制改革呈现出清晰的路线格局。

二、“两山”理念指引绿色发展

习近平总书记在全国生态环境保护大会上指出，“绿水青山就是金山银山，贯彻创新、协调、绿色、开放、共享的发展理念，加快形成节约资源和保护环境的空间格局、产业结构、生产方式、生活方式，给自然生态留下休养生息的时间和空间”。生态兴则文明兴，生态衰则文明衰。生态文明建设事关中华民族永续发展和“两个一百年”奋斗目标的实现，保护生态环境就是保护生产力，改善生态环境就是发展生产力。“绿水青山就是金山银山”这一科学论断，正是树立社会主义生态文明观、引领中国走向绿色发展之路的理论之基。

“绿水青山就是金山银山”引领的这条绿色发展之路正是一条敬畏自然、尊重规律的发展之路。一部人类文明发展史，就是一部人与自然的关系史。只有尊重自然规律，像保护眼睛一样保护生态环境，像对待生命一样对待生态环境，才能彻底告别“先污染后治理”的老路，走出一条经济发展和生态环境和谐共生的新路。按照习近平“两山”理念揭示的“绿水青山”与“金山银山”的辩证关系，余村在有所为与有所失之间，做出了新的抉择——“不以环境为代价去推动经济增长”。余村选择了保护环境，敬畏自然的路，经营村庄、经营生态，从原来的卖石头挣钱转变成卖风景赚钱，坚定地选择了走休闲旅游经济的转型之路。如今的余村先后获得了国家AAAA级旅游景区、国家美丽宜居示范村、全国民主法治示范村和安吉县美丽乡村精品示范村、乡村旅游示范基地等荣誉称号，是全国首个以“两山”实践为主题的生态旅游、乡村度假景区。截至2018年村集体收入达到了471万元，村民人均年收入44688元。“两山”理念指引着余村绿色发展之路越走越宽，越走越自信。

习近平总书记指出，要积极探索推广绿水青山转化为金山银山的路径，选择具备条件的地区开展生态产品价值实现机制试点，探索政府主导、企业和社会各界参与、市场化运作、可持续的生态产品价值实现路径。

一方面要因地制宜，打造各具特色的美丽经济。实现乡村生态振兴，就是要让农村的生态优势、资源优势转化为经济优势、产业优势，把绿水青山变成金山银山，让“美丽”成为农村经济的增长点、乡村振兴的支撑点、农业现代化的发力点，形成经济生态化、生态经济化的良性循环。安吉余村也将矿山资源修复转化为旅游资源、农业资源、生态资源，形成了农家乐、民宿、漂流、蔬果采摘等为一体的产业集合，走出了“生态美、产业兴、百姓富”的发展路子。淳安县千岛湖一度盛行网箱养鱼，结果不但影响了景观，也严重污染了水质，导致蓝藻爆发、水体异味。淳安县政府与中林集团合作，停止森林砍伐，保护湖区生态，同时坚决取缔效益好的网箱渔业，在湖中人放天养被誉为“水中清洁工”的鲢鳙鱼，既能有效净化水体，又取得了良好的经济效益，形成“千岛湖保水渔业模式”，实现“以鱼护水，以鱼名湖，以鱼富民”的良性循环。

2015 年 5 月，习近平总书记在浙江舟山考察当地的农家乐时说："我在浙江工作时说'绿水青山就是金山银山'，这话是大实话，现在越来越多的人理解了这个观点，这就是科学发展、可持续发展，我们就要奔着这个做。"他还进一步提出，这实际上就是一种"美丽经济"，正好印证了绿水青山就是金山银山的道理。如今美丽经济在浙江全面开花，全国各地也都在创建美丽休闲乡村，推动绿色发展。广东肇庆鼎湖区凤凰镇依托我国第一个自然保护区的生态资源和客家文化特色，发展森林小镇，开发独具特色风格的客家"精品民宿"和客家美食，满足了游客的体验需求和养生需求。甘肃省和政县充分发挥观光农业资源的优势，做大做强"双低"油菜品牌，并开启了春赏花、夏游绿、秋观景、冬玩雪的全季节全域旅游新模式，形成一条生态旅游产业经济链。山东临沂朱村是著名的革命老区，境内河流纵横、溪水汇流、自然环境优美，通过种植丰产林、花卉苗木，发展柳编特色产业，建设朱村柳韵田园综合体，目前已发展杞柳种植 1500 亩，建成 15000 平方米柳编展厅，带动村民脱贫致富，并成功入选全国美丽乡村试点和第二批国家森林乡村。

另一方面要开拓创新，努力从生态减贫走向生态振兴。习近平总书记十分关心精准扶贫和乡村振兴，要求要发挥农村生态资源丰富的优势，吸引资本、技术、人才等要素向乡村流动，把绿水青山变成金山银山，带动贫困人口增收。2018 年 1 月，国家发改委、国家林草局等六部委制定出台了《生态扶贫工作方案》，要求到 2020 年，贫困人口通过参与生态保护、生态修复工程建设和发展生态农业，收入水平明显提升，生产生活条件明显改善。两年间，全国各地尤其是林草系统在生态扶贫方面取得了显著成效，生态扶贫各项任务已完成 90%以上。贫困地区脱贫之后，要按照乡村振兴战略的要求，走上绿色、可持续发展之路。

乡村振兴，生态宜居是关键。生态振兴是乡村振兴不可或缺的重要方面，也是发挥生态优势实现乡村全面振兴的重要途径，更是"绿水青山就是金山银山"理论在这些地区的生动实践。乡村生态振兴不是简单的靠天吃饭，而是一个系统工程，需要与产业振兴、人才振兴、文化振兴、组织振兴相协调、相支撑，需要相关主体不断提升生态治理能力，不断完善美丽乡村的治理模式。浙江省安吉县把最美县域看作是一项涵盖美丽经济、美丽环境、美丽文化、美丽民生、美丽党建的“美丽事业”综合体，每个美丽村庄也都应该是这样的具体而微者。余村则探索出了“支部带村、发展强村、民主管村、依法治村、道德润村、生态美村、平安护村、清廉正村”为主要特点的新时代乡村治理的“余村经验”。仙居县淡竹乡创新绿色公约、绿色资产清单、绿色货币等“三绿”机制，调动干部群众和外来游客等主动参与乡村发展绿色经济、建设绿色家园、增进绿色福祉、深化绿色改革的全过程。当前美丽乡村建设方兴未艾，对于很多地方来说，不仅缺少资金和技术，更欠缺人才和思路，迫切需要各级政府和社会各界将农业农村放在优先发展的地位，调动各方力量，完善体制机制，共同建设、共同治理，实现乡村高质量、可持续的发展，让绿色成为城乡协调发展最动人的色彩。

第二章　从传统行政到绿色治理

公共行政范式是一定社会发展阶段政治、经济、文化和科技等综合作用的结果，它反映了该时期社会发展的基本需求并指导着当时的行政实践。在当今生态文明建设的新时代，随着政治和行政的生态化转向，公共行政范式开始从传统行政范式向绿色治理范式转变。

第一节　从传统行政范式到绿色行政范式

自工业革命以来，行政范式经历了数次的转换。具体经历了哪几个范式发展阶段，不同的学者有不同的划分，但都反映了行政范式的发展历程，只是划分角度和出发点不同而已。根据对“范式”这一概念的理解和分析的需要，我们认为行政范式自工业革命启动现代化进程以来，以官僚制为主要范式形态先后经历了三个发展阶段，即官僚制行政范式、新公共行政学范式和新公共管理学范式。

一、官僚制行政范式的形成与发展

官僚制行政范式形成于19世纪末20世纪初。此时，在经济上正是西方资本主义国家向城市化和工业化国家迈进，经济快速发展和社会事务日趋增多，国家行政职能迅猛扩张，迫切需要一种新的管理方法和组织模式来回应社会对高行政效率的要求的时期。在政治上是西方资本主义国家由“政党分肥制”向文官制度或公务员制度转变的时期，同时韦伯的理性官僚体制和威尔逊、古德诺的政治与行政相分离的二分法理论为这种转变提供了理论基础。官僚制（科层制）行政范式的基本价值取向是提高行政效率，其实现方式与工业时代的社会规则一致，在实践中形成了一种以分部—分层、集权—统一、指挥—服从等为特征的组织形态。其基本设计原则是：以精细分工为原则的工作专门化、层级节制的职权等级、正式规章和制度、管理的非人格化、专业化的选拔培训机制和组织成员的职业化定向。在现实的行政组织中这些原则可能没有完全实现，但或多或少地体现了这些原则的精髓。

官僚制行政范式适应了工业社会对标准化、专门化、同步化、集中化、极大化和集权化等规则的要求，具有与同期其他范式理论相比的优越性，但自从它诞生以来，也同时带有不可克服的缺陷，并一直延续至今。从行政组织设计上看，它坚持一种组织机器观，把公务人员当成机器的一个零件或附属品，既压抑了人的积极性和创造精神，也丧失了行政过程中的公平和民主；从行政组织与环境的关系看，官僚制行政组织是封闭的，对外界变化是机械式的被动应对，反对公民参与，组织内部各部门间相互封闭、各自为政；从行政过程看，它强调专业分工、等级控制、规章制度和程序，不鼓励创新，无过便是功；从解决问题方式看，官僚制行政组织的思路和方式是分而治之、分兵合击，即把问题分解交由不同的部门解决，新问题成立新部门，最后综合形成问题的解决方案和途径。这种解决问题的方式对工业时代的大部分问题——可以专门化、专业化、标准化、集中化处理的问题——是有效的，而面对后工业化时代复杂、综合和多样化的问题却面临着一系列的困境，如机构臃肿、效率低下、政策冲突和规范打架等。这些缺陷以及尚未述及的问题，在工业化发展的不同阶段都不同程度地暴露出来，针对不同时期突出的问题及求解之道，也就产生了新公共行政和新公共管理，它们各自都有一些理论流派从不同角度对官僚制范式的缺陷提出各自的解决思想和观点。

二、新公共行政学范式的形成与发展

新公共行政学是20世纪50年代以后适应政府全面干预经济社会和民主政治浪潮而提出的一种行政理论，它以兼顾效率和公平为基本的价值取向，强调社会公众参与政治和社会公平问题，认为效率必须以公平的社会服务为前提；强调政府与社会环境的互动关系，主张从政策制定、执行和结果的评估都应有社会民众的参与，通过民主的方式和渠道以解决社会的公平问题，把社会是否同意、接受作为政府合法性的基础；强调积极行政的原则，以适应社会事务日趋多样化和复杂化。这些主张主要体现在马诺力主编的《迈向新公共行政：明诺布鲁克观点》一书中，该书被称为新公共行政学的宣言。其中，弗里德里克森的《走向一种新的公共行政学》一文，以及他在1980年出版的《新公共行政学》一书，集中体现了新公共行政学的基本观点，他也成为新公共行政学的主要代表人物。与此同时，弗雷德·里格斯（Fred Riggs）1961年发表的《行政生态学》，探讨了公共行政与社会环境的互动关系，强调行政研究和实践要考察社会环境，分析社会环境对行政的影响，从而首次提出了绿色行政理论研究的重要主题之一：公共行政与环境的互动关系。但《行政生态学》主要探讨了社会环境对行政模式的形塑作用，对二者的互动关系及行政组织内部的互动关系却没有作探讨。同时，囿于时代背景，《行政生态学》对后工业社会和全球化时代的行政模式并未作探讨，而这恰是绿色行政产生的时代背景。虽然新公共行政学试图取代传统的官僚制范式，提出公平与效率，倡导民主行政、积极行政和灵活多样的行政体制，但其概念模糊和理论上缺乏连贯性，使之未能最终立足而取代传统的公共行政范式。

三、新公共管理学范式的形成与发展

新公共管理学是20世纪70年代以来西方发达资本主义国家实行政府改革运动而发展起来的一种新的行政学理论与实践运动。如果说官僚制范式和新公共行政学以威尔逊、古德诺的政治—行政二分论和韦伯的官僚制理论为支撑点，那么新公共管理学则以现代经济学和私营企业管理理论和方法为自己的理论基础。新公共管理学的价值取向是在不损害公平的基础上，实现“3E”（Economy，Efficiency and Effectiveness，即经济、效率和效益），把效率、效益、效果和公平（即4E）统一起来。如何实现“4E”的价值目标，各流派的出发点不同，提出的改革途径和对策亦不一样，甚至对立。

企业化政府改革理论认为传统官僚（科层制）体制主要问题是激励

不足的问题，强调加强行政组织与外部工商企业的联系，通过工商企业参与公共产品提供和引入竞争来提高公共部门的效率。戴维·奥斯本和特德·盖布勒的《改革政府——企业家精神如何改革着公营部门》是这一理论流派的代表，并对美国的行政改革产生了重要影响。参与式政府改革理论认为，传统官僚体制的层级节制和自上而下的管理限制了员工对其所从事工作的参与，主张通过行政组织结构的扁平化、团队、协商和谈判，提高员工参与，达到公共利益的最大化。弹性化政府改革理论认为，传统官僚体制组织结构的永久性和员工的终身雇佣制限制了行政效率的提高，主张在政府内部采用可选择性的结构机制（如组织虚拟化）和弹性化雇佣制度（如临时雇用）。解制型政府改革理论认为，传统官僚体制组织内部规章管制太多，影响了组织和员工的创造力、效率和效能，主张赋予各层级和员工更多的管理自由，但认为传统官僚体制组织结构是可以接受的。政府再造理论主张用企业化体制来取代官僚化体制，使公共组织的创新和持续产生内在动力，而不必靠外力驱使。公共治理理论认为，传统公共事务治理效率受制于公共部门的垄断，主张公共权力分化、多主体合作、治理工具多样化，其实质也是强调公共部门与社会的交流与合作。整体性政府理论认为，传统官僚体制组织内部部门林立、各自为政，难以应对当今复杂多样的公共管理问题，而新公共管理式的治理会使公共治理更加碎片化，主张协调和整合公共组织及层次和部门。新公共服务理论是针对企业化政府理论提出的，认为市场化公共治理有脱离公众控制、削弱代议制合法性和造成政府与公众间不信任的危险。网络治理理论认为，市场化、企业化、公私合作等改革提高了公共部门的效率，但公共组织内部及与外部组织间仍存在合作协调不够的问题，主张公共组织的网络化，使之既实现公私间的合作与协调，又实现公共部门内部的合作与协调。

四、绿色行政范式的产生

行政范式是一定社会发展阶段政治、经济、文化和科技等综合作用的结果，它反映了该时期社会发展的基本需求并指导着当时的行政实践。以传统官僚制范式为对象的改革理论，从不同角度对官僚制（科层制）范式在当代的“内适应”和“外适应”的困境作出了调适性变革。官僚制行政范式是适应工业化社会发展需要的行政范式，新公共行政学和新公共管理学是工业化社会向前发展的阶段性产物，尤其是新公共管理学是工业社会向后工业社会转变的过渡性范式，它在克服官僚制范式不足的同时也在否定着自身。新公共管理运动抓住了官僚制组织与外界环境沟通联系和合作不够或封闭的问题，强调了加强行政组织与社会的联系与合作；整体性政府理论抓住了官僚制组织内部联系与合作不够的问题，主张加强组织内部人员、部门和层级间联系和合作。

当今，以信息网络技术为代表的新科技革命和生态文明时代的到来，使人类社会正迈入后工业社会和生态文明社会，它不仅改变了人类社会的生产方式和生活方式，也推动了人们价值观和思维方式的转变，使公共行政所面临的公共问题或公共事务也发生了根本的变化。这主要体现在社会问题日益全球化、综合化、复杂化和多样化，人们的需求日益个性化、多样化，这种社会特征和需求与工业化时代有了很大的不同。官僚制（科层制）范式的分工、分部门、分层次应对公共问题的方式，已经难以适应当代多因素综合、日益复杂化的公共问题（如生态环境、就业、公共安全等问题）。适应这种变化，可以说行政范式渐进变迁的过程，同时也是行政绿色化或绿色行政发展的过程。

第二节　绿色行政的内涵与特征

不同于传统工业化时代的传统行政范式（官僚制行政范式、新公共行政学范式和新公共管理学范式），绿色行政是扬弃传统行政、适应生态文明时代到来的一种公共行政范式，生态化或绿色化是其发展动力，系统、整体、协同是其主要特征。

一、绿色行政的提出

绿色行政，首先是以“环境友好的行政”为内涵提出的。1993 年，

Reichhardt 用“green administration”这个词概括了克林顿—戈尔时代的环境管理。

1990 年，加拿大颁布《加拿大绿色政府计划》，制订了包括绿色行动计划、绿色采购和绿色宣传教育等内容的绿色政府管理系统。2009 年，Wolfe 从较微观的角度界定了绿色行政（Green administration or running a green office）。

国内绿色行政概念的提出和研究有两个途径：一是从加拿大绿色政府建设计划中引入，并结合中国国情展开研究；二是从 ISO14001 环境管理标准体系中引申出来一个概念，认为在行政部门中推行 ISO14001 环境管理标准体系就是绿色行政。自 2001 年李勤和杨作精提出绿色行政概念以来，以绿色行政为研究对象的论文（包括以绿色政府、生态行政、生态政府等相关研究的论文）有 130 多篇，大多数从行政行为、政策体系的角度讨论绿色行政的问题。生态行政、生态政府的提法主要出现在国内的研究文献上，国外一般不用这两个概念（1961 年美国学者里格斯提出“行政生态学”的理论，但与绿色行政概念的内涵不同）。

国内外对绿色行政的认识有两种观点：一是认为绿色行政是生态环境治理的行政，是传统行政范式下对生态环境治理不足的斧正；二是范式转换话语下的行政，认为绿色行政是传统行政渐进绿色化的结果，虽然尚未发展为一种新的行政范式，但代表着未来行政范式发展的一种选择或行政改革发展的方向。我们认为后者是前者的发展趋势和目标，是这两者结合的研究。

从绿色行政来看，行政组织内外部的人员、资源和信息联系是组织形成的前提，组织内部人员、部门和层级之间，以及组织内外之间相互制约相互依赖是组织的基本属性。因此，绿色行政组织——生态行政组织的提出不仅针对官僚制组织的弊端，也是对新公共管理运动和整体性政府理论的补充。用绿色行政的思想、原则和要求来审视，这些理论和改革实践都是从两个方面向绿色行政迈进：一是组织内部的生态化，即组织内部层级、部门间交流与互动关系的建立，主要包括组织结构的改造、组织内部的合作与竞争机制的建立，组织决策权的分解与下放等；二是组织外部的生态化，主要是政府与市场、企业、公民等主体之间互动与平衡关系的建立。行政生态化（或绿色化）的实质，就是通过组织结构、功能的调整和体制、机制、制度的建设来改善组织内外的各主体之间的联系，使之在组织共同目标的指引下，形成相互联系、相互制约、相互促进、相得益彰，互动而又平衡的关系。(图 2-1)

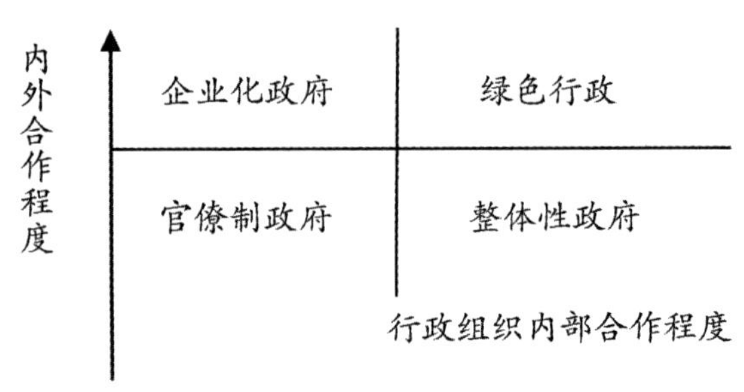

图 2-1　生态化与行政范式

二、绿色行政的内涵与特征

绿色行政是生态化的行政，即用生态学的系统、开放、互动、联系、平衡等原理来观察、理解和改造行政组织、职能、过程和行为，使之适应现代日益复杂、综合和多样化的社会问题。生态化的系统是开放的、互动的系统，生态化的行政是开放的、互动的行政，即行政系统与环境、行政系统内部人员部门层次间始终是开放的、互动的，开放、互动是生态化行政或绿色行政最显著的特性。

绿色行政不仅是对传统官僚制行政范式的批判，也是对新公共行政学和新公共管理学的继承与发展，适应了后工业化时代治理公共问题或公共事务的需要。绿色行政与“行政生态学”“生态行政”“生态政府”的内涵不同，行政生态学强调行政系统要与行政环境保持互动与平衡，是行政的环境学；生态行政、生态政府强调行政要遵循生态规律，通过职能转变和机构改革解决生态环境问题，是治理生态环境问题的行政学(这种内涵意义上的生态行政或生态政府，有的学者也命名为绿色行政，也有相关论文作出论述)。而绿色行政则是把生态规律、原理、价值和目标作为一种价值观和方法论，用来改造行政系统和行政行为，是行政的生态化或生态主义的行政学。

绿色行政，不仅是生态的，还是系统的。系统的行政是开放的、联系的、动态的、多样统一、整体优化的行政，生态的行政是有机的、和谐共生、协同共进、竞争与合作相统一的行政。从价值追求上看，绿色行政不仅强调经济、效率、效果和公平的社会系统价值，还强调要处理好社会系统与自然系统的关系，把人与人、人与社会、人与自然和谐作为其价值追求，把社会规律与自然规律、社会规则与自然法则协调统一起来。绿色行政强调政府与市场组织、社会组织和公众的畅通联系与合作，共同推动公共事务的良好治理；绿色行政的组织内部（人员、部门与层级）之间、组织内外部既有广泛深入合作又有普遍竞争，组织与环境之间是和谐共生、共同进步的关系；绿色行政是稳定与变动统一的行政，行政组织总是朝着结构复杂化、功能完备化的方向发展并最终达到成熟稳定的状态，这种稳定状态具有克服和抗外界干扰的能力，但组织也会随着环境的变化调适自身；绿色行政组织承认多样，不追求组织内部部门、层级的整齐划一，通过共同的目标来统一组织多样化的要素（人员、部门与层级）而协同行动。

按照上述生态化的原则和要求，理想或规范意义上的绿色行政具有以下基本特征：

1. 权力共享、责任共担的多元主体共同治理。绿色行政的基本理念之一是公共事务公共治理，即大家的问题大家共同解决。官僚制（科层制）范式下，公共产品或服务由政府部门垄断供给，政府负责公共产品或服务的决策、资源整合、生产及供给。市场、社会组织和公众只是接受公共产品或者服务，他们从根本上讲不参与公共产品或服务的供给过程，只是通过一定的渠道和方式表达他们的愿望和需求来间接对政府部门施加影响。新公共行政学主张通过公众的参与促进政府对社会的回应，其基本思路是以提高公平性促进政府效率，目的在于提高政府的合法性和公共事务治理的效率，依然是一种政府主导主义。新公共管理学的各理论流派，从不同角度主张发挥非政府主体（市场、社会组织和公众）在公共产品或服务提供中的作用。其中，网络治理理论比较系统地提出了多元主体共同治理公共事务的思想，但依然强调公共事务是政府的职责，其他主体只是合作者或支持者，从而带来网络治理过程中的责任困境。

绿色行政的多元主体共同治理是对上述多元主体共同治理的继承与发展，也适应了政治民主和行政民主现代发展的需要。绿色行政强调享有公共权利或利益与治理公共事务的责任或义务统一，解决公共问题不仅是政府的职责也是全社会共同的责任，市场、社会组织和公众具有公共事务治理的责任和义务，这与它们享有公共事务的权利或利益是统一的。这就意味着政府、市场、社会组织和公众要在一定法律和制度框架下分享公共权力、分担公共事务治理的责任，与传统政府相比，政府除了要完成自身分担的责任和任务，更重要的是通过相应政策、法律和制度引导其主体之间的合作，创造主体合作共同治理公共事务的和谐环境。正如治理学者格里·斯托克指出的，治理主要依靠政府，但又不限于政府这一套公共机构和行为者，即治理主体构成超出政府组织体系，涉及集体行动的各个社会机构及之间存在的相互依赖关系。政治民主和行政民主的现代发展，如协商民主、参与式民主的兴起，反映了迈入后工业化时代的民众已不再满足于被表达式的代议制民主——间接表达自己的意见或被少数精英操纵，民众直接表达或亲自参与的愿望日益强烈。因此，多主体共同治理的绿色行政适应了当今社会民主化、社会化、多元合作化的发展趋势和潮流。

2. 跨层次、部门和职能的合作与协调。分工与专业化是官僚制行政范式的主要特色，分工与专业化的程度越高，政府组织机构就会越庞大，合作与协调的问题越突出。整体政府理论就主要是针对政府内部合作与协调的问题（即相互之间争夺地盘和势力范围）提出来的，与之相关的理论还有协同政府，它们主张通过制度化、经常化和有效的“跨界”合作以增进公共事务的治理效率。整体政府不否定官僚制组织结构，试图通过跨层次、部门和职能的合作与协调来解决分工和专业化过细带来的整体效率低下的问题。绿色行政概念的提出一定程度上就是针对传统行政合作与协调不足，为了保护生态环境提出绿色政府、绿色行政，意指政府应履行生态环境保护的职能，把生态保护、环境治理和资源节约使用作为政府的应尽职责和义务。但和当今许多公共问题一样，传统官僚制组织分工、分部门解决生态环境问题的方式，导致了诸如“九龙治水”类的问题。因而，绿色行政要真正实现生态环境良好治理的行政，还必须对传统行政进行生态化改造，包括行政体制、组织结构、职能和机制的生态化或绿色化改造，也就是本书意义上的绿色行政。所以绿色行政的建设有一个组织结构生态化改造的过程，其长远目标是打破机械式的官僚制组织结构，形成有机式的行政组织结构。当然，这个改造过程是长期的、渐进的，当前生态化改造的重要任务不是彻底否定官僚制组织结构，而是一种批判性的改革，即通过加强政府系统内部与外部主体间的合作与协调来增进组织内外的联系性，克服分工、分部门带来的部门主义和本位主义。

绿色行政的合作与协调既包括政府与非政府主体的合作与协调，也包括政府系统内部的合作与协调。政府系统内部的合作与协调，包括跨层次的合作与协调（主要有同级政府内部各层级间、层级政府间和区域乃至全球的组织间的合作与协调）、跨部门的合作与协调（如领导小组、专门委员会等）、跨职能的合作与协调（如“一站式”办公、政务服务大厅等），其间又是相互交织的，如环保部的六大区域督查中心就是跨层次、部门和职能三者的整合。跨层次、部门和职能的合作与协调的目的是为了协同整体式地解决公共事务，克服合成谬误的问题（即个体理性、整体无理性的问题），其基本理念和原则是整体性思考与决策、对话与信息交流、共同战略与计划、联合项目与执行以及联盟、联合与合并等。

3. 有机式、弹性化的行政组织结构。官僚制组织建构的组织观是一种机械组织观，这种组织观认为组织整体是各部分的汇总，是由部分按照机械式的方式构成的。它对组织的认识方式是从分析到综合，通过局部的分析达到对组织整体的认识，官僚制行政组织及其解决问题的方式就是这种组织观的反映。绿色行政组织是一种坚持有机系统组织观而形成的有机式组织形态，它视组织为一个系统，组织是由与环境发生联系的各组成部分（要素或单元）的有机整体。其解决问题的方式是以问题为中心，组织跨职能或部门的团队或组织，如问题解决小组、部门联盟或联合等。这种解决问题的方式有助于克服分工、分部门解决问题带来的部门主义和合成谬误的困境。有机式行政组织结构弱化了纵向的层次，强化了横向部门的合作与协调，从形态上更趋于扁平化，体现出网络组织的特征，组织信息自由流通，宽控制幅度，决策权力纵横分化和工作标准正规化程度低。现实中的行政组织都是机械性组织和有机性组织的中间状态。20 世纪 70 年代以来的行政改革，如果从行政组织结构改革的角度看，都是逐渐由机械式组织结构向有机式组织结构的变革过程。行政组织结构是由组织目的和战略、组织的规模、组织化的技术和环境的确定性程度等因素决定。绿色行政有机式的行政组织结构适应了后工业化时代公共事务复杂化、多样化、综合化和多变化的社会需要。

4. 绿色行政组织运行的制衡性。组织运行的制衡性主要体现为两个方面：一是组织与外部环境保持物质、能量、信息交流的平衡；二是组织内各部分的相互制约与均衡。对于绿色行政组织而言，外部生态平衡就是公共行政组织与社会系统、自然系统之间通过互动而达成的互为助益的动态平衡状态。作为政治上层建筑，一定时期的公共行政组织结构与功能，是由这个时期的经济制度、政治制度等决定的。如封建社会君权至上的专制政治和以土地私有制为核心的经济制度决定了公共行政的私有特征，公共行政组织（与其他政治组织融合在一起）与社会、民众是一种反生态的关系，凌驾于社会之上，唯我独尊，我行我素，缺乏社会的制约，也难以接受社会的助益，最终走向灭亡。到了资本主义社会，公共行政组织增强了其与社会的互动，与社会的交流增多，但其私有经济基础的本质决定了其不可能与社会建立起良性的生态关系，制衡关系依然是一种理想。与此相适应，公共行政组织与自然的关系也经历了反生态到逐渐生态化的演变。农业时代的奴隶社会和封建社会、工业时代的资本主义都是一种人类中心主义的形态，把自然视为人类社会的对立物，是你进我退、此消彼长的关系，没有认识到社会与自然是互为依存、协同进步的关系。这不仅恶化了自然生态，也造成社会生态和政治生态的恶化，导致人与人、人与组织、人与社会关系的紧张。因此，目前的生态环境和各种社会问题一定程度上与社会体系内部和外部没有形成相互依存、互相制约的生态关系直接相关。

绿色行政组织的内部制衡，就是公共行政组织内部的各组成部分之间相互制约、互相促进关系的形成。绿色行政组织的内部制约有两种表现形式：一种是目标一致条件下，制约者与被制约者的监督、制衡关系，是一种相辅相成的关系；另一种是目标各异条件下，制约者与被制约者的监督、制衡关系，是一种相反相成的关系。

5. 行政职能的绿色化。行政职能绿色化是相对于行政职能专门化和部门化而言。行政职能专门化和部门化是以分工为基础，把公共问题或任务分解、分化赋予某个部门或某些部门，使之专门化，其理论前提是公共问题可以进行细分，可以进行专业化和部门化处理。如环境保护的职能赋予环保部门，生态建设的职能赋予林业部门。行政职能绿色化的理论前提是公共问题不能进行严格细分和部门化，在公共问题治理上，坚持政府各部门是共同但有区别的责任原则，同一职能领域的各部门能打破壁垒和部门主义，实现团结与合作。如环境保护职能是政府各部门共同的责任，环保部门负有主要责任，它们之间是决策监督与执行的关系，即环保部门负责环境保护政策的制定与监督，其他政府部门负责执行，也就是“部门职能环保化”，而非“环保职能部门化”。行政职能绿色化也克服了把生态或绿色职能赋予某些部门或某个部门的不足。从生态文明建设的角度来说，就是各级政府和各政府部门都纳入生态文明评价体系，健全生态文明建设职责体系，贯彻执行生态文明建设的各项制度，不能把生态文明建设职能从其他职能中独立出来，赋予环保部门或成立专门部门。

以 $PM_{2.5}$问题治理为例，它不是环保部门或其中几个政府部门能够解决的，需要各级政府、各部门、企业组织、社会组织和社会公众共同行动起来，通过彼此间的互动合作协同应对。政府承担组织领导、宣传发动、协调监督的责任，通过政府间、层级间、部门间的互动与合作，组织发动市场中的企业、社会中的组织和民众在分享权力、明确责任的基础上参与到 $PM_{2.5}$问题治理中来；政府内的互动合作，要贯彻“共同但有区别的责任原则”，赋予政府各层级部门都具有治理 $PM_{2.5}$问题的责任，把治理责任融入或确立为层级和部门职能，各层级部门要打破部门或门户之见，以治理 $PM_{2.5}$问题为中心促进彼此之间的互动与合作，各级环保部门主要承担治理的决策监督职能和部分执行职能。政府治理 $PM_{2.5}$问题的政策决策、执行对策和绩效评估全过程信息要充分公开，接受市场中的企业、社会中的组织和民众咨询、建议和监督。这就是绿色行政治理公共问题的图景。

第三节　绿色发展与绿色治理

绿色发展需要政府、市场、社会及公众协调合作协同推进，适应这一要求，政府要实现绿色行政与公共治理的融合，走绿色治理之路。

一、绿色发展需要绿色治理

（一）绿色发展内涵与特征

当今中国，多年经济高速增长铸就了世界第二大经济体的“中国奇迹”，也积累了一系列深层次矛盾和问题。其中，一个突出矛盾和问题是：资源环境承载力逼近极限，高投入、高消耗、高污染的传统发展方式已不可持续。习近平总书记强调，单纯依靠刺激政策和政府对经济大规模直接干预的增长，只治标、不治本，而建立在大量资源消耗、环境污染基础上的增长则更难以持久。粗放型发展方式不但使我国能源、资源不堪重负，而且造成大范围雾霾、水体污染、土壤重金属超标等突出环境问题。种种情况表明：全面建成小康社会，最大瓶颈制约是资源环境，最大“心头之患”也是资源环境。绿色发展理念以人与自然和谐为价值取向，以绿色低碳循环为主要原则，以生态文明建设为基本抓手。绿色发展理念的提出，体现了我们党对我国经济社会发展阶段性特征的科学把握。走绿色低碳循环发展之路，是突破资源环境瓶颈制约、消除党和人民“心头之患”的必然要求，是调整经济结构、转变发展方式、实现可持续发展的必然选择。

中共十八届五中全会通过的《中共中央关于制定国民经济和社会发展第十三个五年规划的建议》，将绿色发展与创新、协调、开放、共享等发展理念共同构成五大发展理念；中共十九大报告提出，加快建立绿色生产和消费的法律制度和政策导向，建立健全绿色低碳循环发展的经济体系。这是应对以变暖为主要特征的全球气候变化和实现中国节能减排承诺的需要，也是中国经济发展方式转型的内在要求。

1950年至2002年期间，中国的二氧化碳累计排放量占世界同期的9.33%，仍居世界第二位。从1990年到2007年，全世界因为气候变化引起的自然灾害受灾人口平均每年大约2.1亿人，而中国占到了其中的1.1亿人，相当于全世界受灾人口的52.4%，这是一个最重要的基本国情。正是这个基本国情告诉我们，中国本身是气候变化最大的受害者。尽管在温室气体的制造和排放上中国是后来者，但是我们的受害却是最严重的。从2001到2008年，中国年均经济增长率与前一个阶段（1996—2000年）相比只提高了1.6个百分点，但是资源代价和污染代价都是巨大的，例如能源消费的增长率就比前一阶段提高了8.3个百分点，达到9.4%。因此我们称之为“高代价的高增长”。

进入21世纪中国所遇到的基本问题不是“要不要发展”，而是如何“科学发展、绿色发展”。痛定思痛、化危为机，自20世纪90年代以来，我国先后从可持续发展、科学发展到绿色发展理念再到绿色发展，理论和实践上提出了一系列转变经济发展方式、保护环境、节约资源和保持生态安全的政策、制度和措施，加快建设资源节约型、环境友好型社会和生态安全型社会建设，中国经济社会发展正走上一条绿色发展之路。

绿色发展就是尊重自然、顺应自然、保护自然，解决好人与自然和谐共生问题，坚定走生产发展、生活富裕、生态良好的文明发展道路，加快建设资源节约型、环境友好型社会，形成人与自然和谐发展现代化建设新格局，推进美丽中国建设。绿色发展是以效率、和谐、持续为目标的经济增长和社会发展方式。从内涵看，绿色发展是在传统发展基础上的一种模式创新，是建立在生态环境容量和资源承载力的约束条件下，将环境保护作为实现可持续发展重要支柱的一种新型发展模式。具体来说它包括以下几个要点：一是要将环境资源作为社会经济发展的内在要素；二是要把实现经济、社会和环境的可持续发展作为绿色发展的目标；三是要把经济活动过程和结果的“绿色化”“生态化”作为绿色发展的主要内容和途径。

（二）绿色发展路径与对策

从国家治理现代化的角度来看，绿色发展需要政府履行以下职能：

一是完善政策体系，健全激励机制。进一步推进资源性产品价格改革，落实好成品油价格和税费改革方案，完善天然气价格形成机制。继续实行差别电价、脱硫电价、煤层气发电电价附加、余热余压发电上网等政策，完善可再生能源发电电价管理和费用分摊机制。落实健全污水垃圾处理费征收和使用管理，提高重金属污染物排污费缴纳标准。推进建立生态环境补偿机制。完善矿产资源有偿使用制度。加大税收、金融对绿色经济的支持力度。加强规划指导，落实工作责任。突出自主创新，强化科技支撑。加强技术创新体系和能力建设，突破核心关键技术瓶颈，保护知识产权。在提高能效、煤炭清洁利用、污染综合治理、新能源、生物、航空航天、新材料等领域，攻克一批关键和共性技术。加快科技成果转化和产业化示范，加大先进成果和技术的推广应用。积极引进、消化、吸收国际先进技术。二是加大资金投入，实施重点工程。加大各级财政对绿色经济的支持力度，加快推进“十大节能工程”、资源循环利用工程、大规模环保治理工程建设，支持水电、核能、风能、太阳能等加快发展，大力推广高效节能环保产品，推行清洁生产和技术改造，积极构建绿色建筑、绿色交通体系，形成对绿色经济最直接、最有效的需求拉动。三是完善服务体系，优化市场环境。推广合同能源管理新机制，探索多种实现模式。鼓励 BOT（建造—运营—移交）等多种建设营运模式。开展烟气脱硫特许经营试点，规范城镇污水垃圾处理特许经营。完善准入标准，打破地方保护，为企业创造公平竞争的市场环境。四是加强宣传教育，倡导绿色消费。加强资源环境国情教育，倡导绿色消费、适度消费理念。积极推行能效、环境标识制度，提高消费者绿色消费力。

（三）绿色发展必须推进公共治理的绿色转型

绿色发展旨在摆脱先污染后治理的思维和“问题＋对策”行为模式，兼顾“经济—社会—生态”三大系统的平衡性、协调性与兼容性，以经济绿色化为基础，强调将绿色化融入经济系统和社会系统，符合生态文明的发展方向与趋势。绿色发展以全面的“发展”替代了片面的“增长”，并且要求将人类自由、社会平等、摆脱贫困、生态平衡和政治参与作为评价指标和价值旨归，也符合人类发展与社会进步的“现代化”趋向。

适应绿色发展的多元整体协同和经济、社会、生态共融发展的需要，政府自身要走向绿色行政，强调组织内部的协同、整合与共同行动，也协同整合市场组织、社会组织和公众采取共同行动，实现绿色行政与公共治理融合发展，走绿色治理发展之路，建构绿色治理范式。

二、绿色治理的基本思路与对策

绿色治理是指多元治理主体以绿色价值理念为引导，基于互信互赖和资源共享，合作共治公共事务，以实现“经济—政治—文化—社会—生态”持续和谐发展的美好生活的活动或活动过程。由其内涵意蕴可知，与遵循“先污染后治理”逻辑和“谁污染谁治理”主张的传统治理方式不同，绿色治理内在地要求事前预防、事中监管与事后补救相结合，因而具备“积极性、主动性、防御性”优势，这不仅能够弥补传统治理的“消极性、被动性、应对性”缺陷，而且在理念、取向、方式上与以兼顾“经济—社会—生态”三大系统的平衡、协调、兼容为价值旨归的绿色发展高度耦合。此外，绿色发展与绿色治理之间呈现为“方法与目标”“过程与结果”“量变与质变”“战术与战略”的辩证关系。即如果绿色治理是手段，那么绿色发展就是目标；如果绿色治理是过程，那么绿色发展就是结果；如果绿色治理是量变，那么绿色发展就是质变；如果绿色治理是战术，那么绿色发展就是战略。简言之，二者之间既有区别又有联系，既对立又统一。基于二者间的关联耦合与辩证关系可知，要实现全面可持续的绿色发展必然要求国家走向绿色治理。为将绿色发展理念真正转化为绿色实践，必须构建一套科学有效的行动策略——绿色治理，并将绿色治理思维、治理原则与治理方式贯穿治理全过程，提高绿色治理综合效能，全面提升绿色治理能力。

（一）绿色治理的基本思路：理念、逻辑与结构

一是在绿色治理中形塑绿色理念导向。理念是实践的纲领，发展范式的绿色转型，必须以绿色发展理念为指南。党的十八届五中全会将“绿色发展”列为“五大发展理念”之一，是基于历史实践经验与现实发展指向而做出的战略研判，旨在以科学的理念及其“管全局、管根

本、管方向、管长远”效能，为当前和今后的绿色实践提供思路、指明方向和找准着力点。绿色发展理念以追求人类与自然和谐共生、经济增长与生态保护互利共赢为旨归，因此在绿色治理过程中，须践行以下绿色理念。一是在认知层面达成绿色自觉意识。以转变理念为突破口，各级政府要正确认识“大开发”与“大保护”、“金山银山”与“绿水青山”的辩证关系，社会公众则应形成像“爱护眼睛、对待生命”一样的生态理性。在价值取向层面坚持绿色为民立场。推进绿色发展、绿色治理，是为了更好满足人民日益增长的美好生活需要。而良好的生态环境是最公平的公共产品，是最普惠的民生福祉，绿色理念与绿色治理正是党的性质与宗旨、初心与使命的生动诠释。在社会层面营造浓郁的绿色文化氛围。传统认识中，绿色发展更多聚焦于经济发展与环境保护等实践层面，鲜有从一般性与规律性的层面对绿色理念进行解读。而将绿色理念升华到文化维度，从文化高度认识把握绿色发展理念的内涵意蕴，既可以补缺绿色理念在政治、社会等方面的不足，又有利于绿色文化的立体化发展，从而强化全社会的绿色文化氛围。

二是理顺绿色治理的逻辑链条。绿色治理具有公共性、人民性、福利性等属性特征，在绿色治理过程中应以“共建—共治—共享”为逻辑遵循，即以共建为基础，突出顶层设计和制度建设在绿色治理格局中的基础性、战略性地位；以共治为关键，树立大社会观、大治理观，打造全民参与的开放型绿色治理体系；以共享为目标，使绿色治理成效更显著、更公平地惠及全体人民，不断增加人民在追求美好生活中的获得感、幸福感、安全感。总之，绿色治理作为一种新的治理方式与治理过程，治理的最终成果也是由社会公众共同支配，所以，无论从手段方式、过程参与，还是从结果分享来讲，都应该进行社会总动员，充分调动和发挥包括执政党与参政党、中央政府与地方政府、各类市场主体、营利性与非营利性群团组织、专家学者、大众在内的所有社会主体的积极性与能动性，打造宏观共建、过程共治、结果共享的绿色治理新格局。

三是精准解析绿色治理的结构范式。为确保绿色治理有序推进，必须以廓清治理结构、治理主体、治理功能、治理制度、治理方法、治理目标为逻辑前提，进而将绿色理念与绿色实践充分融入经济、政治、文化、社会等诸领域。在结构维度，形成以经济绿色治理、政党绿色治理、政府绿色治理、文化绿色治理、社会绿色治理、生态绿色治理为内容的绿色结构体系；在主体维度，形成以绿色政党、绿色政府、绿色市场主体、绿色群团组织、绿色专家学者、绿色大众为内容的绿色主体体系；在功能维度，形成以绿色动员、绿色组织、绿色监管、绿色服务、绿色配置为内容的绿色功能体系；在方法维度，形成以绿色法治、绿色行政、绿色协商、绿色道德、绿色激励为内容的绿色方法体系；在机制维度，形成以上下绿色联动，左右绿色互促为内容的绿色机制体系；在目标维度，形成以绿色法治、绿色民主、绿色秩序、绿色共享的绿色目标体系。六大维度合力构成绿色治理的基本结构，各维度分别对应相应体系，集成绿色治理的基本范式。

（二）绿色治理的推进策略：以系统化、科学化与精细化为路径

一是基于“主体—分工—范式”维度，推进系统化绿色治理。绿色发展涵盖多领域，涉及多主体，贯穿多环节，囊括多要素，纷繁程度决定了必须以系统性思维推进绿色治理。(1) 整合参与主体。必须强化各级党委的领导地位，充分发挥“总揽全局、协调各方”功能，积极发挥各级政府的主导作用，全面深化改革和转变职能，大力动员、鼓励和支持社会多方力量参与。(2) 明确社会分工。随着社会阶层结构日益分化、利益关系逐步由简入繁、矛盾问题交织叠加，绿色治理也需要相应从传统的政府单一监管向社会协同转变，这就要求政府进行绿色行政、企业进行绿色生产、媒体进行绿色宣传、社会组织进行绿色参与、社会公众进行绿色消费、专家学者提供绿色智慧，形成绿色治理合力。(3) 优化手段范式。借助现代科技与人工智能优势，推进治理方式的现代化转型，引入社会多方互动替代传统的单向管治，推行线上线下融合以弥补传统线下单调的局限性。

二是基于“规划—评价—支撑—文化”维度，推进科学化绿色治理。鉴于绿色治理的系统性、动态性、复杂性特征，必须坚持系统规划、分类递进、分级实现原则，逐步健全完善规划、评估与支撑体系，为推进系统化绿色治理提供可靠遵循。(1) 健全绿色治理规划体系。以制定好陆海空间、主体功能区、城乡发展、农业工业发展、生态保护、环境治理、资源能源等系列规划为抓手，以县域经济为依托单元，上连省市下接乡镇，形成“上下联动”“左右互补”格局，全方位立体化地将绿色治理融入经济社会发展的始终。(2) 完善绿色治理绩效评价体系。在已有的自然资源、生态环境测评机制和指标体系基础上，创建资源环境资产负债表并制定负面清单，按行业分类及单元属性，对各级政府展开常态化绿色 GDP 绩效考核。(3) 优化绿色治理支撑体系。科学整合现有的自然资源、生态环境相关的监测平台，并且查漏补缺、与时俱进，基于大数据与信息化背景下的技术优势，打造绿色数据信息共享、动态化的监测体系，为绿色治理提供基础性的信息、数据、技术支撑。(4) 夯实绿色治理文化体系。立足于我国悠久的“人与自然和谐”的文化根基，紧抓绿色理念和绿色治理文化的本质规定性，将绿色文化有机融入生产、分配、交换、消费全过程。

三是基于“源头—专项—法治”维度，推进精细化绿色治理。精细化绿色治理要求实现本源性、针对性和持久性的有机统一，因此应注重抓源头、抓专项、抓法治。(1) 源头治理。绿色生产是实现绿色发展的基础，因而在绿色治理实践中，首先，要加速发展绿色生产力。以绿色理念武装劳动者，塑造绿色生产观念；以绿色科技改良劳动工具，为绿色实践提供物质基础；以绿色物质铸造生产资料，为绿色生产提供载体。其次，要加快形成绿色生活方式。引导公众摒弃非绿色的生活方式，倡导低碳环保、节约理性、健康安全的绿色生活方式。再次，加快优化生产方式和调整产业结构。积极构建以循环经济、低碳经济、生物经济、资源节约型经济、环境友好型经济为主导的产业模式。(2) 专项治理。在绿色发展过程中，一些事关国计民生的重大工程会对绿色治理产生重大影响，所以要对重大工程进行绿色专项治理。例如，加速推进“创新驱动工程”“节能高效工程”“环境综合治理工程”“自然生态保护工程”“退耕还林/草生态修复工程”“退田还海/湖工程”等分门别类的绿色治理重大专项工程；凭借现代化经济体系建设契机，积极推进“新兴产业工程”“科技孵化工程”“现代化服务业工程”等专项工程，扶植绿色产业，打造绿色新业态。(3) 依法治理。在绿色治理过程中，注重强化运用法治化思维和法制化程式来协调“发展”与“增长”之间的冲突，这就需要健全与现代化同频的绿色治理法律法规体系，将绿色源头保护、绿色利益补偿、绿色损害补救、绿色主体责任追究纳入法律法规框架，用法律和制度的排他性与权威性保护自然生态，为绿色治理保驾护航。以自然资源的高效利用、生态环境的有效修复为着力点，提振绿色治理综合效能。

第三章　县域生态文明治理现代化

第一节　我国现行县级行政区划

一、新中国行政区划的演变

行政区划是行政区域划分的简称，是国家为了进行分级管理而实行的区域划分。1949 年 9 月 21 日至 30 日召开的中国人民政治协商会议第一届全体会议通过了具有临时宪法性质的《中国人民政治协商会议共同纲领》(以下简称《共同纲领》)，选举产生了中央人民政府委员会，宣告了中华人民共和国的成立。《共同纲领》规定，中华人民共和国的国家政权属于人民，人民行使国家政权的机关为各级人民代表大会和各级人民政府。同时规定各级政权机关一律实行民主集中制。这就明确了我国不搞联邦制，而采用传统的中央集权的单一制模式。由于当时还不具备召开全国人民代表大会的条件，暂由中国人民政治协商会议的全体会议执行全国人民代表大会的职权，加上处于新旧政权交替时期，很多制度尚未定型，因此《共同纲领》也未就新中国的地方政府制度做出具体安排。据统计，1950 年全国有 2054 个县、66 个县级市、4 个矿区、3 个特区、10 个区、4 个自治区、1 个管理处、13 个县级镇、6 个设治局、16 个设治区、2 个办事处和 58 个旗，共 2237 个县级行政区。

1949 年 11 月 28 日，周恩来总理主持政务院第八次政务会议，讨论通过了省、市、县各界人民代表会议组织通则草案。12 月 2 日中央人民政府委员会第四次会议正式通过了这三个通则。到 1952 年底，全国 30 个省、2 个省级行署区、160 个市、2174 个县（包括县级行政单位）和约28万余个乡，都先后召开了各界人民代表会议，为全国及地方各级人民代表大会日后的召开创造了条件。

1950年1月6日，中央人民政府政务院通过了《省人民政府组织通则》《市人民政府组织通则》《县人民政府组织通则》；同年12月又公布了《乡（行政村）人民代表会议组织通则》和《乡（行政村）人民政府组织通则》，开始在全国普遍建立乡级政权。在实践当中，全国地方层级存在“三实三虚”的情况，即省、县、乡三个为实级，通过召开人民代表大会选举产生人民政府，大行政区、专区、区三个为虚级，是上级政府的派出单位，直接委任组成。

1954年9月，第一届全国人民代表大会第一次会议通过了《中华人民共和国宪法》。宪法第53条规定：“中华人民共和国的行政区域划分如下：（一）全国分为省、自治区、直辖市；（二）省、自治区分为自治州、县、自治县、市；（三）县、自治县分为乡、民族乡、镇。”这表明1954年宪法确立了我国地方行政区划为省、县、乡三级体制。

此后，在社会主义建设过程中，我国的地方政权制度也发生过一些变化。例如在“文化大革命”时期，“革命委员会”曾一度取代地方各级政府；而1958年开始实施的农村人民公社化运动，把人民公社作为政社合一的基层政权单位，取消了原有的乡镇政府体制。

改革开放之后，我国地方政府制度逐步得到恢复和发展。1979年制定的《中华人民共和国地方各级人民代表大会和地方各级人民政府组织法》和1982年宪法，改革命委员会为人民政府，规定县以上地方各级人民代表大会设立常务委员会，由地方各级人民代表大会选举产生的各级人民政府是同级人民代表大会的执行机关，是地方各级国家行政机关。1982年宪法恢复了1954年宪法规定的行政区划体制。1983年开始，农村人民公社实行政社分开，建立乡政府。至此，当代中国地方政府管理制度得以稳定下来。

我国现行宪法为1982年宪法，并历经1988年、1993年、1999年、2004年、2018年五次修订。宪法第30条规定，中华人民共和国的行政区域划分如下：（一）全国分为省、自治区、直辖市；（二）省、自治区分为自治州、县、自治县、市；（三）县、自治县分为乡、民族乡、镇。

直辖市和较大的市分为区、县。自治州分为县、自治县、市。自治区、自治州、自治县都是民族自治地方。宪法第31条规定，国家在必要时得设立特别行政区。可见，我国存在三种不同的行政单位：一般行政单位、民族自治地方、特别行政区。行政区划基本上是三级，即省（自治区、直辖市）、县（自治县、县级市）、乡（民族乡、镇）。在有自治州和市管县的情况下，则为四级。

二、市管县体制

市是当代世界普遍存在的一种行政区划。在我国，按照行政地位的不同，市分为属省级行政区的直辖市、属地级行政区的地级市、属县级行政区的县级市。在我国台湾地区还存在县辖市，即镇级市，如彰化县彰化市、嘉义县太保市等。“镇级市”改革最早是2010年在浙江温州开始探索，2014年《国家新型城镇化规划（2014—2020年）》出台，国家发改委等11个部委组织开展国家新型城镇化综合试点，提出人口10万以上的建制镇可以试点镇改市。2015年首批试点的两个镇是浙江省苍南县龙港镇和吉林省安图县二道白河镇。2016年底，又有包括北京市平谷区金海湖镇、西藏林芝市巴宜区鲁朗镇、海南省澄迈县福山镇等29个镇纳入试点。

地级市是一级有点特殊的行政区划。按照宪法规定，我国地方实行的是省、县、乡三级行政体制，但在现实政治生活中，大多数地方存在的却是省、地、县、乡四级行政区划。地级行政区介于省级行政区与县级行政区之间，由省、自治区管辖，包括地级市、地区、自治州、盟。地级市的前身，可以追溯到唐宋时期的“州”和明清时期的“府”。民国初年，废府存县，各省置道。1925年开始设省辖市，地位与道相同。1932年，国民政府在省与县之间设置“行政督察区”，属于准行政区划单位，其管理机构行政督察专员公署是省政府派出机构。

新中国成立后，改行政督察区为专区。后来为了发挥城市经济中心作用，促进城乡互助发展，部分专区被撤销，将专区领导的县市由省辖市领导。1959年9月，第二届全国人大常委会第九次会议通过了《关于直辖市和较大的市可以领导县、自治县的决定》，对市管县体制作出了法律上的规定，直接推动了市管县体制的发展。当时全国辖县的地级市有50多个，管辖的县达240多个。“文化大革命”期间，专区逐渐改称地区。1982年，中共中央第51号文发出了“改革地区体制、实行市领导县体制”的通知，首先在江苏试点，1983年在全国试行。随后中央又发出《关于地市州党政机关机构改革若干问题的通知》，要求积极试行地、市合并，“省辖市”改称“地级市”，除之前在少数省辖市（省会为主）已实行“市管县”外，全面推行“市管县”和“市管市”，并将“地级市”纳入“地级行政区”。2015年3月，全国人大对《中华人民共和国立法法》作出修改，地方立法权扩至所有设区的市，并且在2018年的宪法修正案中得到确认。设区市可就城市建设、市容卫生、环境保护等城市管理事项制定地方性法规。

截至2019年底，我国共有地级行政区333个，包括293个地级市、7个地区、30个自治州和3个盟。现存的7个地区分别是黑龙江省的大兴安岭地区，西藏自治区的阿里地区，新疆维吾尔自治区的和田地区、喀什地区、塔城地区、阿勒泰地区和阿克苏地区，其中塔城地区和阿勒泰地区由伊犁哈萨克自治州管辖。30个自治州分布在云南、青海、新疆、四川、贵州、甘肃、吉林、湖北、湖南等9个省区。现存3个盟都在内蒙古自治区，分别是锡林郭勒盟、阿拉善盟和兴安盟。

三、县级行政区的类型

本书所称的县域除了直辖市所辖的区（行政级别为地市级）以外，主要指的是县级行政区域。我国现行的县级行政区包括市辖区、县级市、县、自治县、旗、自治旗、林区和特区8种类型。

市辖区包括直辖市和地级市设立的市辖区，市区总人口在300万人以上的城市，平均每60万人可设立1个市辖区。中心城市郊县（县级市）改设市辖区，要求该县（市）就业人口中从事非农业人口不得低于70%，第二、三产业产值在国内生产总值中的比重达到75%以上。目前北京、上海、天津三个直辖市各有16个市辖区，均已没有下辖县；重庆市则下辖26个区、8个县、4个自治县。我国宪法把直辖市以外的市分为设区的市和不设区的市，大多数的地级市都是设区市，其中有

59个为单区市，也被称为“金鸡独立市”，如福建省宁德市、浙江省丽水市、吉林省白城市、贵州省毕节市、云南省普洱市等，甘肃省12个地级市中有8个是单区市。不设区的市也称“直筒子市”，多为县级市，其中地级的有广东省中山市、东莞市，甘肃省嘉峪关市和海南省儋州市4个。

县级市源于新中国成立后由专区所领导的市，称为专辖市，后来专区改地区，相应改称为地辖市，1983年地级行政区划改革以后，又改称“县级市”。县级市一般由地级行政区管辖，其中地级市管辖309个，自治州（地区、盟）辖59个。省级行政区直辖的有19个，包括新疆维吾尔自治区10个，海南省5个，湖北省3个，河南省1个。随着我国工业化、城镇化的发展，县级市的数量还将逐年增多。

县是我国县级行政区中数量最多、历史最为悠久的类型，很多县都有着上千年的历史，是传统文化富集的地区。县也是我国“三农”工作所在的主要区域，是最主要的直接管理农村居民的行政单位。自治县是在国家统一领导下，各少数民族聚居的地方实行县级区域自治，设立自治机关，行使自治权的县。全国共有117个自治县分布在17个省份，其中云南最多，有29个。旗是内蒙古自治区特有的县级行政区，源于清初仿照满洲八旗制度设立的基层行政区，一直沿用至今。自治旗则是内蒙古自治区内具备自治条件的其他少数民族实行自治的县级区域，目前仅有的3个自治旗都位于呼伦贝尔市境内，包括鄂伦春自治旗、鄂温克族自治旗、莫力达瓦达斡尔族自治旗。与县级市相比，县和旗的经济要落后一些，在2019年的全国百强县名单中，上榜的县有23个，进入前十名的是有“三湘第一县”之称的湖南省长沙县，排名第五；进入百强的旗是内蒙古的准格尔旗，位列第30名。

我国当前县级行政区中还包括1个林区和1个特区。前者指的是神农架林区，1970年经国务院批准建制，直属湖北省管辖，是中国唯一以“林区”命名的行政区划。后者指的是贵州省六盘水市的六枝特区，是国家为划定煤炭基地、开发煤炭资源、修建铁路和支援“三线建设”而设立的特殊行政区。

截至2019年底，我国共有县级行政区划2846个，包括1323个县

(不含台湾12个县，其中金门县算入大陆行政区划内)，965个市辖区，387个县级市，117个自治县，49个旗，3个自治旗，1个特区，1个林区。与1999年底相比，20年间全国县级行政区划总数减少了12个，其中县少了187个，县级市少了40个，特区少了1个，但市辖区增加了216个。2020年4月，海南省三沙市设立西沙区、南沙区，全国市辖区总数增加到967个。

城镇化是改变我国县级行政区结构的主要原因。我国城镇化率从1949年末的10.64%增加到2019年末的60.60%，70年提高了约50个百分点，相应地，我国确立的城市型主导的行政区划体制，推动地级市从54个到293个，县级市从66个到387个，市辖区从368个到965个。当然也有从市辖区改回县的，例如2019年7月，黑龙江省伊春市根据国务院的批复，撤销了15个市辖区，新设立了汤旺县、丰林县、南岔县、大箐山县和伊美区、乌翠区、友好区、金林区8个县区。此外，县级行政区还不断有新生力量加入。2019年8月30日，有“农民城”之称的温州苍南县龙港镇撤镇设市，设立县级龙港市，开启了新时代撤镇设市的序幕。由此，全国县级行政区划在未来将有所增加，但传统的县则难挡逐渐减少的趋势。

第二节 县域治理体系现代化

1990年，时任宁德地委书记习近平发表《从政杂谈》一文，勉励青年领导干部做好县级工作。在他看来，“如果把国家喻为一张网，全国三千多个县就像这张网上的纽结。‘纽结’松动，国家政局就会发生动荡；‘纽结’牢靠，国家政局就稳定”，“因此，从整体与局部的关系看，县一级工作好坏，关系国家的兴衰安危”。2014年，习近平总书记在调研指导兰考县教育实践活动时指出，“县域治理是推进国家治理体系和治理能力现代化的重要一环。一个县，大的有几十万、上百万人口，经济、政治、文化、社会、生态等各方面功能齐备……县域治理最大的特点是既‘接天线’又‘接地气’。对上，要贯彻党的路线方针政策，落实中央和省市的工作部署；对下，要领导乡镇、社区，促进发展、服务民生。基础不牢，地动山摇。县一级工作做好了，党和国家全局工作就有了坚实基础”。县级政权的组织领导和机构设置是县域治理体系的核心内容。2018 年开展的党和国家机构改革是推进国家治理体系和治理能力现代化的一场深刻变革。按照中央统一部署，所有地方机构改革任务到 2019 年 3 月都已基本完成，之后制度优势将逐步转化为治理效能，为实现全面小康和中华民族伟大复兴的中国梦打下坚实的基础。

一、国家治理体系和治理能力现代化

1921 年诞生的中国共产党带领全国各族人民经过 28 年的浴血奋斗建立了人民民主的社会主义新中国，1949 年的《共同纲领》和 1954 年的宪法奠定了人民共和国的基本治理框架。“文化大革命”一度使社会主义制度受到冲击。改革开放之后，中央始终高度重视国家制度的建立健全并发挥其正向效应。

1980 年 8 月，邓小平在中央政治局扩大会议上谈党和国家领导制度的改革时就指出：“领导制度、组织制度问题更带有根本性、全局性、稳定性和长期性”，“制度好可以使坏人无法任意横行，制度不好可以使好人无法充分做好事，甚至会走向反面”。1992 年，邓小平同志在南方谈话中说：“恐怕再有三十年的时间，我们才会在各方面形成一整套更加成熟、更加定型的制度。”党的十四大提出：“在九十年代，我们要初步建立起新的经济体制，实现达到小康水平的第二步发展目标。再经过二十年的努力，到建党一百周年的时候，我们将在各方面形成一整套更加成熟更加定型的制度。”党的十五大、十六大、十七大都对制度建设提出明确要求。

党的十八大以来，以习近平同志为核心的党中央把制度建设摆到更加突出的位置，强调全面建成小康社会，“必须以更大的政治勇气和智慧，不失时机深化重要领域改革，坚决破除一切妨碍科学发展的思想观念和体制机制弊端，构建系统完备、科学规范、运行有效的制度体系，使各方面制度更加成熟更加定型”。党的十八届三中全会首次提出“推进国家治理体系和治理能力现代化”这个重大命题，并把“完善和发展中国特色社会主义制度，推进国家治理体系和治理能力现代化”确定为全面深化改革的总目标。党的十八届五中全会要求“十三五”时期要实现各方面制度更加成熟更加定型，国家治理体系和治理能力现代化取得重大进展，各领域基础性制度体系基本形成。

党的十九大作出到本世纪中叶把我国建成富强民主文明和谐美丽的社会主义现代化强国的战略安排，并提出了到本世纪中叶实现国家治理体系和治理能力现代化的宏伟目标。党的十九届二中、三中全会分别就修改宪法和深化党和国家机构改革作出部署，在制度建设和治理能力建设上迈出了新的重大步伐。党的十九届三中全会指出：“我们党要更好领导人民进行伟大斗争、建设伟大工程、推进伟大事业、实现伟大梦想，必须加快推进国家治理体系和治理能力现代化，努力形成更加成熟、更加定型的中国特色社会主义制度。”

十九届三中全会也明确指出了现实当中同实现国家治理体系和治理能力现代化的要求还不完全适应的问题，主要有：一些领域党的机构设置和职能配置还不够健全有力，保障党的全面领导、推进全面从严治党的体制机制有待完善；一些领域党政机构重叠、职责交叉、权责脱节问题比较突出；一些政府机构设置和职责划分不够科学，职责缺位和效能不高问题凸显，政府职能转变还不到位；一些领域中央和地方机构职能上下一般粗，权责划分不尽合理；基层机构设置和权力配置有待完善，组织群众、服务群众能力需要进一步提高；军民融合发展水平有待提高；群团组织政治性、先进性、群众性需要增强；事业单位定位不准、职能不清、效率不高等问题依然存在；一些领域权力运行制约和监督机制不够完善，滥用职权、以权谋私等问题仍然存在；机构编制科学化、规范化、法定化相对滞后，机构编制管理方式有待改进。

为解决这些问题，根据党中央的决策部署和新修改完善的宪法精神，2018 年党政军群机构开展了一次全面而深刻的改革。深化改革的目标是要构建系统完备、科学规范、运行高效的党和国家机构职能体系，形成总揽全局、协调各方的党的领导体系，职责明确、依法行政的政府治理体系，中国特色、世界一流的武装力量体系，联系广泛、服务群众的群团工作体系，推动人大、政府、政协、监察机关、审判机关、检察机关、人民团体、企事业单位、社会组织等在党的统一领导下协调行动、增强合力，全面提高国家治理能力和治理水平。

在庆祝新中国成立70周年之际召开的党的十九届四中全会，对坚持和完善中国特色社会主义制度、推进国家治理体系和治理能力现代化进行了系统总结，审议通过了《中共中央关于坚持和完善中国特色社会主义制度、推进国家治理体系和治理能力现代化若干重大问题的决定》，明确提出："中国特色社会主义制度是党和人民在长期实践探索中形成的科学制度体系，我国国家治理一切工作和活动都依照中国特色社会主义制度展开，我国国家治理体系和治理能力是中国特色社会主义制度及其执行能力的集中体现。"

党的十九届四中全会强调指出，中国共产党团结带领人民历经近百年探索形成并不断发展完善的包括党的领导和经济、政治、文化、社会、生态文明、军事、外事等各方面制度在内的国家制度和国家治理体系，这一制度体系具有13个方面的显著优势。

专栏1：中国特色社会主义制度体系的显著优势

坚持党的集中统一领导，坚持党的科学理论，保持政治稳定，确保国家始终沿着社会主义方向前进的显著优势；

坚持人民当家作主，发展人民民主，密切联系群众，紧紧依靠人民推动国家发展的显著优势；

坚持全面依法治国，建设社会主义法治国家，切实保障社会公平正义和人民权利的显著优势；

坚持全国一盘棋，调动各方面积极性，集中力量办大事的显著优势；

坚持各民族一律平等，铸牢中华民族共同体意识，实现共同团结奋斗、共同繁荣发展的显著优势；

坚持公有制为主体、多种所有制经济共同发展和按劳分配为主体、多种分配方式并存，把社会主义制度和市场经济有机结合起来，不断解放和发展社会生产力的显著优势；

坚持共同的理想信念、价值理念、道德观念，弘扬中华优秀传统文化、革命文化、社会主义先进文化，促进全体人民在思想上精神上紧紧团结在一起的显著优势；

坚持以人民为中心的发展思想，不断保障和改善民生、增进人民福祉，走共同富裕道路的显著优势；

坚持改革创新、与时俱进，善于自我完善、自我发展，使社会充满生机活力的显著优势；

坚持德才兼备、选贤任能，聚天下英才而用之，培养造就更多更优秀人才的显著优势；

坚持党指挥枪，确保人民军队绝对忠诚于党和人民，有力保障国家主权、安全、发展利益的显著优势；

坚持"一国两制"，保持香港、澳门长期繁荣稳定，促进祖国和平统一的显著优势；

坚持独立自主和对外开放相统一，积极参与全球治理，为构建人类命运共同体不断作出贡献的显著优势。

这些显著优势，是我们坚定中国特色社会主义道路自信、理论自信、制度自信、文化自信的基本依据。

（摘自：《中共中央关于坚持和完善中国特色社会主义制度、推进国家治理体系和治理能力现代化若干重大问题的决定》）

全会确立了坚持和完善中国特色社会主义制度、推进国家治理体系和治理能力现代化的总体目标：到建党100年时，在各方面制度更加成熟更加定型上取得明显成效；到2035年，各方面制度更加完善，基本实现国家治理体系和治理能力现代化；到新中国成立100年时，全面实现国家治理体系和治理能力现代化，使中国特色社会主义制度更加巩固、优越性充分展现。

为此，全会提出，要坚持和完善支撑中国特色社会主义制度的根本制度、基本制度、重要制度，同时要加强系统治理、依法治理、综合治理、源头治理，把制度优势更好转化为国家治理效能。具体包括：坚持和完善党的领导制度体系，提高党科学执政、民主执政、依法执政水平；坚持和完善人民当家作主制度体系，发展社会主义民主政治；坚持和完善中国特色社会主义法治体系，提高党依法治国、依法执政能力；坚持和完善中国特色社会主义行政体制，构建职责明确、依法行政的政府治理体系；坚持和完善社会主义基本经济制度，推动经济高质量发展；坚持和完善繁荣发展社会主义先进文化的制度，巩固全体人民团结奋斗的共同思想基础；坚持和完善统筹城乡的民生保障制度，满足人民日益增长的美好生活需要；坚持和完善共建共治共享的社会治理制度，保持社会稳定、维护国家安全；坚持和完善生态文明制度体系，促进人与自然和谐共生；坚持和完善党对人民军队的绝对领导制度，确保人民军队忠实履行新时代使命任务；坚持和完善“一国两制”制度体系，推进祖国和平统一；坚持和完善独立自主的和平外交政策，推动构建人类命运共同体；坚持和完善党和国家监督体系，强化对权力运行的制约和监督。

二、县级机构改革总体情况

2018 年的机构改革遵循自上而下、层层推进的原则，全国两会后先启动中央层面的改革，当年年底前省级党政机构调整基本到位，2019 年 3 月底前所有地方机构改革任务基本完成。地方机构改革的目的是要统筹优化地方机构设置和职能配置，构建从中央到地方运行顺畅、充满活力、令行禁止的工作体系。这就要求要科学设置中央和地方事权，理顺中央和地方职责关系，更好发挥中央和地方两个积极性，中央加强宏观事务管理，地方在保证党中央令行禁止前提下管理好本地区事务，合理设置和配置各层级机构及其职能。在机构设置方面，既要保证对标中央，确保上下贯通、执行有力；又要赋予地方更多自主权，为增强地方治理能力，在规定限额范围内可以有一些自选动作。

在省级层面，全国多数省份改革后的党政机构数量为 60 个，其中四个直辖市稍多一些——北京 65 个，天津、重庆 64 个，上海 63 个，广东、广西、海南、西藏和宁夏等省份则少于 60 个。海南、宁夏的党政机构总数最少，均为 55 个。

市县机构改革由各省级党委统一领导，要求市县主要机构及其职能必须同中央保持基本对应、与省级机构改革有效衔接，确保上下贯通、执行有力；同时也强调市县要立足自身实际，坚持问题导向，更好发挥市县积极性，在机构设置和职能配置上更加突出民生，强化基层治理，鼓励改革创新。

根据福建省《关于市县机构改革的总体意见》，对市县机构实行总量控制和限额管理。其中，福州市、厦门市党政机构不超过55个，泉州市不超过50个，漳州市、龙岩市不超过49个，其他设区的市不超过47个。县级党政机构区分县的不同情况，根据人口规模、财政收入、区域面积、经济总量等因素综合确定，大县不超过37个，中县不超过35个。市辖区参照县的机构限额分别确定，大区不超过37个，小区不超过35个。县级市党政机构不超过37个。

内蒙古自治区对市县机构数量的规定是：呼和浩特市党政机构不超过55个，包头市、通辽市、赤峰市党政机构不超过50个；其余8个盟市党政机构不超过47个。将旗县（市）划分为大中小三个类别，其中，64个旗县（市）为大旗县，党政机构不超过37个；12个旗县为中等旗县，党政机构不超过36个；4个旗县市为小旗县，党政机构不超过35个。23个市辖区中的3个区党政机构限额比照小旗县，其他20个区党政机构限额比照中等旗县。

其他省份的情况也都类似，例如广东省的广州、深圳市市辖区党政机构不超过33个，地级市市辖区不超过31个；县级市党政机构不超过37个，较大的县和中等县不超过35个，小县不超过31个。山东省县级党政机构设置数量区分大中小县不同情况，大县、中县、小县分别不超过37个、35个和30个。而人口不足8万的浙江省舟山市嵊泗县，改革后的党政机构是28个。

除了党政机构改革这个重头戏，市县也要统筹推进其他各项改革。一是实施人大、政协机构改革，健全市县人大组织制度和工作制度，完善人大专门委员会设置，整合市县人大相关专门委员会职责，更好发挥市县人大职能作用。推进人民政协履职能力建设，加强人民政协民主监督，优化政协专门委员会设置，整合市县政协相关委员会职责，更好发挥市县政协作为专门协商机构的作用。二是推进群团组织改革方面，健全党委统一领导群团工作的制度，调整优化群团机构职能和内设机构，促进党政机构同群团组织功能有机衔接。支持和鼓励群团组织承担适合其承担的公共职能，增强群团组织团结教育、维护权益、服务群众功能，更好发挥群团组织作为党和政府联系人民群众的桥梁和纽带作用。三是实施承担行政职能的事业单位改革，清理事业单位承担的行政职能，将行政职能划归行政机关，强化事业单位公益属性。四是推进重点领域综合行政执法，以及继续推进跨领域跨部门综合执法等方面改革。

三、县级党政机构的设置

县级行政区可以说是国家的具体而微者，中央层面的领导体制和机构设置在县一级基本上都有着较为完整的体现。各种类型的县级行政区的党政机构设置总体具有同构性，在核心和关键部门上与中央保持一致，在自主设置的机构上反映区域特色和发展阶段的特点。县（下文一般用县来指称所有的县级行政区）的领导群体主要有四个：一是党委领导班子，二是人民代表大会领导班子，三是政府领导班子，四是政协领导班子，简称“四大班子”。

（一）县级党委机构设置

东西南北中，党是领导一切的。党的集中统一领导制度和全面领导制度是我们党和国家的根本领导制度。县级党的委员会是所在县级行政区的核心领导机构。《中国共产党地方委员会工作条例》规定：“党的地方委员会在本地区发挥总揽全局、协调各方的领导核心作用，按照协调推进‘四个全面’战略布局，对本地区经济建设、政治建设、文化建设、社会建设、生态文明建设实行全面领导，对本地区党的建设全面负责。”

具体来说，党的地方委员会主要实行政治、思想和组织领导，把方向、管大局、作决策、保落实：一是对本地区重大问题作出决策；二是通过法定程序使党组织的主张成为地方性法规、地方政府规章或者其他政令；三是加强对本地区宣传思想文化工作的领导，牢牢掌握意识形态工作领导权、话语权；四是按照干部管理权限任免和管理干部，向地方国家机关、政协组织、人民团体、国有企事业单位等推荐重要干部；五是支持和保证人大、政府、政协、法院、检察院、人民团体等依法依章程独立负责、协调一致地开展工作，发挥这些组织中党组的领导核心作用；六是加强对本地区群团工作和统一战线工作的领导；七是动员、组织所属党组织和广大党员，团结带领群众实现党的目标任务。

县级党的委员会由同级党代表大会选举产生，由委员、候补委员组成，每届任期 5 年。县级党委的常务委员会由党的县级委员会全体会议选举产生，由书记、副书记和常委会其他委员组成。县级常委会委员名额为 9 至 11 人。县级党委设书记 1 名、副书记 2 名，个别民族自治地方需要适当增加副书记职数的，由党中央决定或者省级党委根据中央精神审批。

按照 2018 年机构改革的精神，县级党委机构一般为 7～12 个，包括纪检监察机关 1 个，工作机关 6～11 个，另有 8 个或 8 个以上的议事协调机构，其办事机构设在相关部门，不计入机构限额。

纪检监察机关全称纪律检查委员会监察委员会机关，是根据党中央关于深化监察体制改革的部署，将县监察局的职责，以及县人民检察院查处贪污贿赂、失职渎职及预防职务犯罪等反腐败相关职责整合，组建县监察委员会，同县纪律检查委员会合署办公，履行纪检、监察两项职责，实行一套工作机构、两个机关名称。

县委工作机构主要有办公室、组织部、宣传部、统一战线工作部、政法委员会、机构编制委员会办公室、巡察工作领导小组办公室、保密机要室、信访局、老干部局、县直机关工作委员会等。

县委议事协调机构一般对标中央来设置，相较于以往有了大幅减少。以河北省正定县为例，其 8 个议事协调机构是：全面深化改革委员会办公室（设在县委办公室）、全面依法治县委员会办公室（设在县司法局）、国家安全委员会办公室（设在县委办公室）、财经委员会办公室（设在县发展和改革局）、外事工作委员会办公室（设在县政府办公室）、审计委员会办公室（设在县审计局）、教育工作领导小组秘书组（设在县教育局）、农村工作领导小组办公室（设在县农业农村局）。

（二）县级人大机构设置

人民代表大会制度是我国的根本政治制度。根据我国宪法和《中华人民共和国地方各级人民代表大会和地方各级人民政府组织法》，县级人民代表大会是县级国家权力机关，由选民直接选举产生，每届任期5年。县级人大设立常务委员会，由主任、副主任、委员组成，在县人大闭会期间代行县人大部分职能。县人大代表受选民监督。

县级人大的主要职权有宪法法律的执行权、重大事项的决定权、主要人事的任免权、行政司法的监督权等。县级人大及其常委会没有地方立法权。具体来说，县级人民代表大会在本行政区域内，保证宪法、法律、行政法规的遵守和执行；依照法律规定的权限，通过和发布决议，审查和决定地方的经济建设、文化建设和公共事业建设的计划。县级人大审查和批准本行政区域内的国民经济和社会发展计划、预算以及它们的执行情况的报告；有权改变或者撤销本级人民代表大会常务委员会不适当的决定；选举并且有权罢免本级人民政府的县长和副县长；选举并且有权罢免本级人民法院院长和本级人民检察院检察长。选出或者罢免人民检察院检察长，须报上级人民检察院检察长提请该级人民代表大会常务委员会批准。

县级人大根据需要，可以设法制委员会、财政经济委员会、社会建设委员会、监察和司法委员会等专门委员会。人大常委会一般设有办公室、研究室、法制和内务司法工作委员会、财政经济工作委员会、教育科学文化卫生工作委员会、农业农村工作委员会、环境资源和城乡建设工作委员会、代表工作委员会等工作机构。

（三）县级政府机构设置

县级政府由县级人大选举产生，是县级人民代表大会的执行机关，是县级国家行政机关。县、自治县、不设区的市、市辖区的人民政府分别由县长、副县长，市长、副市长，区长、副区长和局长、科长等组成。

县政府工作部门一般在20～28个之间，同样以正定县为例，该县共有工作部门25个：办公室、行政审批局、发展和改革局、教育局、科学技术和工业信息化局、公安局、民政局、司法局、财政局、人力资源和社会保障局、自然资源和规划局、住房和城乡建设局、城市管理综合行政执法局、交通运输局、农业农村局、水利局、商务局、文化广电体育和旅游局、卫生健康局、审计局、统计局、退役军人事务局、应急管理局、市场监督管理局、医疗保障局。

其中，县政府办公室挂人民防空办公室、地方金融监督管理局（金融工作办公室）牌子；行政审批局挂政务服务管理办公室牌子；发展和改革局挂粮食和物资储备局牌子；民政局挂扶贫开发办公室牌子；城市管理综合行政执法局挂城市管理局、园林局牌子；文化广电体育和旅游局挂文物局牌子；卫生健康局挂爱国卫生运动委员会办公室牌子；应急管理局挂地震局牌子；市场监督管理局挂知识产权局牌子。

另外，有两个部门实行垂直管理，分别为石家庄市生态环境局正定县（正定新区）分局和正定县税务局。

（四）县级政协机构设置

中国人民政治协商会议是中国人民爱国统一战线的组织，是中国共产党领导的多党合作和政治协商的重要机构，是我国政治生活中发扬社会主义民主的重要形式，是社会主义协商民主的重要渠道和专门协商机构，是国家治理体系的重要组成部分，是具有中国特色的制度安排。习近平总书记在中央政协工作会议暨庆祝中国人民政治协商会议成立70周年大会上强调指出："人民政协在协商中促进广泛团结、推进多党合作、实践人民民主，既秉承历史传统，又反映时代特征，充分体现了我国社会主义民主有事多商量、遇事多商量、做事多商量的特点和优势。"①

根据《中国人民政治协商会议章程》，县级政协的主要职能是政治协商、民主监督、参政议政。政治协商是对当地的重要举措以及经济建设、政治建设、文化建设、社会建设、生态文明建设中的重要问题在决策之前进行协商和就决策执行过程中的重要问题进行协商。民主监督是对宪法、法律和法规的实施，重大方针政策的贯彻执行、国家机关及其

① 习近平：《在中央政协工作会议暨庆祝中国人民政治协商会议成立70周年大会上的讲话》，《人民日报》2019年9月21日。

工作人员的工作，通过建议和批评进行监督。参政议政是对政治、经济、文化、社会生活和生态环境等方面的重要问题以及人民群众普遍关心的问题，开展调查研究，反映社情民意，进行协商讨论。通过调研报告、提案、建议案或其他形式，向党委和政府提出意见和建议。

县级政协委员会由中国共产党、各民主党派、无党派人士、人民团体、各少数民族和各界的代表，香港特别行政区同胞、澳门特别行政区同胞、台湾同胞和归国侨胞的代表以及特别邀请的人士组成，委员通过协商方式产生，每届任期 5 年。县级政协委员会的主席、副主席、秘书长和常务委员构成常务委员会。政协工作机构的设置，按照当地实际情况和工作需要，由常务委员会决定，常设的有办公室（研究室、委员联络办）、提案委员会、经济委员会、农业和农村委员会、文化文史和学习委员会、教科卫体委员会等。

第三节　绿色城镇化与美丽乡村建设

一、绿色城镇化

（一）绿色城镇化的背景

我国正处于城镇化快速发展时期，城镇总体规模不断扩大给资源和生态带来越来越大的压力。根据国家统计局发布的 2019 年国民经济和社会发展统计公报，2019 年年末全国大陆总人口 140005 万人，比上年末增加 467 万人，其中城镇常住人口 84843 万人，占总人口比重（常住人口城镇化率）为 60.60%，比上年末提高 1.02 个百分点。户籍人口城镇化率为 44.38%，比上年末提高 1.01 个百分点。当前，很多发达国家城市化率在 80%左右，有些甚至达到 90%以上。根据国家新型城镇化规划，到 2020 年我国常住人口城镇化率将达到 60%左右。城镇化率的提高和城镇规模的扩大，必将带来资源能源消费总量的扩张和社会对生态环境的更深层次介入，这对我国这样一个人口众多、人均资源能源相对短缺、自然生态容量相对较小的国家来说，压力将日趋加大。

传统粗放的城镇化发展模式，造成了资源能源过度消耗和环境污染。长期以来，由于偏重外延扩张的发展模式，加之规划建设管理不够科学，城镇化发展面临一些不协调和不可持续问题。一是城镇布局和形态与资源环境承载能力不匹配，城镇结构不合理、人口增长不均衡，城市群内部分工协作不够、集群效率不高，增加了经济社会和生态环境成本。二是土地城镇化快于人口城镇化，城镇建成区面积快速扩张，土地利用粗放低效，消耗了大量耕地资源，但同时没有解决好农业转移人口融入城市问题，造成“半城镇化”“半市民化”特征突出。三是重经济发展和城镇扩张、轻环境保护，造成环境污染加剧。

（二）绿色城镇化的内涵

绿色城镇化是当今世界城镇化发展的基本潮流，也是我国城镇化转型发展的必然选择。人们对城镇化过程中资源、能源、环境、生态等问题及其与城镇发展和建设相互关系的探讨已有上百年。1898 年，英国城市社会学家霍华德明确提出了“田园城市”理论，并随后逐步开始在发达国家的城市规划中得到认可和应用。2000 年，美国学者蒂姆西·比特利在总结欧洲城市可持续发展实践基础上提出“绿色城镇化”发展理念，得到国际社会的普遍关注。2005 年，联合国环境规划署在旧金山举办世界环境日庆典活动，与会代表共同签署了《绿色城市宣言》，呼吁促进城市的可持续发展、保护自然环境、提高城市贫困人口的生活质量、减少垃圾、确保饮用水安全以及科学治理城市。在我国，绿色城镇化近几年来受到高度重视，并最终成为一项国家战略。

2014 年出台的《国家新型城镇化规划（2014—2020 年）》指出，要把生态文明理念全面融入城镇化进程，推动形成绿色低碳的生产生活方式和城市建设运营模式。2015 年 4 月中共中央、国务院印发的《关于加快推进生态文明建设的意见》强调，要大力推进绿色城镇化，并对此作出了总体部署。绿色城镇化，是新型城镇化的重要内容和特征，也是我国城镇化建设实现协调可持续发展的必然要求。绿色城镇化实际上是指城镇集约开发与绿色发展理念相结合，城镇人口、经济与环境相协调，经济高效、社会和谐、资源节约、低碳生态和环境友好的新型城镇化模式。在空间层面，绿色城镇化集中体现在绿色区域、绿色城镇和绿色建筑等不同尺度领域。不同于以“高消耗、高排放、高扩张”为特征的粗放型城镇化模式，绿色城镇化具有“低消耗、低排放、高效有序”的基本特征，是一种城镇集约开发与绿色发展相结合，城镇人口、经济与资源、环境相协调，“资源节约、低碳减排、环境友好、经济高效”的新型城镇化模式，集中体现了全面协调可持续的科学发展理念。①

（三）绿色城镇化的主要举措

1. 根据资源环境承载能力，构建科学合理的城镇化宏观布局，严格控制特大城市规模，增强中小城市承载能力，促进大中小城市和小城镇协调发展。

2. 尊重自然格局，依托现有山水脉络、气象条件等，合理布局城镇各类空间，尽量减少对自然的干扰和损害。

3. 保护自然景观，传承历史文化，提倡城镇形态多样性，保持特色风貌，防止“千城一面”。

4. 科学确定城镇开发强度，提高城镇土地利用效率、建成区人口密度，划定城镇开发边界，从严供给城市建设用地，推动城镇化发展由外延扩张式向内涵提升式转变。

5. 严格新城、新区设立条件和程序。强化城镇化过程中的节能理念，大力发展绿色建筑和低碳、便捷的交通体系，推进绿色生态城区建设，提高城镇供排水、防涝、雨水收集利用、供热、供气、环境等基础设施建设水平。

6. 所有县城和重点镇都要具备污水、垃圾处理能力，提高建设、运行、管理水平。

7. 加强城乡规划“三区四线”（禁建区、限建区和适建区，绿线、蓝线、紫线和黄线）管理，维护城乡规划的权威性、严肃性，杜绝大拆大建。②

---

① 参见潘家华、魏后凯主编《中国城市发展报告 NO. 5——迈向城市时代的绿色繁荣》，社会科学文献出版社 2012 年版。

② 《中共中央　国务院关于加快推进生态文明建设的意见》。

二、美丽乡村建设

美丽乡村是社会主义新农村建设的要求之一，2005 年 10 月颁布的《中共中央关于制定国民经济和社会发展第十一个五年规划的建议》指出，“建设社会主义新农村是我国现代化进程中的重大历史任务。要按照生产发展、生活宽裕、乡风文明、村容整洁、管理民主的要求，坚持从各地实际出发，尊重农民意愿，扎实稳步推进新农村建设”。村容整洁、乡风文明、管理民主是精神文明、生态文明、社会文明、政治文明的要求，生产发展和生活宽裕是物质文明的要求，这五项基本要求涵盖了新农村建设的理想状态，当然也鲜明指出了美丽乡村的特征，尤其是村容整洁，针对的就是农村过去“脏、乱、差”的现实风貌，是对生态文明的直接要求，可以理解为美丽乡村的直接要求。

美丽乡村是美丽中国建设的基础和前提，党的十八大报告首次提出“美丽中国”，党的十九大更是将“美丽”列入社会主义现代化强国建设的重要目标，提出建设富强、民主、文明、和谐、美丽的社会主义现代化强国。2018 年“美丽”和“生态文明”同时写入宪法。美丽乡村是美丽中国建设不可或缺的一部分。美丽乡村的美不仅仅表现在外观上，还要美在可持续性发展层面，因此，美丽乡村的创建一定要协调处理好经济发展与环境保护的关系、物质文明与精神文明的关系、人与自然和谐共生的关系。

“十一五”期间，全国很多省市按十六届五中全会的要求，为加快社会主义新农村建设，努力实现生产发展、生活富裕、生态良好的目标，纷纷制定美丽乡村建设行动计划并付之行动，并取得了一定的成效。2008 年，浙江省湖州市安吉县正式提出“中国美丽乡村”计划，出台《安吉县建设“中国美丽乡村”行动纲要》，提出 10 年左右时间，把安吉县打造成为中国最美丽乡村。2013 年中央一号文件首次明确提出了“农村生态文明建设”和“美丽乡村”。2014 年发布的《国务院办公厅关于改善农村人居环境的指导意见》和 2018 年发布的《农村人居环境整治三年行动方案》都明确提出，改善农村人居环境，建设美丽宜居乡村，是实施乡村振兴战略的一项重要任务。

2015年6月1日，《美丽乡村建设指南》（GB/T32000—2015）国家标准正式实施。标准的发布和实施改变了以往美丽乡村建设从方向性概念转化为定性、定量、可操作的工作实践，为全国提供了框架性、方向性技术指导。该标准将美丽乡村定义为：经济、政治、文化、社会和生态文明协调发展，规划科学、生产发展、生活宽裕、乡风文明、村容整洁、管理民主，宜居、宜业的可持续发展乡村（包括建制村和自然村）。

2018年2月颁布的《中共中央　国务院关于实施乡村振兴战略的意见》提出了美丽乡村的建设目标和战略步骤：到2020年，农村基础设施建设深入推进，农村人居环境明显改善，美丽宜居乡村建设扎实推进；到2035年，农村生态环境根本好转，美丽宜居乡村基本实现；到2050年，乡村全面振兴，农业强、农村美、农民富全面实现。

三、农村人居环境整治

人居环境是指包括乡村、集镇、城市、区域等在内的所有人类聚落及其环境。农村人居环境指的是农村居民工作劳动、生活居住、休闲娱乐和社会交往的空间场所，包括农村居民居住、生活和活动的自然环境、人文环境及人工环境。广义的人居环境包括自然系统、人类系统、社会系统、居住系统、支撑系统5个子系统。[①] 从世纪之交开始，各地在创建生态省过程中，对照评价指标的要求，积极开展生态村镇建设，农村人居环境开始受到重视。海南省1999年获批成为我国第一个生态示范省，积极发展农村生态型村庄，建设生态村示范工程，改善农村居住卫生环境。浙江省2003年开始生态省建设，时任省委书记习近平指出，建设生态省，打造“绿色浙江”，农村是重点，是难点，也是主战场。2003年6月，在他的部署推动下，浙江省启动“千村示范、万村整治”工程，以农村生产、生活、生态“三生”环境改善为重点，着力提升农民生活质量。2004年的中央一号文件提出“有条件的地方，要加快推进村庄建设与环境整治”。

2005年10月，党的十六届五中全会提出建设“社会主义新农村”，

① 参见吴良镛：《人居环境科学导论》，中国建筑工业出版社2001年版。

把“村容整洁”纳入新农村建设的要求。原建设部出台《关于村庄整治工作的指导意见》，要求以村容村貌整治，废旧坑（水）塘和露天粪坑整理，村内闲置宅基地和私搭乱建清理，打通乡村连通道路和硬化村内主要道路，配套建设供水设施、排水沟渠及垃圾集中堆放点、集中场院、农村基层组织与村民活动场所、公共消防通道及设施等为主要内容进行整村整治。2008年的中央一号文件从提高农村基本公共服务水平的角度，对“继续改善农村人居环境”做了较为系统的阐述。2012年党的十八大把生态文明建设纳入“五位一体”总体布局，提出建设美丽中国，农村人居环境治理也进入了一个新的阶段。2013年中央一号文件要求“推进农村生态文明建设”，“加强农村生态建设、环境保护和综合整治，努力建设美丽乡村”。2014年的一号文件把“开展村庄人居环境整治”列为“健全城乡发展一体化体制机制”的首要任务。同年国务院办公厅出台《关于改善农村人居环境的指导意见》。

新世纪以来，各地按照中央的部署和要求，积极推进农村基础设施建设和城乡基本公共服务均等化，农村人居环境建设取得显著成效。但我国农村人居环境状况还很不平衡，脏乱差问题在一些地区还比较突出。据统计，到2016年末，我国仍有40%的建制村没有垃圾收集处理设施，30%的建制村没有集中供水，78%的建制村未建设污水处理设施，40%的畜禽养殖废弃物未得到资源化利用或无害化处理，农村环保基础设施仍然严重不足，约30%的行政村村内道路没有实现硬化。

2017年党的十九大提出实施乡村振兴战略，“开展农村人居环境整治行动”也首次写入党代会报告。2018年初，中共中央办公厅、国务院办公厅印发《农村人居环境整治三年行动方案》，要求动员各方力量，整合各种资源，强化各项举措，按照分区分类的原则，加快补齐农村人居环境突出短板。整治行动的目标是到2020年，实现农村人居环境明显改善，村庄环境基本干净整洁有序，村民环境与健康意识普遍增强。方案要求各地扎实有序推进整治工作，把体制机制创新等作为督导评估和安排中央投资的重要依据，要借鉴浙江“千村示范万村整治”等经验做法，结合本地实践深入开展试点示范，总结并提炼出一系列符合当地实际的环境整治技术、方法，以及能复制、易推广的建设和运行管护机制。

第四章　全国县域生态文明建设总体状况

第一节　研究方法与初步发现

一、资料采集与分析

我国县级行政区政府工作报告是一类具有施政纲领性质的综合政策性文本。它一般是在上一年的年底或当年年初由县域行政首长总结过去一年的政府工作，规划下一年的工作目标，并且公示将要采取的政策措施。在政府换届和制定五年计划的年份，报告还将回顾和总结前五年的工作，同时规划未来五年的发展。政府工作报告指示着当地政府过去和未来的工作重心、资源的分配，直接表现为报告中内容的篇幅比例、词频。通过对报告文本的分析，可以了解政府在生态文明建设上的工作内容和资源投入情况。采用文本挖掘技术分析县级政府工作报告是目前快速、全面地掌握我国县域建设现状的一种方法。包括文本分析在内的大数据方法越来越多地应用于公共政策、政治传播、社会运动、选举与投票、议会政治等领域的研究和实践中，数据密集型科学发现甚至被称为科学研究的第四范式。并且，大数据方法已经成为影响现实政治的重要工具，借助大数据能实时、全面地描述社会现象，能推动高效、创新、透明的政府建设。

近年来，研究者越来越多地利用政策文件的文本分析考察政府工作。如闫生方等选取 2008—2018 年国务院政府工作报告文本，检索统计相关关键词，对党的十八大前后政府职能转变进行了分析，并进一步探究了政府信任建构背后的政府职能逻辑[①]；邓雪琳以 1978—2015 年国务院政府工作报告文本为分析对象，对其中的关键词、高频词以及关键段落字数进行计量，测量了改革开放以来中国政府职能转变的特点，并对中国政府职能未来转变的趋势进行了预测。[②] 也有一些学者通过考察政府工作报告文本去研究生态文明建设领域的相关问题。如王印红等基于 30 个省市政府工作报告（2006—2015）文本，通过测量词频和文字比例，对地方政府生态环境治理的注意力分配和变化进行了剖析[③]；钮钦等通过对京津冀三省市政府工作报告（2010—2019）的文本分析，总结了区域绿色发展过程中地方政府绿色发展注意力配置的变化规律[④]。

2017 年全国共有 2851 个县级区划，不含市直辖的经济开发区。我们计划搜集全国县域行政单位 2017 年初在当地人民代表大会会议上发布的政府工作报告（不含港澳台）。在资料搜集阶段尚未在政府网站上公开 2017 年政府工作报告的，就用前 3 年内的政府工作报告，或者“十三五”规划、2016 年国民经济和社会发展计划执行情况及 2017 年国民经济和社会发展计划的报告等同类文件代替。如果找不到任何同类文件，就用新闻代替。如果新闻也找不到，则空缺。为保证质量，包括新闻在内的所有分析用的文本均来自政府网站。最终采集全国 2650 个县域行政单位的政府工作报告或同类政策文本、新闻，大部分以 2017 年的为主。各地对报告的年份命名不一样，有的地方将回顾 2016 年、规划 2017 年称为 2016 年报告，有的地方将其称为 2017 年报告，本书中的 2017 年报告统一指回顾 2016 年、规划 2017 年的报告。县域行政单位包括县、县级市、市辖区、自治县，由市直接管辖的高新技术区、

---

① 闫生方、汪家焰：《政府职能转变与政府信任建构研究——基于 2008～2018 年国务院政府工作报告文本的比较分析》，《郑州大学学报（哲学社会科学版）》2020 年第 2 期。

② 邓雪琳：《改革开放以来中国政府职能转变的测量——基于国务院政府工作报告（1978—2015）的文本分析》，《中国行政管理》2018 年第 5 期。

③ 王印红、李萌竹：《地方政府生态环境治理注意力研究——基于 30 个省市政府工作报告（2006—2015）文本分析》，《中国人口·资源与环境》2017 年第 2 期。

④ 钮钦、刘晨：《区域绿色发展中的地方政府注意力配置研究——基于京津冀三省市政府工作报告（2010—2019）文本分析》，《中国延安干部学院学报》2020 年第 6 期。

经济开发区等。直辖市的区和县的行政级别高于县级，但是其工作性质属于县域类型，因此在直辖市中搜集的是区和县的政府工作报告。西藏自治区大多数县级行政单位没有在政府网站上公开政府工作报告，能找到的是财政预算或执行情况类的报告，其中文字信息非常少，因此高频词的词频数也非常少，统计结果不准确。样本的详细信息见表 4-1-1。

表 4-1-1　各省（区、市）采集的县域政府工作报告份数

省份	县域报告份数	省份	县域报告份数	省份	县域报告份数	省份	县域报告份数
北京	16	黑龙江	119	湖北	107	甘肃	78
天津	16	江苏	95	湖南	119	青海	40
上海	16	浙江	89	广东	125	内蒙古	103
重庆	37	安徽	103	海南	22	广西	111
河北	147	福建	81	四川	168	西藏	31
山西	103	江西	97	贵州	79	宁夏	22
辽宁	100	山东	142	云南	119	新疆	69
吉林	39	河南	152	陕西	105		
共计采集 2650 份县域报告							

分析对象只选取报告的正文，删除其中的各项附录。使用 Python 3.6 编写程序给报告文本做分词、删除停用词（停词）、统计词频，主要通过报告中的高频词、热词、新词、关键词反映各地生态文明建设工作情况。采用无监督学习法做分词，直接使用 Python 软件的 jieba 分词器。其中在做一些分析时根据研究需要增加了自定义词典，规定将一些特定用语作为一个词进行分词。删除停词时，根据每部分的分析目的不同，删除指定词性的词和自定义停词库中的词。高频词是指在报告中出现次数相对多的词。热词，即热门词汇。一些社会热词出现在政府工作报告中，反映出人们普遍关注的问题，或者政府重点开展的工作。新词是随着时代的发展而新出现或旧词新用的词。[①] 由于每部分的文本分析

① 魏伟、郭崇慧、陈静锋：《国务院政府工作报告（1954—2017）文本挖掘及社会变迁研究》，《情报学报》2018 年第 4 期。

根据分析目的使用了不同的停用词库和用户自定义词典，因此每部分里相同词的词频可能略有不同。

二、生态、环境等词成为各地报告中的高频词

生态文明建设职能是指政府为了促进自然资源的合理开发利用，防治环境污染和防止生态破坏，维持自然生态平衡，实现社会可持续发展，由政府发动公民和社会所采取的诸多环境保护措施与行动的职能，诸如节能减排、新能源的开发、植树造林等。①

首先了解报告的总体情况。统计出报告中词频排名在前 100 的高频词。给文本分词时，我们去掉了连接词、数量词、代词、状态词、助词、叹词、副词、语气词、人名、地名、动词、时间词、标点符号、字符串。

图 4-1-1 报告中词频排名在前 100 位的高频词词云

① 邓雪琳：《改革开放以来中国政府职能转变的测量——基于国务院政府工作报告（1978—2015）的文本分析》，《中国行政管理》2015 年第 8 期。

表 4-1-2　报告中词频排名在前 100 位的高频词

排名	词	词频	排名	词	词频	排名	词	词频
1	建设	195238	35	政策	19245	69	质量	12137
2	发展	181858	36	启动	18810	70	设施	12129
3	企业	64524	37	升级	18655	71	精准	11901
4	产业	63136	38	创业	18504	72	基础	11859
5	社会	51655	39	优化	18010	73	新型	11681
6	经济	46475	40	乡村	17553	74	县城	11677
7	改革	45252	41	基地	17301	75	道路	11479
8	旅游	44991	42	监督	17210	76	模式	11479
9	城市	41331	43	平台	16919	77	土地	11443
10	农村	40057	44	力争	16741	78	文明	11282
11	投资	39675	45	城镇	16523	79	精神	11009
12	服务	39614	46	战略	15559	80	区域	10983
13	生态	39508	47	园区	15544	81	配套	10857
14	文化	39168	48	活动	15409	82	功能	10647
15	农业	34381	49	转型	14957	83	规范	10548
16	管理	31603	50	扎实	14599	84	法治	10478
17	群众	30030	51	新建	14429	85	景区	10443
18	环境	27690	52	招商	14177	86	物流	10407
19	城乡	27636	53	稳定	14174	87	产业园	10217
20	教育	27570	54	绿色	14167	88	公共服务	10195
21	工业	27527	55	资源	13949	89	农产品	10130
22	规划	26466	56	规模	13930	90	优势	9963
23	持续	26200	57	社区	13595	91	成功	9888
24	制度	26055	58	服务业	13588	92	品牌	9852
25	体系	25341	59	健康	13586	93	养老	9571
26	民生	24603	60	科技	13551	94	示范区	9562
27	特色	23491	61	健全	13035	95	中国	9471
28	机制	22915	62	责任	12939	96	绿化	9412

续表

排名	词	词频	排名	词	词频	排名	词	词频
29	生产	22357	63	合作	12800	97	医疗	9393
30	整治	21265	64	经济社会	12768	98	监管	9356
31	资金	21134	65	融合	12533	99	农民	9202
32	力度	20643	66	乡镇	12373	100	主体	9177
33	基础设施	20631	67	市场	12293			
34	培育	20361	68	美丽	12194			

图 4-1-1 是根据报告中词频排名在前 100 位的高频词绘制的词云，排名和词频详见表 4-1-2。词云即高频词的可视图，图中词字体越大，表明其出现的频率越高，也在一定程度上反映出政府工作中给予此方面更多的关注，其在政府各项工作中的位置和作用也就更为突出和重要。而词字体越小，则表明其出现的频率越小，也就意味着政府在这些领域或方面所投入的工作注意力还相对较少。排名在前 100 位的高频词中动词和名词居多，形容词极少。生态文明建设相关的词共有 6 个，其中，“生态”排在第 13 位，“环境”排在第 18 位，“绿色”排在第 54 位，“资源”排在第 55 位，“美丽”排在第 68 位，“绿化”排在第 96 位。同时排进前 100 名的、代表国民经济和社会发展领域的高频词还有：“经济”排在第 6 位，“旅游”排第 8 位，“文化”排在第 14 名，“农业”排在第 15 名，“教育”排在第 20 名，“工业”排在第 21 名，“民生”排在第 26 名，“服务业”排在第 58 名，“科技”排在第 60 名。与传统的经济工作相比，生态文明建设已经作为统筹推进“五位一体”总体布局和协调推进“四个全面”战略布局的重要内容，排在县域政府工作中靠前的地位。生态、环境、资源都是生态文明建设的主要内容。绿色和美丽在党的十九大报告中已经成为国家的发展目标。绿化是社会治理中日常环境维护的常规工作。

第二节　报告中的“生态+”组合新词

一、排名前100位的“生态+”组合词

生态是一个领域，同时生态是一种思维方式、生产方式、生活方式。生态文明建设融入经济建设、政治建设、文化建设、社会建设各方面和全过程，因此出现了很多“生态+”格式的新词。这些新词代表了生态和其他领域的交叉，或者代表了带有生态含义的新提法、新方法、新领域等。一些地方提出了大力实施“生态+”战略，增强绿色发展能力。[①] 统计报告中的“生态+”组合词，可以发现生态文明融入了哪些领域和范围的生产和生活中。给文本分词时，我们去掉了连接词、数量词、代词、状态词、助词、叹词、副词、语气词、人名、地名、动词、时间词、标点符号、字符串。

表 4-2-1　“生态+”组合词

排名	词	词频	排名	词	词频	排名	词	词频
1	生态文明	5451	35	生态城	160	69	生态产品	65
2	生态环境保护	955	36	生态新城	159	70	生态经济区	65
3	生态功能区	753	37	生态旅游业	147	71	生态脆弱	62
4	生态宜居	700	38	生态体系	131	72	生态食品	61
5	生态乡镇	684	39	生态旅游区	127	73	生态康养	58
6	生态补偿	637	40	生态发展	118	74	生态立市	57
7	生态文化	602	41	生态经济带	118	75	生态奖	56
8	生态环保	564	42	生态绿化	112	76	生态茶园	55
9	生态红线	552	43	生态特色	111	77	生态新区	53
10	生态经济	477	44	生态家园	109	78	生态产业化	52

① 上海市崇明区《2017年政府工作报告》。

续表

排名	词	词频	排名	词	词频	排名	词	词频
11	生态优势	462	45	生态城市	108	79	生态林业	52
12	生态立县	444	46	生态工程建设	108	80	生态农庄	52
13	生态优先	443	47	生态示范区	107	81	生态小镇	50
14	生态循环	283	48	生态林	105	82	生态造林	49
15	生态公园	282	49	生态市	105	83	生态牌	48
16	生态空间	281	50	生态立区	102	84	生态畜牧	48
17	生态屏障	276	51	生态健康	99	85	生态长廊	48
18	生态工业	268	52	生态停车场	94	86	生态岛	47
19	生态资源	254	53	生态工业园	88	87	生态护林员	46
20	生态产业	244	54	生态综合治理	85	88	生态园区	46
21	生态廊道	244	55	生态科技	83	89	生态示范村	46
22	生态养殖	232	56	生态文明村	82	90	生态观光农业	44
23	生态乡村	228	57	生态建设工程	81	91	生态农牧业	43
24	生态移民	222	58	生态宜居城市	79	92	生态品牌	43
25	生态水系	221	59	生态产业园	78	93	生态渔业	43
26	生态公益林	216	60	生态文明城市	77	94	生态补奖	43
27	生态环境治理	213	61	生态走廊	77	95	生态养老	42
28	生态镇	210	62	生态保护区	73	96	生态农产品	42
29	生态观光	207	63	生态原产地	68	97	生态牧场	42
30	生态美	182	64	生态质量	68	98	生态体验	41
31	生态底线	173	65	生态资源优势	67	99	生态防护林	41
32	生态功能	172	66	生态环境优美	67	100	生态景观带	40
33	生态湿地	169	67	生态优美	66			
34	生态畜牧业	165	68	生态示范县	65			

表中列出了报告中出现频次排在前 100 名的“生态+”组合词。排在首位的是“生态文明”，词频远超排在第二位的词。然后依次是“生态环境保护”“生态功能区”“生态宜居”“生态乡镇”，词频分别排在前 5 位。

在这些组合词里，要重点查看“生态红线”“生态文化”“生态体系”“生态教育”。

二、生态红线

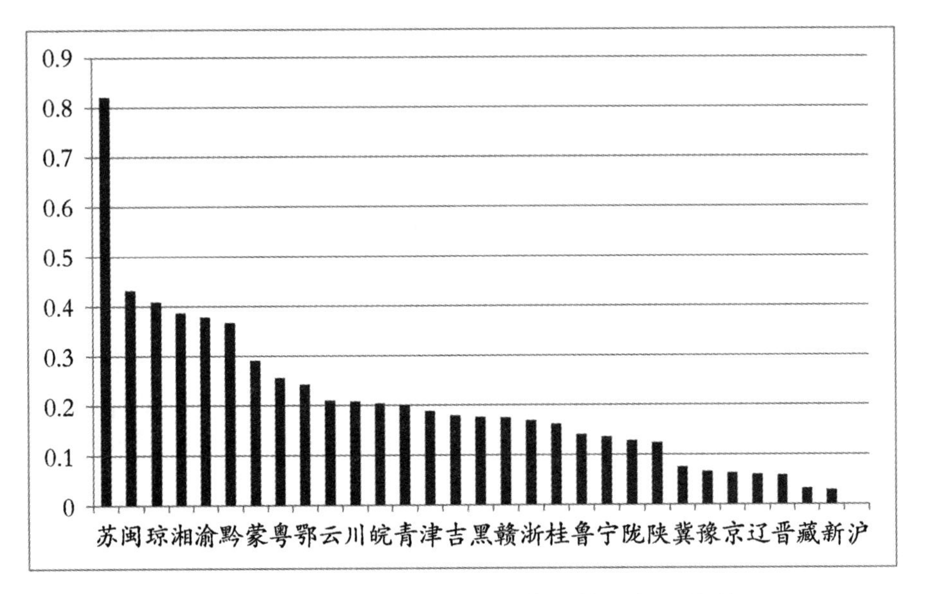

图 4-2-1　各省（区、市）生态红线词频平均数

表 4-2-2　各省（区、市）生态红线词频和平均数

省	苏	闽	琼	湘	渝	黔	蒙	粤	鄂	云	川
词频	78	35	9	46	14	29	30	32	26	25	35
平均词频	0.821	0.432	0.409	0.387	0.378	0.367	0.291	0.256	0.243	0.21	0.208
省	皖	青	津	吉	黑	赣	浙	桂	鲁	宁	陇
词频	21	8	3	7	21	17	15	18	20	3	10
平均词频	0.204	0.2	0.188	0.179	0.176	0.175	0.169	0.162	0.141	0.136	0.128
省	陕	冀	豫	京	辽	晋	藏	新	沪		
词频	13	11	10	1	6	6	1	2	0		
平均词频	0.124	0.075	0.066	0.063	0.06	0.058	0.032	0.029	0		

首先统计出各个县域政府工作报告中生态红线的词频，然后相加得到各省生态红线的词频总数。各省的县域个数不同，为便于横向比较，

用各省词频总数除以各省的报告份数，得到各省的词频平均数，见表4-2-2。图4-2-1是各省生态红线平均词频的柱状图。

江苏省各县域政府工作报告中“生态红线”一词共出现78次，表现出政府对生态红线工作的重视。2018年，为贯彻落实党的十九大精神，经国务院同意，江苏省政府制定了《江苏省国家级生态保护红线规划》，此次共划定了480块生态保护红线区域。江苏省各县域重视生态红线工作也与江苏省的地理条件有很大关系。江苏省位于我国东部沿海、长江下游，东濒黄海，长江横穿东西433公里，大运河纵贯南北718公里，海岸线957公里。全省有乡级以上河道2万余条、县级河道2000多条。市区内城市饮用水源地137个。太湖、洪泽湖分别为我国第三、第四大淡水湖。跨江滨海、湖泊众多、水网密布、海陆相邻的地理特征，是江苏省重视生态保护红线工作的客观原因。福建省也是提及生态红线比较多的省份（见表4-2-2），也属于沿海省份。早在2016年，福建就成为全国首个生态文明试验区，发挥全国生态文明建设和体制改革的带动作用。

三、生态文化

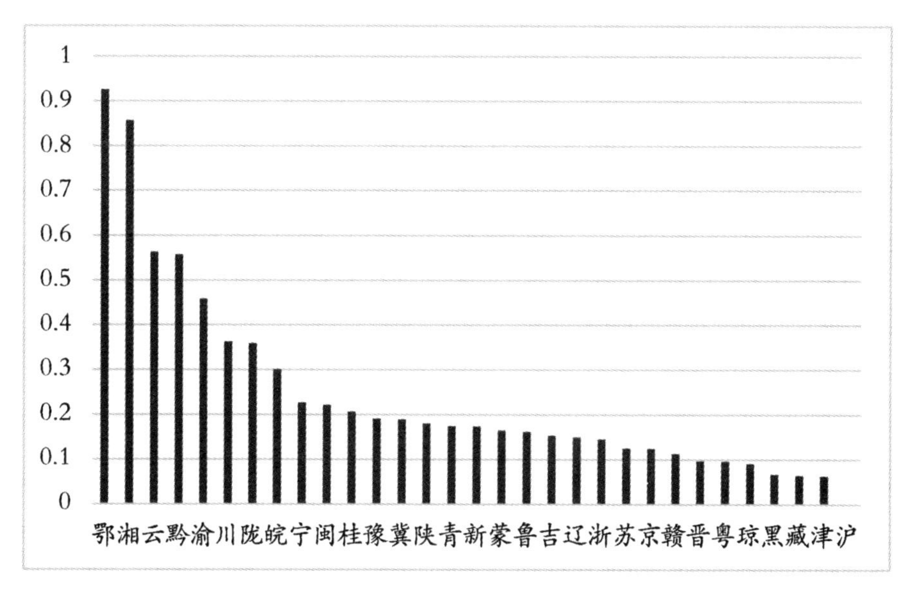

图4-2-2 各省（区、市）生态文化词频平均数

表 4-2-3　各省（区、市）生态文化词频和平均数

省	鄂	湘	云	黔	渝	川	陇	皖	宁	闽	桂
词频	99	102	67	44	17	61	28	31	5	18	23
平均词频	0.925	0.857	0.563	0.557	0.459	0.363	0.359	0.301	0.227	0.222	0.207
省	豫	冀	陕	青	新	蒙	鲁	吉	辽	浙	苏
词频	29	28	19	7	12	17	23	6	15	13	12
平均词频	0.191	0.19	0.181	0.175	0.174	0.165	0.162	0.154	0.15	0.146	0.126
省	京	赣	晋	粤	琼	黑	藏	津	沪		
词频	2	11	10	12	2	8	2	1	0		
平均词频	0.125	0.113	0.097	0.096	0.091	0.067	0.065	0.063	0		

图 4-2-2 是各省生态文化平均词频的柱状图。具体数值见表 4-2-3。生态文化是生态文明体系的内核，是生态文明建设的灵魂。习近平总书记曾说："我们还缺乏深厚的生态文化"①。深厚的生态文化是生态文明建设的基础。生态文化的词频相对较少，各省报告提到生态文化相关工作还很少，反映出我们需要加紧建设生态文明体系，从而发挥其引领作用。

生态文化词频平均数排在第一位的是湖北省，第二位的是湖南省。以湖南省武陵源区为例，其在"十三五"规划中提出全面培育生态文化。报告中提及的内容包括树立尊重自然、顺应自然、保护自然的生态文明理念，完善生态制度，优化生态环境，维护生态安全，将弘扬民族文化与培育现代生态理念紧密结合，积极构建具有时代特征、武陵源特色的生态文化体系。它们的具体做法包括：推进生态文化作品创作和生态文化产业发展，把生态文化作为公共文化服务体系建设重要内容，建设生态文化保护、环保科普教育和生态文明宣传教育基地。以生态镇、村建设为载体，推进生态文明示范区建设，推进国家生态文明建设示范区创建。健全生态文明宣传教育网络，把生态文明教育纳入基础教育、成人教育、社区教育体系，将生态文明建设指标纳入文明城区、文明村镇、文明单位创建和文明市民评选活动，多载体、多渠道开展形式多

① 习近平：《之江新语》，浙江人民出版社 2007 年版，第 48 页。

样、内容丰富的生态文明主题宣传活动，普及生态环境保护知识。通过实行环保听证、社会公示、环境信访和举报等，鼓励社会各界依法有序监督生态环保工作，积极引导环保民间组织健康发展，推动环境公益诉讼。大力发展城市慢行系统，改善绿色出行条件，推动绿色出行。

四、生态体系

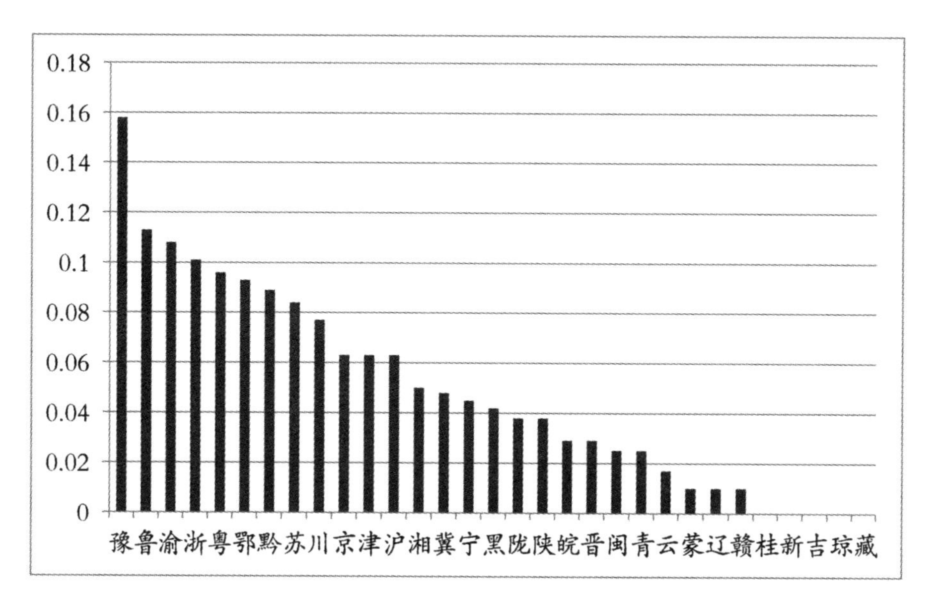

图 4-2-3　各省（区、市）生态体系词频平均数

表 4-2-4　各省（区、市）生态体系词频和平均数

省	豫	鲁	渝	浙	粤	鄂	黔	苏	川	京	津
词频	24	16	4	9	12	10	7	8	13	1	1
平均词频	0.158	0.113	0.108	0.101	0.096	0.093	0.089	0.084	0.077	0.063	0.063
省	沪	湘	冀	宁	黑	陇	陕	皖	晋	闽	青
词频	1	6	7	1	5	3	4	3	3	2	1
平均词频	0.063	0.05	0.048	0.045	0.042	0.038	0.038	0.029	0.029	0.025	0.025
省	云	蒙	辽	赣	桂	新	吉	琼	藏		
词频	2	1	1	1	0	0	0	0	0		
平均词频	0.017	0.01	0.01	0.01	0	0	0	0	0		

淄博高新技术产业开发区在其《国民经济和社会发展第十三个五年规划纲要》中提及要加快构建多层次的城市生态体系，构建四宝山地区慢生态、慢生活、慢旅游、慢交通的生态体系。河南省中牟县推进生态体系建设。按照“大生态、大环保、大格局、大统筹”的生态圈要求，启动“生态建设三年行动计划”，重点构建森林、湿地、流域、农田、城市“五大生态系统”。具体做法包括：建设生态廊道18条70公里，新增绿化面积8590亩，营造生态林1.1万亩；实施湿地保护和建设项目4个，完成中央公园起步区建设，建成圃田泽水系工程；实施生态水系项目18个，实现贾鲁河生态治理工程全线主体完工；同步推进农田、城市生态项目建设，实施农田生态项目11个、城市生态项目19个。①

五、生态教育

这些新词从总体2650份报告里统计出来，也就是说词频为几十个其实是出现频次非常少的。有些词代表的工作内容应该受到重视，但是词频很小说明尚没有得到应有的重视，如生态教育在总样本中出现得非常少，词频只有13次，分别出现在上海市崇明区、北京市平谷区、河北省蔚县、黑龙江省萝北县、浙江省龙泉市、山东省青岛市市南区和庆云县、湖南省韶山市、海南省崖州区、云南省陇川县、广西壮族自治区东兰县、新疆维吾尔自治区伊宁县的报告中。

萝北县和蔚县提出建设生态教育基地。从2013年开始，蔚县在宋家庄镇翠屏山打造生态教育基地绿化工程，主要以改造荒山、打造义务植树基地为目的，建成后将成为集观光旅游、休闲度假于一体的生态教育基地。东兰县提出实施生态教育普及工程，广泛开展绿色机关、绿色学校等创建活动，倡导健康文明的生活方式。伊宁县认为现阶段全民生态教育的工作包括普及生态知识，宣传生态价值观，树立绿色、循环、低碳发展理念等。

① 《中牟县2017年政府工作报告》。

崇明区和平谷区等地区所指的生态教育，是以学区化和集团化办学为特征、以义务教育均衡发展为特征等的教育综合改革，与本书关注的生态教育不是一个概念。

六、生态县

为进一步深化生态示范区建设，推动全面建成小康社会战略任务和奋斗目标的实现，2003 年开始，生态环境管理部门推动创建生态县、生态市、生态省。2016 年，为加快推进生态文明建设，原环境保护部又印发《国家生态文明建设示范区管理规程（试行）》《国家生态文明建设示范县、市指标（试行）》。对各县域报告统计这几个关键词的词频，分省加总取平均数，见图 4-2-4。具体数据详见表 4-2-5。

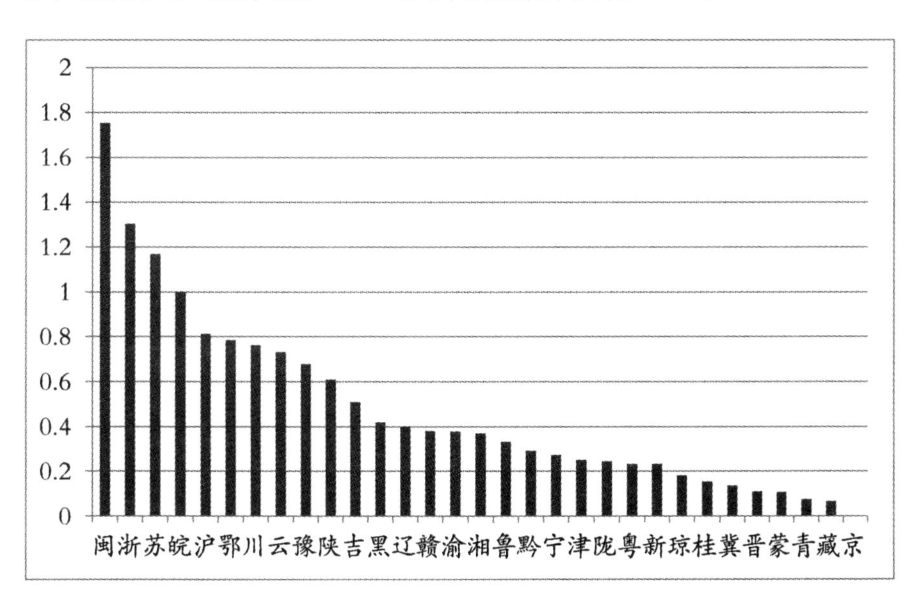

图 4-2-4　各省（区、市）生态（生态文明建设示范）县/区/市词频平均数

表 4-2-5　各省（区、市）生态（生态文明建设示范）县/区/市词频平均数

省	闽	浙	苏	皖	沪	鄂	川	云	豫	陕	吉
词频	142	116	111	103	13	84	128	87	103	64	28
平均词频	1.753	1.303	1.168	1	0.813	0.785	0.762	0.731	0.678	0.61	0.509

续表

省	黑	辽	赣	渝	湘	鲁	黔	宁	津	陇	粤
词频	50	40	37	14	44	47	23	6	4	19	29
平均词频	0.42	0.4	0.381	0.378	0.37	0.331	0.291	0.273	0.25	0.244	0.232
省	新	琼	桂	冀	晋	蒙	青	藏	京		
词频	16	4	17	20	13	11	3	2	0		
平均词频	0.232	0.182	0.153	0.136	0.109	0.107	0.075	0.065	0		

福建、浙江、江苏、安徽四省内，各县域报告出现的词频较高，体现出其在该年度更加重视生态县的建设。图中只统计了当年报告中的词频，词频低的地区并不代表一贯的状态。北京市当年的词频为0，而北京市的密云区和延庆区早在2008年就获得了国家生态区的命名。

第三节　各地生态文明建设

一、概况

政府工作报告涉及地方建设的方方面面，统计报告全文中的高频词，可反映出政府在经济、政治、文化、社会、生态等所有领域的重点工作。为了专注研究地方政府在生态环境领域的建设情况，我们从2650份报告中选取了943份报告，从943份报告中把涉及生态环境工作的内容全部摘取出来，再从这些内容里统计出排名前193位的高频词。这些高频词代表县域地方政府在生态环境工作方面关注的主要工作。在2650份报告中统计这193个词的词频，得到各地生态环境建设工作的总体情况，词云如图4-3-1。

图 4-3-1 生态环境工作高频词词云

表 4-3-1 生态环境工作高频词表

排名	词	词频	排名	词	词频	排名	词	词频
1	生态	31981	65	环境质量	1489	129	林场	842
2	环境	27670	66	污染物	1483	130	整洁	839
3	绿色	14138	67	水源	1436	131	屏障	829
4	资源	13916	68	供热	1424	132	最美	826
5	绿化	9413	69	水资源	1395	133	空气	817
6	公园	8076	70	保洁	1384	134	绿水青山	793
7	环保	6847	71	环境卫生	1379	135	治污	810
8	美丽乡村	6693	72	水系	1374	136	燃气	989
9	卫生	6136	73	无害化	1372	137	黄标车	767
10	生态环境	6022	74	煤矿	1372	138	卫生城市	770
11	污水处理	5960	75	河流	1368	139	排污	843
12	垃圾	5737	76	宜业	1357	140	林下	734
13	生态文明	5622	77	垃圾处理	1349	141	观光农业	757
14	森林	5594	78	五位一体	1329	142	新能源汽车	714
15	种植	5110	79	秸秆	1329	143	林地	683

续表

排名	词	词频	排名	词	词频	排名	词	词频
16	节能	4972	80	美好	1326	144	土壤	778
17	水库	4881	81	饮用水	1322	145	保护区	676
18	污染	4793	82	五大发展理念	1290	146	花园	698
19	管网	4686	83	退耕还林	1271	147	饮用	664
20	饮水	3913	84	绿地	1271	148	防火	664
21	循环	3868	85	草原	1262	149	生态村	686
22	减排	3679	86	防灾	1255	150	园林城市	788
23	景观	3608	87	市容	1238	151	环境污染	665
24	湿地	3573	88	大气	1226	152	自来水	734
25	污水	3367	89	风貌	1223	153	生态补偿	643
26	有机	3345	90	园林	1201	154	太阳能	649
27	造林	3229	91	生态农业	1195	155	植树造林	637
28	清理	3131	92	连片	1182	156	金山银山	656
29	流转	3113	93	管廊	1151	157	供气	633
30	农村土地	3092	94	清洁能源	1146	158	用水	607
31	人居	3075	95	矿山	1138	159	宅基地	608
32	供水	3019	96	河长	1107	160	污染源	606
33	新能源	2821	97	资源优势	1100	161	沿江	640
34	环境保护	2632	98	海绵城市	1092	162	回收	594
35	养生	2612	99	煤炭	1053	163	一村一品	608
36	光伏	2579	100	森林公园	1048	164	绿道	675
37	生态建设	2457	101	水厂	1026	165	雨污	722
38	能源	2406	102	地理标志	1011	166	自然保护区	565
39	流域	2377	103	公厕	1007	167	风景区	578
40	河道	2249	104	基本农田	1006	168	厕所	554
41	城镇化率	2238	105	空间布局	1004	169	生态县	607
42	水质	2221	106	燃气	989	170	城市规划	648

续表

排名	词	词频	排名	词	词频	排名	词	词频
43	红线	2089	107	风电	976	171	供水管	602
44	功能区	2084	108	除险	972	172	廊道	597
45	硬化	2014	109	土壤污染	962	173	排水	750
46	环卫	1991	110	防洪	962	174	景观带	597
47	减灾	1968	111	山地	956	175	天然林	521
48	生态旅游	1922	112	地质灾害	954	176	环境优美	514
49	天然气	1863	113	因地制宜	947	177	拆违	656
50	清洁	1852	114	面源	942	178	禁烧	546
51	空气质量	1807	115	水污染	941	179	秀美	508
52	节约	1750	116	绿色食品	927	180	市貌	500
53	大气污染	1716	117	产权制度	918	181	城市形象	505
54	节水	1703	118	绿色生态	909	182	国土	491
55	林业	1684	119	自然村	908	183	矿产资源	530
56	能耗	1663	120	处理率	906	184	经济林	476
57	排放	1639	121	水土流失	904	185	防汛	475
58	公交	1582	122	干净	899	186	环评	479
59	水源地	1577	123	集中供热	890	187	热电	502
60	燃煤	1536	124	自行车	876	188	公益林	470
61	承载能力	1533	125	无公害	870	189	填埋场	467
62	环境治理	1513	126	水体	869	190	风景	460
63	智慧城市	1504	127	城乡规划	853	191	自然资源	451
64	锅炉	1494	128	排污	843			

这些高频词涉及空间格局优化、资源节约与清洁生产、环境质量改善、生态系统保护、环境风险防范、人居环境改善、生活方式绿色化、制度与保障机制完善、观念意识普及等方面的内容。将各省（区、市）内每个县的高频词词频相加，再除以各省的县域报告份数，得到每省（区、市）的词频平均数。如图 4-3-2。

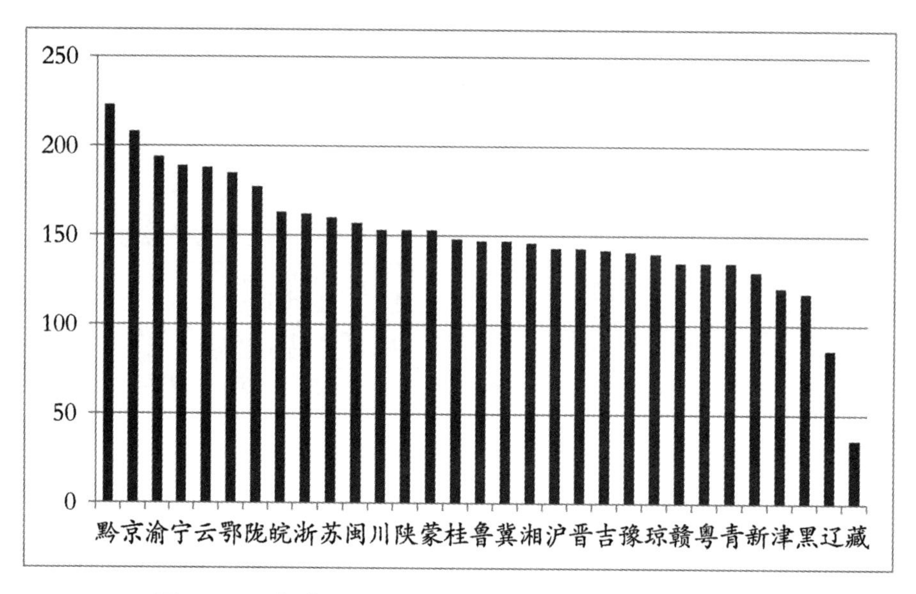

图 4-3-2　各省（区、市）生态环境高频词的平均数

表 4-3-2　各省（区、市）生态环境高频词词频和平均数

省	黔	京	渝	宁	云	鄂	陇	皖	浙	苏	闽
词频	17580	3332	7170	4168	22327	19844	13775	16764	14432	15215	12743
平均词频	223	208	194	189	188	185	177	163	162	160	157
省	川	陕	蒙	桂	鲁	冀	湘	沪	晋	吉	豫
词频	25763	16084	15797	16400	20864	21637	17359	2289	14706	5522	21379
平均词频	153	153	153	148	147	147	146	143	143	142	141
省	琼	赣	粤	青	新	津	黑	辽	藏		
词频	3073	13124	16866	5390	8985	1938	13997	8645	1127		
平均词频	140	135	135	135	130	121	118	86	36		

将这 193 个词按照自然环境领域的保护与建设、经济领域的生态环境建设、生活领域的生态环境建设、国土空间格局优化、生态文明和制度建设五个方面分为五类，分别计算各省（区、市）在每个领域中的工作情况。其中，每个领域还包括一些更具体的细类。自然环境领域的保护与建设包括环境质量改善、生态系统保护、环境风险防范，经济领域的生态环境建设包括资源节约与清洁生产，生活领域的生态环境建设包括人居环境改善、生活方式绿色化，生态文明和制度建设包括制度与保

障机制完善、观念意识普及。

通过各领域中的词汇的词频考察各省在每类工作中的表现。

二、自然环境领域的保护与建设

代表自然环境领域的保护与建设的高频词共 60 个，包括“生态”“环境”“绿色”等宏观词，有“大气”“土壤”“水质”“湿地”“污染源”等水土气保护方面的词，有“秀美”“最美”等形容词，有“天然林”“植树造林”“草原”等林地草原建设方面的词，还有“防汛”“地质灾害”等环境风险防治方面的词。各省（区、市）词频的平均数如图 4-3-3。

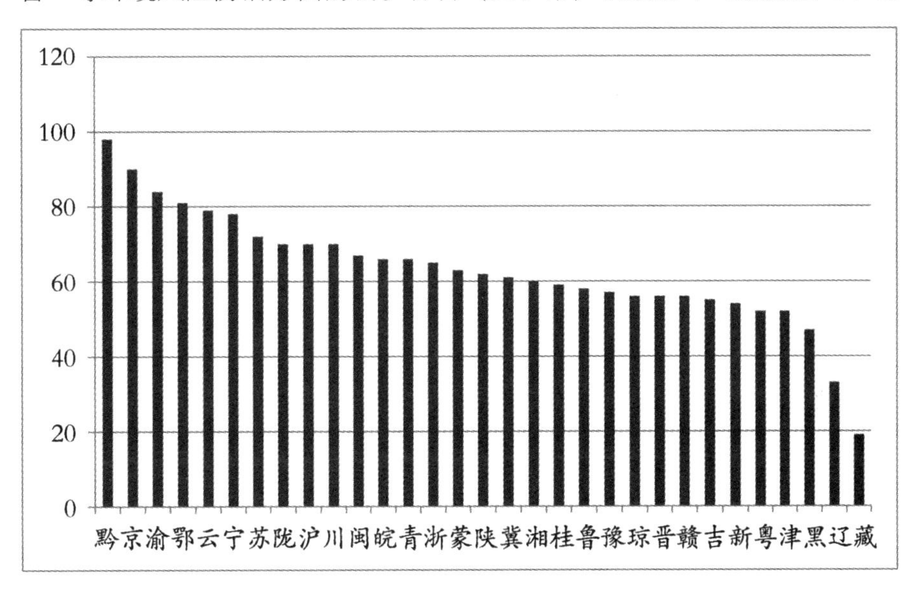

图 4-3-3 各省（区、市）自然环境保护与建设高频词的平均数

表 4-3-3 各省（区、市）自然环境保护与建设高频词词频和平均数

省	黔	京	渝	鄂	云	宁	苏	陇	沪	川	闽
词频	7777	1443	3094	8676	9439	1713	6819	5439	1112	11755	5440
平均词频	98	90	84	81	79	78	72	70	70	70	67
省	皖	青	浙	蒙	陕	冀	湘	桂	鲁	豫	琼
词频	6758	2621	5811	6520	6509	8990	7101	6587	8295	8722	1237
平均词频	66	66	65	63	62	61	60	59	58	57	56

续表

省	晋	赣	吉	新	粤	津	黑	辽	藏		
词频	5771	5421	2134	3736	6517	836	5542	3337	577		
平均词频	56	56	55	54	52	52	47	33	19		

三、经济领域的生态环境建设

代表经济与生态环境融合的词共有 52 个，包括林业、生态旅游等产业的词，有“资源”“太阳能”“新能源”等资源类的词，有“生态补偿”“林下（经济）”“生态旅游”等生产方面的词，有“污水处理”“无公害”等生产污染处理方面的词，有“节水”“集中供热”等节约资源方面的词。各省（区、市）的平均词频见图 4-3-4。

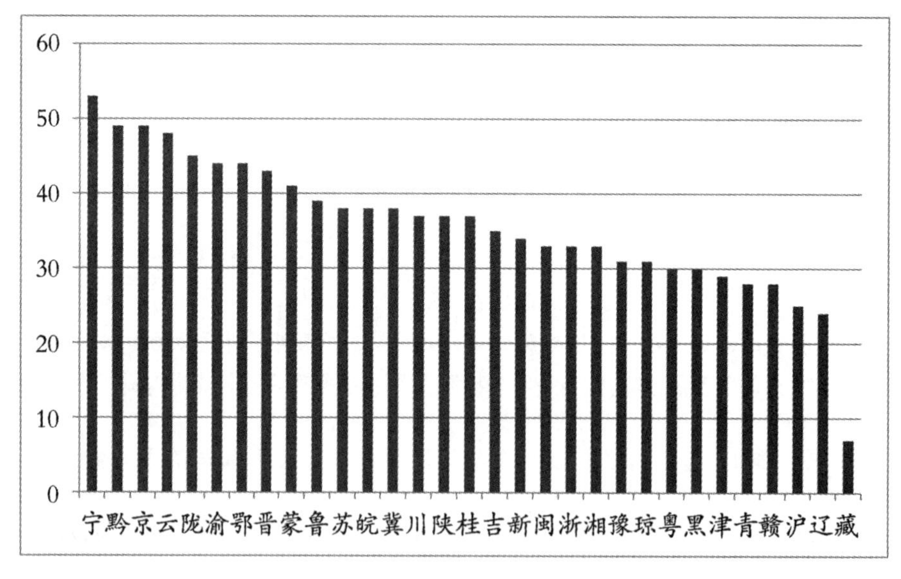

图 4-3-4　各省（区、市）经济领域的生态环境建设高频词的平均数

表 4-3-4　各省（区、市）经济建设高频词词频和平均数

省	宁	黔	京	云	陇	渝	鄂	晋	蒙	鲁	苏
词频	1157	3909	791	5681	3535	1620	4709	4390	4184	5556	3589
平均词频	53	49	49	48	45	44	44	43	41	39	38

续表

省	皖	冀	川	陕	桂	吉	新	闽	浙	湘	豫
词频	3945	5514	6285	3878	4128	1380	2335	2652	2980	3952	4669
平均词频	38	38	37	37	37	35	34	33	33	33	31
省	琼	粤	黑	津	青	赣	沪	辽	藏		
词频	684	3721	3521	466	1115	2713	399	2360	217		
平均词频	31	30	30	29	28	28	25	24	7		

四、生活领域的生态环境建设

代表生活领域的生态环境建设的高频词共有56个，有“绿化”“公园”“人居”“雨污”等生活空间治理方面的词，有“饮水”“厕所”等公共服务方面的词，有“风景区”“绿道”等休闲憩息方面的词，有“燃气”“黄标车”等生活排放方面的词。各省（区、市）的高频词平均数如图4-3-5。

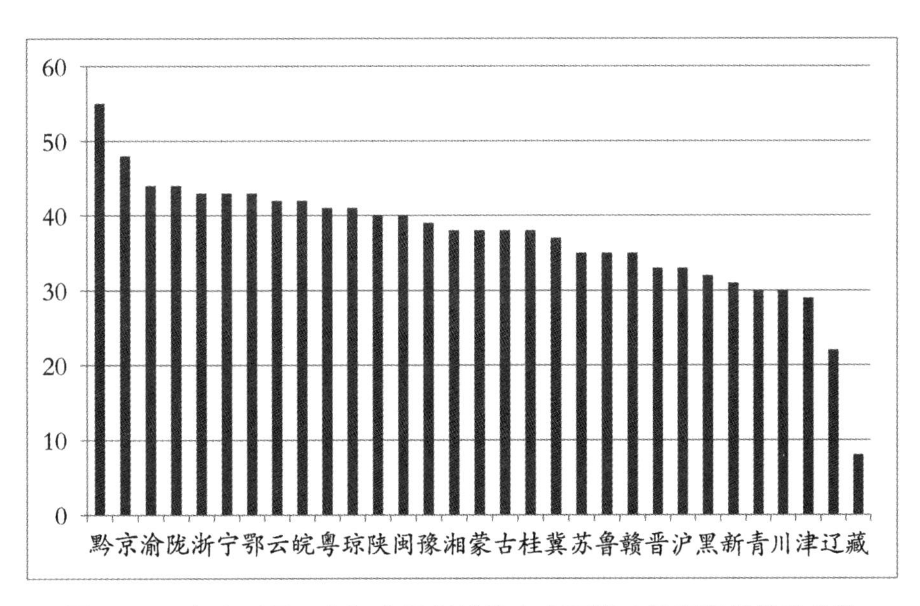

图4-3-5　各省（区、市）生活领域的生态环境建设高频词的平均数

表 4-3-5　各省（区、市）生活建设高频词词频和平均数

省	黔	京	渝	陇	浙	宁	鄂	云	皖	粤	琼
词频	4341	771	1622	3462	3857	949	4580	4970	4347	5121	908
平均词频	55	48	44	44	43	43	43	42	42	41	41
省	陕	闽	豫	湘	蒙	吉	桂	冀	苏	鲁	赣
词频	4244	3221	5891	4549	3876	1494	4236	5401	3313	4917	3432
平均词频	40	40	39	38	38	38	38	37	35	35	35
省	晋	沪	黑	新	青	川	津	辽	藏		
词频	3446	532	3773	2127	1182	5051	467	2173	253		
平均词频	33	33	32	31	30	30	29	22	8		

五、国土空间格局优化

这部分的高频词有 17 个，如“功能区”“承载能力”“智慧城市”“基本农田”“城市规划”等词。各省（区、市）的高频词平均数如图 4-3-6。

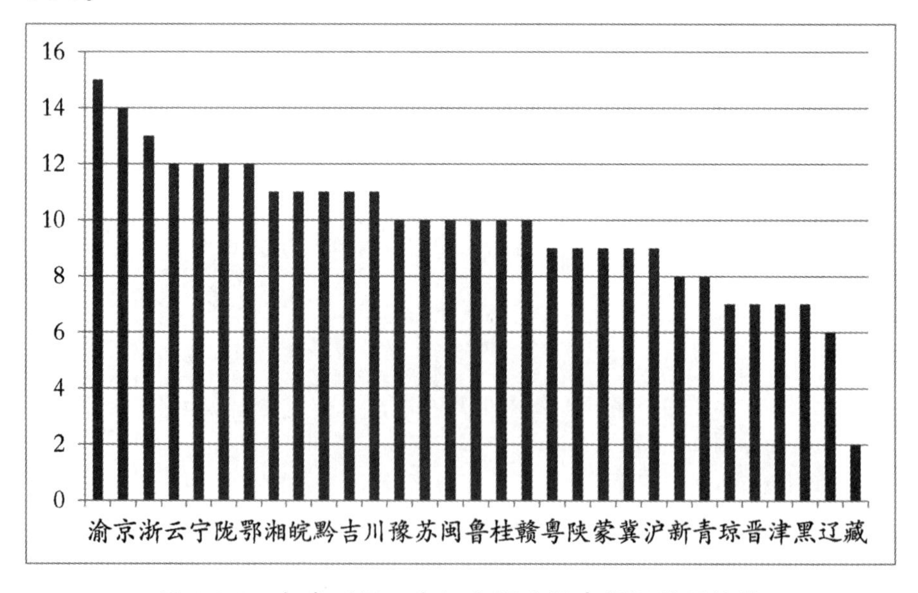

图 4-3-6　各省（区、市）空间建设高频词的平均数

表 4-3-6 各省（区、市）空间建设高频词词频和平均数

省	渝	京	浙	云	宁	陇	鄂	湘	皖	黔	吉
词频	545	218	1130	1384	256	921	1289	1316	1084	887	414
平均词频	15	14	13	12	12	12	12	11	11	11	11
省	川	豫	苏	闽	鲁	桂	赣	粤	陕	蒙	冀
词频	1838	1485	923	812	1468	1080	967	1063	930	906	1326
平均词频	11	10	10	10	10	10	10	9	9	9	9
省	沪	新	青	琼	晋	津	黑	辽	藏		
词频	139	545	310	161	756	113	801	583	53		
平均词频	9	8	8	7	7	7	7	6	2		

六、文化与制度建设

文化和观念的高频词有 8 个，包括“五大发展理念”“生态文明”“绿水青山”等。制度建设的高频词有“河长”“产权制度”等。各省（区、市）的高频词平均数如图 4-3-7。

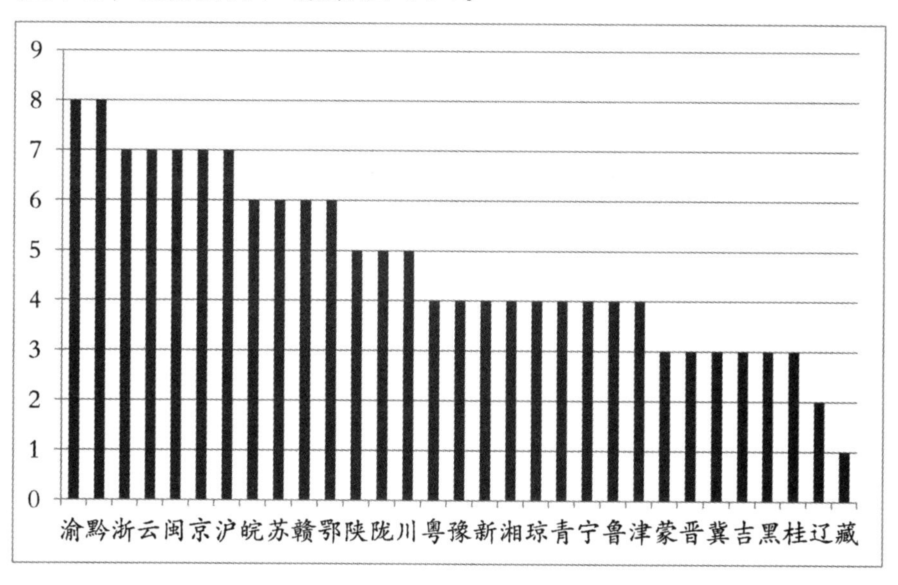

图 4-3-7 各省（区、市）文化与制度建设高频词的平均数

表 4-3-7　各省（区、市）文化与制度建设高频词词频和平均数

省	渝	黔	浙	云	闽	京	沪	皖	苏	赣	鄂
词频	289	666	654	853	618	109	107	630	571	591	590
平均词频	8	8	7	7	7	7	7	6	6	6	6
省	陕	陇	川	粤	豫	新	湘	琼	青	宁	鲁
词频	523	418	834	444	612	242	441	83	162	93	628
平均词频	5	5	5	4	4	4	4	4	4	4	4
省	津	蒙	晋	冀	吉	黑	桂	辽	藏		
词频	56	311	343	406	100	360	369	192	27		
平均词频	4	3	3	3	3	3	3	2	1		

第四节　国家生态文明示范市县的生态文明建设

一、国家生态文明建设示范市县样本的选取

从 2017 年至 2022 年，生态环境部评选了 6 批共 368 个国家生态文明建设示范市县（以下简称示范市县）。通过评选活动，发展了一批绿色转型成功，绿色增长良好，生态文明建设满意度和人民群众获得感、幸福感提升的市县。各地注重挖掘自身优势，探索创新，形成了成功的路径模式。考察示范市县的经验和路径模式，可以为仍处在探索阶段的全国其他地方提供借鉴。

使用示范市县 2019 年的政府工作报告作为文本分析的对象。报告全部从地方政府官方网站上下载，有一些市县没有在网上公布 2019 年政府工作报告，因此样本中小部分示范市县政府工作报告文本缺失。为使文本之间具有可比性，示范市县中的地级市，采集了其下辖区县及代管县级市等县级行政单位的政府工作报告，与示范市县中的各县区、县级市等县级行政单位的政府工作报告保持分析对象具有一致的行政层

级。直辖市的区和县的行政级别高于县级，但是其工作性质属于县域类型，因此仍将直辖市下辖区县的政府工作报告纳入范围。样本所指2019年政府工作报告，即内容为回顾总结2018年政府工作，规划展望2019年政府工作的报告。至2020年，生态环境部已评选了4批示范市县，本节研究以这4批为样本。样本共采集311份县级行政单位2019年政府工作报告。

研究围绕示范市县2019年政府工作报告内容，分别从文本总体和聚焦生态文明建设领域两方面统计报告文本中的高频词，分析示范市县政府生态文明建设工作的主要内容和资源投入情况，为全面把握示范市县生态文明建设的总体特征，探究示范市县生态文明建设的路径提供必要的实证基础和参考依据。具体而言，主要进行三项统计：一是政府工作报告全文中排名在前200的高频词；二是聚焦示范市县政府在生态文明建设领域的工作情况，把涉及生态文明建设工作的内容全部摘取出来，从中统计出报告中词频排名在前200的高频词；三是统计“生态＋”组合词、“绿色＋”组合高频词，以此为线索，对生态文明融入生产和生活中的哪些领域进行了考察。这些高频词代表了示范市县的政府在自身工作中所关注的主要内容和工作重点，为研究分析示范市县生态文明建设经验提供了一定的参考依据。

二、示范市县对“五位一体”的总体布局

研究对示范市县2019年政府工作报告的全文做文本分析，统计出文本中的高频词，从整体上观察示范市县对“五位一体”的各个领域的注意力分布，从而了解生态文明建设在县域整体工作中的布局和地位，了解生态文明建设工作的主要内容和资源投入情况。

首先将示范市县政府工作报告全文作为分析对象，选取排名前200的高频词，如图4-4-1绘制出高频词词云。具体词汇排名和词频详见表4-4-1。

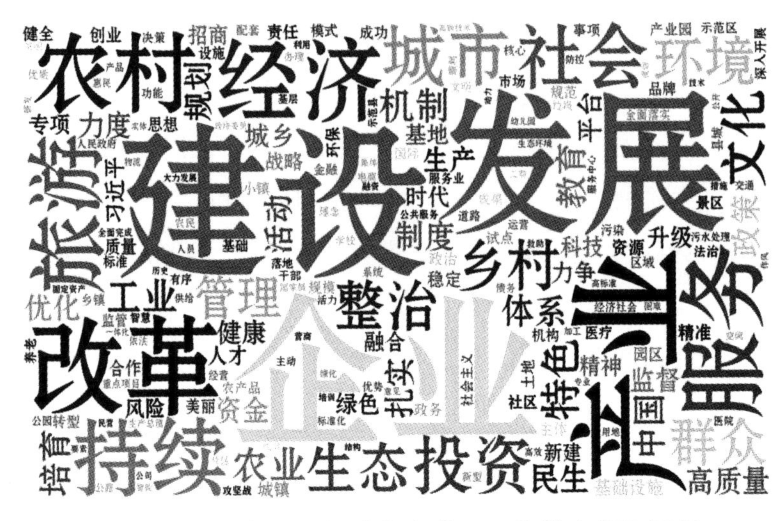

图 4-4-1　报告中词频排名在前 200 位的高频词词云

表 4-4-1　报告中词频排名在前 200 位的高频词

排名	词	词频	排名	词	词频	排名	词	词频
1	建设	21557	68	健全	1466	135	办理	906
2	发展	17758	69	责任	1462	136	活力	906
3	企业	9826	70	思想	1453	137	交通	900
4	产业	7669	71	园区	1422	138	债务	889
5	改革	6342	72	环保	1411	139	基层	885
6	服务	5489	73	社区	1378	140	攻坚战	879
7	经济	5363	74	主体	1366	141	污水处理	876
8	农村	5285	75	土地	1355	142	示范县	876
9	持续	5057	76	成功	1349	143	重点项目	874
10	旅游	5008	77	产业园	1320	144	片区	873
11	社会	4643	78	品牌	1315	145	公路	872
12	城市	4566	79	政治	1312	146	依法	872
13	投资	4513	80	政务	1303	147	医院	870
14	乡村	3988	81	模式	1293	148	供给	861
15	环境	3907	82	试点	1286	149	成效	853
16	生态	3865	83	监管	1284	150	电商	852

续表

排名	词	词频	排名	词	词频	排名	词	词频
17	整治	3859	84	机构	1282	151	防控	852
18	群众	3691	85	景区	1279	152	惠民	848
19	文化	3605	86	设施	1274	153	公共服务	842
20	管理	3594	87	转型	1274	154	顺利	841
21	特色	3288	88	规范	1272	155	产品	839
22	农业	2967	89	小镇	1260	156	标准化	837
23	工业	2942	90	市场	1260	157	用地	823
24	机制	2831	91	规模	1259	158	服务中心	823
25	中国	2693	92	事项	1251	159	贫困	816
26	体系	2677	93	医疗	1245	160	人员	805
27	培育	2637	94	基础	1221	161	生产总值	790
28	教育	2623	95	农产品	1207	162	全面完成	787
29	政策	2522	96	标准	1202	163	空间	780
30	民生	2494	97	社会主义	1200	164	高效	778
31	制度	2468	98	深入开展	1192	165	困难	768
32	扎实	2456	99	养老	1183	166	营商	766
33	活动	2422	100	乡镇	1177	167	措施	758
34	规划	2398	101	成果	1172	168	加工	758
35	高质量	2384	102	区域	1154	169	救助	757
36	优化	2375	103	示范区	1141	170	融资	753
37	力度	2344	104	国际	1139	171	集体	751
38	资金	2296	105	金融	1131	172	利用	750
39	生产	2236	106	法治	1128	173	生态环境	748
40	平台	2176	107	污染	1118	174	物流	748
41	监督	2164	108	县城	1112	175	二期	747
42	健康	2125	109	决策	1102	176	国家级	744
43	城乡	2092	110	服务业	1090	177	研发	742
44	力争	1935	111	配套	1086	178	绿化	736

续表

排名	词	词频	排名	词	词频	排名	词	词频
45	升级	1918	112	道路	1055	179	公司	734
46	绿色	1904	113	全面落实	1043	180	高标准	732
47	习近平	1864	114	功能	1029	181	公开	727
48	科技	1850	115	核心	1025	182	意见	725
49	精神	1847	116	有序	1022	183	大力发展	722
50	基地	1837	117	文明	1014	184	作风	718
51	时代	1830	118	干部	1010	185	培训	717
52	招商	1802	119	落地	990	186	政协委员	715
53	专项	1790	120	经济社会	986	187	幼儿园	715
54	融合	1754	121	优质	981	188	专业	715
55	人才	1727	122	运营	968	189	智能	709
56	风险	1711	123	农民	961	190	要素	702
57	新建	1649	124	系统	960	191	固定资产	700
58	战略	1638	125	经营	957	192	民营	698
59	基础设施	1631	126	智慧	952	193	谋划	697
60	稳定	1609	127	优势	948	194	结构	696
61	创业	1608	128	理念	941	195	历史	693
62	合作	1597	129	新型	941	196	高新技术	692
63	精准	1586	130	垃圾	939	197	技术	689
64	资源	1566	131	公园	936	198	实体	688
65	质量	1557	132	人民政府	916	199	一体化	687
66	城镇	1494	133	学校	910	200	动力	681
67	美丽	1472	134	主动	909			

图 4-4-1 显示的是排名前 200 的高频词，“建设”“发展”“企业”“产业”等词最为突出，其次是“改革”“持续”“经济”“农村”“旅游”“服务”等词。“建设”和“发展”分别以 21557 和 17758 的词频遥遥占据前两位，“企业”排在第 3 位，词频为 9826，“产业”排在第 4 位，词频为 7669，“改革”排在第 5 位，词频为 6342，排在第 6 至第 10 位的

高频词分别为“服务”“经济”“农村”“持续”和“旅游”。“经济”作为“五位一体”总体布局中唯一进入排名前10位的高频词，以及前10位中的“企业”“产业”“旅游”等与经济发展密切相关的词汇，反映了在当前示范市县政府各项工作中，经济建设仍牢牢占据中心地位，发展问题仍是目前示范市县政府各项工作首要考虑的现实问题。

当前中国经济进入“新常态”的发展阶段，经济发展的质量和效益越来越受到重视。通过高频词词云直观地看到“生态”“环境”“绿色”等生态文明建设领域的相关词汇已经跻身于显著地位。排名在前200位以内的生态文明建设领域相关词汇共有11个，“环境”排在第15位，词频为3907，“生态”排在第16位，词频为3865，“绿色”排在第46位，词频为1904，“资源”排在第64位，词频为1566，“美丽”排在第67位，词频为1472，“环保”排在第72位，词频为1411。进入排名前200位的还有第107位的“污染”、第130位的“垃圾”、第141位的“污水处理”、第173位的“生态环境”，以及第178位的“绿化”。

与2012年党的十八大以前“生态”一词还较少地出现在县域政府工作报告中相比，2019年“生态”和“环境”的词频排名能够进入前20名，反映出示范市县政府工作对“生态”和“环境”问题较为重视。“五位一体”总体布局提出后，示范市县政府在习近平生态文明思想的指导下，不断提高生态文明建设在地方治理中的地位，将生态文明建设融入区域经济社会发展全局，结合本级政府的工作实际开展生态文明建设。而且，考察示范县政府工作报告文本也发现，许多示范市县在报告开篇明确“生态立县”“生态优先”“绿色发展”的建设理念，或在文本最后将“生态宜居”“美丽”“绿色”等生态文明建设相关内容纳入本级政府奋斗目标或建设目标，凸显示范市县政府对生态文明建设工作的重视程度。如北京市延庆区在其2019年政府工作报告文本最后提出要建设“国际一流的生态文明示范区和美丽延庆”。

同时排进前200名的、代表国民经济和社会发展领域的高频词还有：“文化”排在第19位，“农业”排在第22位，“工业”排在第23位，“教育”排在第28位，“民生”排在第30位，“科技”排在第48位，“政治”排在第79位，“服务业”排在第110位。与这些高频词相较，单从词频排名方面可以说明示范市县政府将很大比例的工作重心放在了“生态”和“环境”领域。另外，值得注意的是，在排名前 200 的高频词汇中，有许多涉及民生或与人民切身利益相关的词汇，包括“群众”“民生”“健康”“基础设施”“医疗”“养老”“人民政府”“惠民”“公共服务”等，显示出示范市县政府在各项工作中坚持全心全意为人民服务的宗旨和原则，不断满足人民日益增长的美好需要，为民谋福利。这些美好需要既包括富足的物质基础，也包括健全的公共服务，还包括美丽的生态环境。

三、示范市县生态文明建设的特征描述

政府工作报告中有专门总结和计划生态文明建设的段落，另外在经济建设、政治建设、文化建设等各方面工作中也有一些与生态文明建设交叉领域的内容，例如经济建设中开发清洁新能源、投资低污染产业，社会建设中文明城市、文明乡村等文明创建活动等相关内容。因此，在整理文本时需要通读全文，将涉及生态文明建设工作的全部内容摘取出来，汇集成分析所需的文本库。为保证文本内容摘选的科学性和全面性，以防遗漏或选取偏差，整理文本时一人摘选后由另一人检查复核。分析整理好有关生态文明建设部分的文本后，我们统计出示范市县政府工作报告中有关生态文明建设领域词频排名前 200 位的高频词汇，绘制词云如图 4-4-2，具体排名和词频详见表 4-4-2。

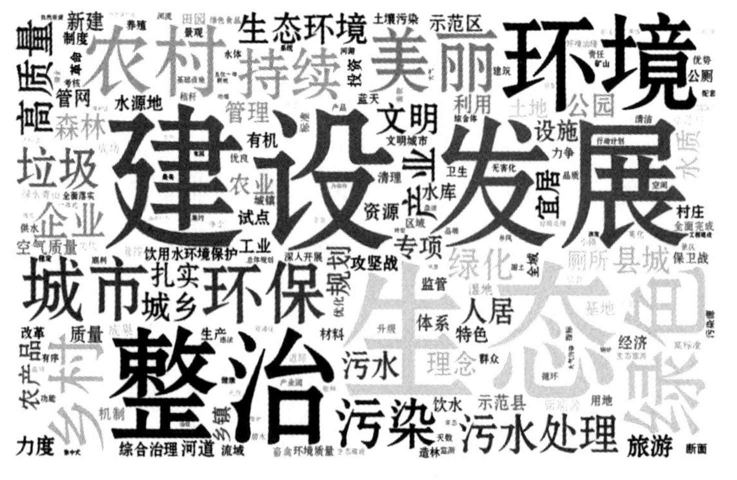

图 4-4-2　生态文明建设领域排名前 200 位的高频词词云

表 4-4-2　生态文明建设领域排名前 200 位的高频词

排名	词	词频	排名	词	词频	排名	词	词频
1	建设	4240	68	监管	304	135	空间	179
2	生态	3570	69	制度	304	136	产业园	179
3	发展	2685	70	环境保护	303	137	综合体	179
4	整治	2362	71	公厕	295	138	绿色食品	179
5	环境	2165	72	成果	292	139	环卫	178
6	绿色	1861	73	生产	292	140	矿山	177
7	农村	1605	74	田园	289	141	监测	176
8	美丽	1436	75	新能源	287	142	生态旅游	176
9	城市	1411	76	全域	286	143	碧水	175
10	环保	1357	77	改革	285	144	品牌	174
11	乡村	1310	78	材料	283	145	面貌	174
12	持续	1129	79	湿地	281	146	产品	173
13	污染	1102	80	革命	280	147	园区	173
14	垃圾	928	81	清理	276	148	指标	173
15	污水处理	870	82	保卫战	276	149	河湖	173
16	高质量	827	83	力争	270	150	基础设施	169
17	企业	813	84	成功	266	151	景区	169
18	产业	789	85	卫生	265	152	高效	167
19	绿化	727	86	土壤污染	265	153	一体化	167
20	文明	706	87	用地	264	154	能耗	165
21	生态环境	701	88	流域	262	155	非法	164
22	城乡	642	89	蓝天	256	156	行动计划	163
23	污水	632	90	断面	251	157	能源	163
24	县城	625	91	造林	249	158	乡风	163
25	森林	593	92	城镇	249	159	配套	163
26	人居	592	93	示范村	248	160	生态建设	162
27	理念	561	94	畜禽	246	161	健康	162
28	扎实	555	95	文明城市	246	162	光伏	162

续表

排名	词	词频	排名	词	词频	排名	词	词频
29	水质	547	96	优化	245	163	违法	159
30	宜居	545	97	养殖	245	164	达标率	159
31	规划	543	98	标准	240	165	国土	158
32	公园	542	99	群众	240	166	稳定	157
33	专项	537	100	环境质量	240	167	垃圾处理	157
34	旅游	504	101	管控	237	168	系统	156
35	农产品	503	102	区域	237	169	总体规划	156
36	农业	499	103	全面完成	236	170	盘活	156
37	设施	487	104	景观	234	171	普查	156
38	管理	486	105	文化	232	172	资源化	153
39	厕所	475	106	升级	232	173	健全	152
40	土地	446	107	供水	228	174	土壤	151
41	利用	446	108	绿水青山	227	175	集约	150
42	力度	443	109	深入开展	226	176	大气	144
43	新建	434	110	高标准	220	177	常态	144
44	管网	408	111	优势	220	178	最美	143
45	乡镇	405	112	建筑	219	179	大气污染	142
46	示范区	399	113	优良	218	180	集中式	138
47	资源	396	114	道路	213	181	规范	136
48	水库	394	115	污染源	212	182	燃煤	136
49	质量	393	116	有序	209	183	锅炉	135
50	河道	388	117	水体	209	184	管护	134
51	体系	381	118	秸秆	207	185	工程建设	134
52	特色	368	119	考核	206	186	自然资源	132
53	示范县	367	120	小镇	202	187	耕地	131
54	水源地	364	121	清洁	201	188	保洁	130
55	工业	358	122	循环	200	189	自然保护区	130
56	有机	353	123	培育	199	190	五位一体	130

续表

排名	词	词频	排名	词	词频	排名	词	词频
57	试点	352	124	全面落实	194	191	保护区	129
58	攻坚战	351	125	品质	194	192	应急	128
59	空气质量	351	126	天数	194	193	家园	127
60	基地	343	127	无害化	192	194	水利	127
61	饮水	342	128	责任	190	195	油烟	127
62	综合治理	334	129	美化	190	196	违法行为	126
63	经济	331	130	河流	184	197	闲置	126
64	投资	322	131	净土	183	198	转型	126
65	村庄	315	132	功能	183	199	浓度	125
66	饮用水	309	133	环境治理	181	200	污染物	125
67	机制	306	134	顺利	181			

十九届五中全会对国土空间布局、绿色发展等方面提出了新的要求。根据新的要求，本研究从优化国土空间布局、经济社会发展绿色转型、生态环境保护与改善、制度与保障机制、人居环境和生活方式、生态文化六个方面对示范市县在生态文明建设方面的主要内容进行描述。

第一，优化国土空间布局方面。国土是生态文明建设的空间载体。十九届五中全会要求优化国土空间布局，推进区域协调发展和新型城镇化。这方面的高频词分布情况如下："土地"排在第 40 位，词频为 446；"用地"排在第 87 位，词频为 264；"空间"排在第 135 位，词频为 179；"国土"排在第 165 位，词频为 158。结合政府工作报告文本具体内容来看，示范市县政府不断优化国土空间布局，推进生产、生活、生态空间的合理分配，促进国土资源节约集约。如浙江省磐安县在 2019 年政府工作报告中所汇报的"建设用地复垦、垦造耕地、低效用地再开发、消化批而未供土地、存量建设用地盘活"以及"实施高标准农田建设"等工作内容。除此之外，"公园""水库""湿地""自然保护区"等高频词也显示了示范市县在国土空间布局中不仅关注生产空间及生活空间，同时给予生态空间以较多的关注。

第二，经济社会发展绿色转型方面。经济生产方面的高频词分布情况如下："企业"排在第 17 位，词频为 813；"产业"排在第 18 位，词频为 789；"农业"排在第 36 位，词频为 499；"工业"排在第 55 位，词频为 358；"经济"排在第 63 位，词频为 331；"投资"排在第 64 位，词频为 322；"生产"排在第 73 位，词频为 292；"生态旅游"排在 142 位，词频为 176。示范市县在政府工作中，注重生态建设与经济发展的融合。"清洁""循环""无害化""高效""集约"等高频词，一定程度上反映出示范市县在产业发展中对节能减排和清洁生产的重视。示范市县在经济生产过程中也注重对"质量"和"品质"的追求，突出"高标准"和"高质量"，培育生态经济体系，推进区域经济发展模式的绿色转型。"生态旅游""绿色食品""光伏""新能源"等是示范市县政府工作报告中出现频率较多的绿色产业，反映出他们绿色发展的新思路。

第三，生态环境保护与改善方面。生态环境保护与改善方面的高频词有："环保"排在第 10 位，词频为 1357；"污水处理"排在第 15 位，词频为 870；"综合治理"排在第 62 位，词频为 334；"环境保护"排在第 70 位，词频为 303。进入生态文明建设领域词频排名前 200 位的还有"环境治理""垃圾处理"等词汇。这既表现出对本区域生态环境资源的保护，也表现出对本区域生态环境的治理改善。词云中比较明显的词汇"污染""污水""空气质量""土壤污染""蓝天""大气污染""污染源""污染物"等，都在前 200 位。各市县的政府工作报告以大气污染、水污染、土壤污染为治理重点，开展生态环境综合治理，改善区域生态环境。同时，示范市县也注重对"森林""湿地""耕地"等生态自然资源的保护。

第四，制度与保障机制方面的高频词有："规划"排在第 31 位，词频为 543；"体系"排在第 51 位，词频为 381；"机制"排在第 67 位，词频为 306；"监管"排在第 68 位，词频为 304；"制度"排在第 69 位，词频为 304；"总体规划"排在第 169 位，词频为 156。示范市县重视生态文明领域统筹协调机制和保障机制，包括编制多规合一、城市更新、城市"双修"、主体功能区管控等规划，健全生态保护责任体系、目标管理体系和监督考核体系。如山东省蒙阴县在 2019 年政府工作报告中指出，"严格落实主体功能区管控规划，实行负面清单管理和准入制度管理”。针对区域内的“森林”“河湖”等基础条件，示范市县建立的“林长”“河长”“湖长”“塘长”等各类“长制”形式创新，收效显著，得到各级媒体的推广。

第五，建设人与自然和谐共生的现代化生活方式。这方面的高频词分布如下：“人居”排在第26位，词频为592；“宜居”排在第30位，词频为545。示范市县在政府工作报告文本中主要有“全面加强人居环境综合整治”“人居环境整治提升”“持续改善人居环境”等表述形式，协调推进城镇与农村人居环境改善。如山西省右玉县2019年政府工作报告中指出，“全面推进城镇人居环境改善”以及“抓好农村人居环境整治三年行动，全面提升村容村貌，打造提升一批美丽乡村”。结合“绿色”“美丽”“绿化”“美化”等高频词可知，良好人居环境包含“绿色”“美丽”等内容。在生活方式方面，示范市县倡导文明健康、绿色环保的生活方式，营造绿色和谐的良好社会风尚。从绿色消费到绿色出行，再到绿色家居，低碳环保行为逐渐成为示范市县倡行的生活新风尚。

第六，健全生态文化方面的高频词分布情况如下：“文明”排在第20位，词频为706；“理念”排在第27位，词频为561；“文化”排在第105位，词频为232；“乡风”排在第158位，词频为163。示范市县通过加强生态文明宣传教育，开展各种形式的绿色创建活动，如建设生态文化村镇、生态文化公园等，培育民众的生态文明意识，弘扬生态文化。报告里的“理念”主要出现在“绿色发展理念”或“新发展理念”等词组里。同时，示范市县重视对区域生态文化资源的保护和开发，将其与区域经济发展相结合，打造“生态＋文化＋经济”的发展新业态。如福建省长汀县在2019年政府工作报告提及“充分挖掘红色、客家和生态文化资源”和“着力培养全民生态文明意识，弘扬生态文化”。此外，许多示范市县还通过组织开展生态日、生态文化周、生态文化节等活动宣传生态文明理念，营造良好的生态文化氛围。

第七，“生态＋”“绿色＋”组合词反映出的新领域和交叉领域。在“五位一体”总体布局背景下，生态文明建设融入经济建设、政治建设、文化建设以及社会建设的各方面和全过程，因此出现了很多“生态＋”格式的新词。这些“生态＋”组合词在一定程度上为考察分析生态文明融入生产和生活的哪些领域和部分提供了独特的视角。由此，我们统计出示范市县政府工作报告中的“生态+”组合词，绘制出了“生态+”组合词词云如图 4-4-3，具体词汇排名和词频详见表 4-4-3。

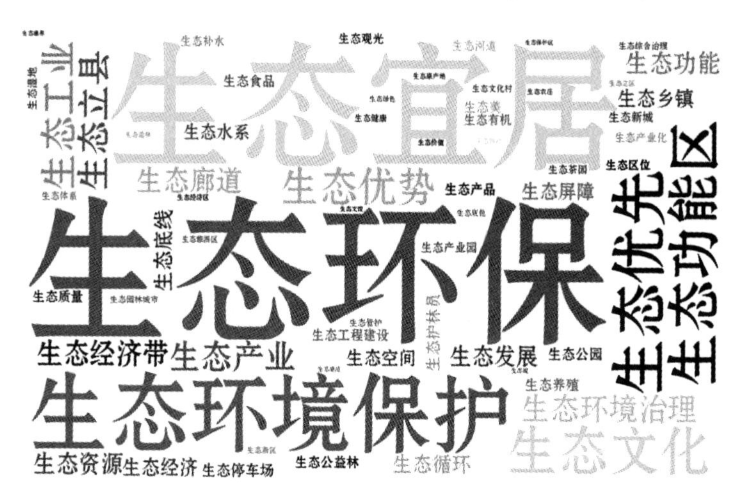

图 4-4-3　示范市县政府工作报告“生态+”组合词词云

表 4-4-3　示范市县政府工作报告“生态+”组合词

排名	词	词频	排名	词	词频	排名	词	词频
1	生态环保	160	23	生态水系	21	45	生态管护	10
2	生态宜居	140	24	生态护林员	19	46	生态文化村	10
3	生态环境保护	88	25	生态停车场	18	47	生态健康	10
4	生态优先	59	26	生态公园	17	48	生态综合治理	10
5	生态功能区	56	27	生态养殖	17	49	生态园林城市	10
6	生态文化	55	28	生态公益林	16	50	生态新区	9
7	生态优势	49	29	生态食品	16	51	生态底色	9
8	生态工业	46	30	生态质量	16	52	生态旅游区	9
9	生态立县	43	31	生态产品	16	53	生态立区	8
10	生态产业	40	32	生态美	16	54	生态原产地	8
11	生态环境治理	37	33	生态工程建设	16	54	生态绿色	8

续表

排名	词	词频	排名	词	词频	排名	词	词频
12	生态廊道	34	34	生态有机	15	56	生态农庄	8
13	生态经济带	34	35	生态产业园	14	57	生态价值	8
14	生态功能	30	36	生态新城	14	58	生态经济区	8
15	生态资源	29	37	生态河道	14	59	生态造林	8
16	生态发展	28	38	生态补水	14	60	生态银行	8
17	生态循环	25	39	生态观光	14	61	生态清洁	7
18	生态底线	25	40	生态区位	14	62	生态保护区	7
19	生态乡镇	24	41	生态湿地	13	63	生态城	7
20	生态经济	24	42	生态产业化	13	64	生态康养	7
21	生态屏障	23	43	生态茶园	12	65	生态文旅	7
22	生态空间	22	44	生态体系	11			

在“生态＋”组合词的排名中，“生态环保”排在第1位，频次为160；“生态宜居”排在第2位，频次为140；“生态环境保护”排在第3位，频次为88；“生态优先”排在第4位，频次为59；“生态功能区”排在第5位，频次为56。另外，“生态文化”“生态优势”“生态工业”“生态立县”“生态产业”分别排在第6位至第10位，具体词频见表4-4-3。总体来看，示范市县政府工作报告“生态＋”组合词涉及领域广泛，包括从生态保护与环境治理到产业发展，从文化教育到城乡建设等的各个方面。显而易见的是，示范市县政府工作报告文本“生态＋”组合词中，有很多涉及“生态＋经济”的相关词汇，如“生态工业”“生态产业”“生态经济带”“生态养殖”“生态食品”“生态产品”“生态产业化”“生态茶园”“生态银行”等。由此可知，示范市县在政府工作中将生态与经济相结合，构建生态经济产业体系。很多示范市县都注重利用区域生态资源发展生态旅游业，释放自然生态资源的经济活力，如高频词“生态优势”“生态资源”“生态观光”“生态旅游区”“生态价值”“生态康养”“生态文旅”等都有体现。

此外，“生态＋”高频词还有：“生态廊道”“生态水系”“生态公园”“生态公益林”“生态河道”“生态湿地”“生态保护区”等。示范市县在推进生态功能区建设方面给予了充分的重视，并将重点放在“水域”“森林”等方面，为区域发展留足生态空间，筑起生态屏障。

图 4-4-4 示范市县政府工作报告“绿色＋”组合词词云

绿色是生态的底色。中共十九届五中全会强调要“推动绿色发展，促进人与自然和谐共生”，“构建生态文明体系，促进经济社会发展全面绿色转型，建设人与自然和谐共生的现代化”。示范市县政府工作报告中出现了许多“绿色＋”组合词，反映了示范市县生态文明建设的具体工作。统计示范市县政府工作报告中的“绿色＋”组合词，绘制出了“绿色＋”组合词词云如图 4-4-4，具体词汇排名和词频详见表 4-4-4。

表 4-4-4 示范市县政府工作报告“绿色＋”组合词

排名	词	词频	排名	词	词频	排名	词	词频
1	绿色发展	459	20	绿色消费	17	39	绿色化发展	6
2	绿色产业	64	21	绿色家庭	16	40	绿色廊道	5
3	绿色低碳	56	22	绿色园区	14	41	绿色空间	5
4	绿色转型	46	23	绿色生产	13	42	绿色环保	5
5	绿色能源	41	24	绿色防控	11	43	绿色村庄	5
6	绿色有机	38	25	绿色工业	10	44	绿色旅游	5
7	绿色化	36	26	绿色智能	10	45	绿色企业	5
8	绿色农业	36	27	绿色乡村	9	46	绿色高质量	5

续表

排名	词	词频	排名	词	词频	排名	词	词频
9	绿色建筑	33	28	绿色长廊	8	47	绿色石化	5
10	绿色矿山	31	29	绿色交通	7	48	绿色创建活动	5
11	绿色工厂	30	30	绿色康养	7	49	绿色产业带	5
12	绿色金融	29	31	绿色家园	7	50	绿色屏障	4
13	绿色农产品	28	32	绿色矿业	7	51	绿色优势	4
14	绿色社区	25	33	绿色健康	6	52	绿色资源	4
15	绿色优质	24	34	绿色产品	6	53	绿色村屯	4
16	绿色经济	22	35	绿色渔业	6	54	绿色高产	4
17	绿色学校	21	36	绿色农副产品	6	54	绿色高质	4
18	绿色循环	20	37	绿色文明	6	56	绿色产品认证	4
19	绿色兴农	18	38	绿色水稻	6	57	绿色智造	4

“绿色发展”排在第 1 位，词频为 459，遥遥领先于其他“绿色＋”组合词；“绿色产业”排在第 2 位，词频为 64；“绿色低碳”排在第 3 位，词频为 56；“绿色转型”排在第 4 位，词频为 46；“绿色能源”排在第 5 位，词频为 41；“绿色有机”“绿色化”“绿色农业”“绿色建筑”“绿色矿山”分别排在第 6 位至第 10 位。具体词频见表 4-4-4。示范市县政府工作报告“绿色＋”组合词中关于经济发展的词很多，如“绿色产业”“绿色能源”“绿色农业”“绿色工厂”“绿色金融”“绿色经济”“绿色生产”“绿色工业”“绿色矿业”“绿色渔业”“绿色智造”等。在资源投入方面，示范市县更多地投入在“绿色建筑”“绿色交通”“绿色能源”等方面，采取推动装配式建筑与绿色建筑、超低能耗建筑深度融合，建立城市绿道，投入新能源公交车，发展风电、光伏、潮汐能等清洁能源工业等措施，促进经济、资源与环境的协调发展。

本章围绕 2017 年全国县域政府工作报告和 2019 年示范市县政府工作报告内容，从文本总体和生态文明建设领域角度出发，统计出报告文本中的高频词，分别分析全国和示范市县政府生态文明建设工作的主要内容和资源投入情况，全面了解生态文明建设的总体特征：

第一，全国各县域较以往更加重视生态文明建设，全国生态文明建设进程有先有后，发展不均衡。第二，2017 年全国生态文明建设以“绿化”等基础建设为多，同时各地根据自身特征和需求在建设上各有偏重。第三，2019 年示范市县在工作中坚持以民为本，将发展问题作为政府工作的第一要务，同时，生态文明建设工作在本级政府工作中的地位也不断提高。第四，示范市县在优化国土空间布局、经济社会发展绿色转型、生态环境保护与改善、制度与保障机制、人居环境和生活方式、生态文化六个方面都有突出表现。第五，通过对示范市县政府工作报告文本统计出的“生态＋”“绿色＋”组合词分析，可知示范市县重视将生态与经济相结合，构建生态经济产业体系，促进经济、资源与环境的协调发展。

党的二十大报告指明了未来我国生态文明建设的新思路。其中，如“蓝天、碧水、净土保卫战”“绿水青山就是金山银山”“人与自然和谐共生”等词句已经常见于县域政府工作报告之中，成为县域治理的指导思想和重要工作。二十大报告中出现的一些近年来的新词句，例如“碳达峰碳中和”“积极参与应对气候变化全球治理”，相信也将会成为未来县域政府工作报告中的高频词。

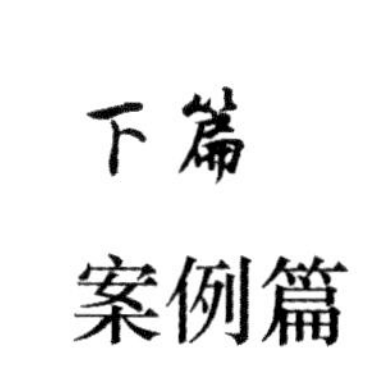

下篇

案例篇

第五章　国家生态文明试验区（福建）的县域绿色治理

第一节　永泰县

一、县情简介

永泰县位于福建省中部、福州市西南，县域面积 2230 平方公里，下辖 9 个镇，12 个乡，255 个村和 17 个社区居委会。

永泰资源丰富，山地多、水果多、景观多、水能多、温泉多，其中山地面积 272 万亩，有林地 275 万亩，森林覆盖率 75.88%（2019 年），是福建省重点林业县之一。永泰县境内生态良好、环境优美，以水质优良、空气清新和温泉丰沛闻名，常年空气清新，空气质量优于国家一级标准，素有“福州后花园”“天然氧吧”等美誉，拥有国家生态县、国家主体功能区建设试点示范县、国家级生态示范区、国家全域旅游示范区、国家级重点风景名胜区、全国经济林建设先进县、中国优秀旅游县、福建省最佳旅游目的地、福建省十大空中最美家园等 10 多项国家级、省级荣誉称号。2018 年 9 月，永泰县更是以第一名的成绩获评年度“中国天然氧吧”，是福建省首次获此殊荣的县。

永泰县历届县委、县政府高度重视生态文明建设，将生态优势作为永泰未来发展的潜力和希望，围绕着“绿色引领、后发赶超，建设美丽、幸福的新永泰”的发展定位，以“经营环境”和“享受环境”的新理念，在持续保育生态环境、发展循环经济、倡导绿色生活的同时，全面推进国家生态文明建设示范县创建工作。2017 年 9 月 21 日，环保部在全国生态文明建设现场推进会上，命名授牌了全国首批 46 个国家生态文明建设示范市县，永泰县榜上有名。永泰县在福州市率先获得了国家生态县的命名，入选国家重点生态功能区和国家主体功能区建设试点示范县。

二、发展思路

位于我国东南沿海地区的福建省自身生态优势十分明显，是首个被确立为国家生态文明先行示范区的省。2016 年，通过制定并实施《国家生态文明试验区（福建）实施方案》(以下简称《实施方案》)，福建省提出了一系列建设目标：第一，加强制度与体制建设。完善国土空间开发保护制度，建立健全多元化的生态保护补偿机制和自然资源资产产权制度，施行激励约束并重、系统完整的生态文明绩效评价考核和责任追究制度。第二，改善生态环境质量，提升城市宜居水平。福建省重视水源与空气质量的提升，提高森林覆盖率，使人民群众获得感进一步增强、生态文明建设水平与全面建成小康社会相适应，形成人与自然和谐发展的现代化建设新格局。

《实施方案》实施后，永泰县全面落实《实施方案》等一系列文件所传达的关于生态文明建设的指导思想，坚持实施“生态立县、生态强县”战略，不断加快自身生态文明建设的步伐。

制度与体制的创新发展为生态文明建设提供了重要保障。绿色考评与决策机制、环境经济政策调控机制的形成促使永泰县进一步将生态环境纳入经济发展决策和政绩考核的影响因素范围。而生态产品交易机制的推进则为水、林木等资源的交易和保护管理提供了制度保障。

党的十九大以来，随着探索的不断深入，永泰县在生态环境保护与生态环境监管等领域采取了更多创新性的措施，包括：落实党政领导生态环境保护目标责任制、领导干部自然资源资产离任审计制度，推广环境污染第三方治理，培育环保市场；创新资源有偿使用方式，探索大樟溪水资源补偿机制，推进重点生态区商品林赎买改革，在林业交易中心推广“惠林贷”，建立收储、置换、改造提升、租赁和入股等林业资源有效利用机制；等等。进入 2019 年，永泰县政府提出要完善环保监测体系，并实施建立自动监测站与河道检察官制度等一系列创新式举措。

在独特的生态优势面前，永泰的发展需要保育生态环境、发展循环经济、倡导绿色生活同时进行。为保护生态环境，永泰县以“基础设施先行，配套建设优先”为原则，完善环境基础设施建设，深入开展家园清洁行动，并从生活污水治理、垃圾收运、饮用水净化与保护、畜禽治理等方面持续改善农村环境，保护永泰母亲河大樟溪流域的生态环境。

在经济发展方面，永泰县以生态产业打造经济崛起的新永泰。以“生态立县、绿色崛起”为发展战略，永泰禁止污染企业入驻，鼓励生态旅游、生态农业、生态工业和文化创意产业的发展。同时，永泰着眼福州大都市区，对接平潭综合实验区，做好大樟溪北水南调水利枢纽的工作。

永泰县倡导“绿色生活”，建设生态城镇，打造宜居乐居的新永泰。以“建设宜居、利居、乐居的生态文明县”为定位目标，永泰建设了大樟溪防洪堤和风情大道，对沿街、滨江景观工程进行改造。通过绿化、美化南城新区营造“城在山中，山在水中，山水交融”的人居环境。同时，秉持着因地制宜、差异发展的理念，重点构建葛岭东部温泉新城、梧桐工贸旅游旺镇、嵩口历史文化名镇、塘前丹云宜居城镇和大洋、同安西山片田园城镇“五大板块”，把永泰打造成为名副其实的“省会后花园”和全省著名的“宜居、利居、乐居福地”。

三、绿色治理

秉持着“生态立县”发展的理念，永泰县在机制创新方面先行先试，建设了一支生态环境保护铁军，为构筑绿色屏障保驾护航。仅在2017年，永泰就进行了国家重点生态功能区建设、完善生态环境修复司法机制等近20项改革。

第一，建立绿色考评与决策机制、环境经济政策调控机制。永泰县将生态文明建设纳入经济和社会发展规划，在城市规划、能源资源开发利用、产业布局、土地开发等重大决策过程中，优先考虑环境影响和生态效益，对可能产生重大环境影响的事项，行使环保一票否决。通过将环境保护和生态建设的指标层层分解到各地区、各部门，落实到重点行业和单位，使约束性指标落实到位。完善环境信息发布制度，在对干部政绩考核体系中增加生态文明建设在考核评价中的权重。强化对党政领导的环境保护目标考核，实行严格的生态环境保护责任追究制度。

第二，全力推进生态产品交易机制。水资源与森林资源是永泰县重要的生态产品。在推动建立水权交易机制方面，永泰县以大樟溪北水南调水权交易为试点，探索原水价格体系的合理建立，制定水权交易的相关政策，促进水权交易制度健康发展。在森林赎买机制方面，永泰将国有、集体林场资源进行整合，探索建立林权投资公司，并在农村林地、林权等方面开展确权、鉴定、流转等服务。完善生态区位内商品林“调查、估价、赎买”机制，以达到扩大生态公益林面积、培育大径材、推动林下经济发展的目的，提高林农收益、调动植树造林积极性。

第三，健全生态保护管理体制。永泰县编制了自然资源资产负债表，推动建立河长制、生态环境损害赔偿制度等机制，并进一步健全所辖乡镇的环保工作机制。2019 年，永泰县进一步建立和完善畜禽养殖污染整治长效管理机制，杜绝养殖回潮。

四、绿色发展

立足生态和资源优势，永泰县以发展生态循环经济为引导，以绿色、低碳为目标，着力发展生态旅游、生态工业、生态农业、生态林业等四大生态产业，构造“一圈、一线、一带”的绿色经济发展布局。

生态旅游是永泰释放绿水青山经济效益的重要环节。围绕“清新福建，乐享永泰”品牌，永泰县对山水、古镇、寨堡、温泉等旅游资源进行了优化整合，在保护与开发并重的前提下，做大做强生态旅游产业。2019 年，永泰县加大力度发展“全域旅游”，实现特色旅游产业提档升级。永泰新引进了山东水发、三源智联、乾景园林等龙头企业，实现云顶、御温泉、赤壁等景区重组更新；成功举办第八届环福州·永泰国际公路自行车赛、第三届大青云越野赛、首届闽台张圣君文化旅游节等大型赛事和文旅活动；新建成投用智慧旅游平台并在主要旅游景区、交通节点实现旅游导览图和标识标牌全覆盖。2019 年，永泰县新增省级乡村旅游村和省级旅游精品示范村 8 个，梧桐镇荣获省级乡村旅游休闲集镇，月洲村入选全省首批“金牌旅游村”，胜华农业获评省级观光工厂，永泰更成为首批国家全域旅游示范区。仅此一年，全县接待游客数突破1200万人次，旅游总收入54.9亿元，比增25％。

在生态工业方面，永泰依照“绿色引领、后发赶超”理念，通过扶持传统产业升级改造、高起点规划建设产业园区、发展壮大水电产业等途径助力工业的生态化发展。2019年，永泰县基本建成塘前绿色食品产业园，引进农产品精深加工企业4家以上，谋划建设国奥源生物科技园、众鑫不锈钢总部企业及丹云金蛋工程、商贸物流园等项目，以强化大型项目对域内工业产业的辐射和带动作用。对已有项目落实“五个一批”运行机制，提高前期工作深度，强化项目储备质量。同时，注重工业污染防治，推进工业企业清洁生产审核，强化工业固体废物及危险废物处置，促进工业企业可持续发展。

在生态农业方面，立足“菜篮子”定位，永泰发挥生态、气候、资源优势，建设特色农产品基地，推进农业标准化，推广农业旅游发展，发展“绿色、有机、无公害”农产品，打造城郊型、生态型效益农业。

生态林业方面，按照城乡绿化一体化及“四绿”工程实施方案要求，永泰开展了造林绿化和封山育林行动。推进林业碳汇交易试点，制定出台了《永泰县林业碳汇试点工作方案》。加快林下经济发展，培育省级林下经济示范基地并发挥示范基地的作用，推广“林菌间作”“林药间作”“林蜂”等生态复合种植模式，以增加生态林业经济效益。

五、主要经验

（一）建立健全五大工作体系

永泰县以“生态立县”为发展理念，坚持“一张蓝图绘到底”，在生态文明建设的探索中，逐步形成了组织、改革、规划、舆论和监管五大工作体系。

组织方面，永泰县委、县政府将生态建设纳入国民经济和社会发展规划中，成立了由县委书记任组长、县长为常务副组长的生态创建工作领导小组，对县域内生态建设统一部署、统一安排，实现生态建设的常态化、规范化、持续化。

改革方面，推进对生态文明重点领域和关键环节的改革。完善生态司法机制，并在国家重点生态功能区建设、重点生态区商品林赎买、大樟溪水权交易、碳排放权交易市场、自然资源资产负债和领导干部自然资源资产离任审计等方面开展试点，先行先试，为生态文明建设积累经验。

规划方面，永泰县贯彻落实党中央关于“五位一体”的战略定位，根据永泰县社会经济发展动态和生态环境特征，结合“多规合一”部署，编制和完善生态建设规划。

舆论宣传方面，把握节假日、重大活动等契机，推动生态环境知识进企业、进社区、进校园。

监管方面，推行政府权力清单，依照法定权限和程序要求，督促各乡镇、部门履行生态保护监督管理职责，做到既各司其职，又密切配合，切实加大生态领域执法力度。

（二）完善国土空间布局

为完善国土空间布局，拓展高质量发展新空间，2018 年到 2019 年，永泰县提出建设大城关。2018 年，永泰县修编新一轮城市总体规划，启动三环路城建校至清凉渔溪段前期工作，推进二环路清凉柴桥头至马洋桥段建设，构建未来大城关的基本骨架。提速南城区开发建设，改建新项目，形成比较完善的南城区主次道路网。开展老城区功能疏解，改造沙浮片区棚户区，同时谋划西门、南门、塔山片区旧屋区改造。推进小东坑、台口东星地块项目，实现东部片区有序延展，谋划水利局周边土地出让，推动北城区开发。2019 年，永泰县继续开发南城区，建设安置房，提速征迁交地，建设南城区便民综合市场等商贸项目，打造城市新商圈，建设旅游客运中心、闽运公交车站，建成南城区排洪工程（二期），打造融现代生活、现代产业于一体的现代化新城区。

2019 年，永泰县政府提出构建大路网，进一步完善空间布局。以“大交通谋篇、大路网布局、大项目突破”为指导，构筑“一横四纵”县域路网体系。围绕中心城关，建设城关基本骨架，同时新建道路以健全城区主次道路网。提升葛岭片区路网配套，强化城区对外交通，推进莆炎高速公路、国道纵四线、211 省道城峰至大洋段、181 县道同安段建设。

（三）生态保育“四大工程”

在生态保护方面，生态保育“四大工程”的实施为永泰县的绿色发展提供了保障。

实施生态系统保护建设工程。永泰县遵守耕地保护制度，坚守耕地和永久基本农田保护红线，开展对林地、草地、湖泊、湿地等生态用地的保护工作，包括对商品林赎买进行改革、加强自然保护区建设等。

实施水资源保护工程。为整治水源地保护区，永泰县编制了饮用水水源地的保护规划，规划一、二级保护区红线。建立河长制，聘请三名河道检察官对大樟溪各干、支流河长工作进行法律监督，按照县级河长每月巡查一次、乡镇级河长每旬巡查一次、河道专管员每周巡查一次的巡查机制，及时排查河道水质状况。

实施环保基础设施建设工程。永泰县综合运用 PPP、EPC 等多元模式，引导社会资本的参与，完善生活污水治理设施建设和生活垃圾处理设施建设。

实施水土流失防治工程。秉持着“预防为主，全面规划，综合治理，因地制宜，注重效益”的水土保持方针，永泰县将水土流失地区划分为水土流失重点预防保护区、重点监督区、重点治理区，实行分区管理。采取“防、封、种、推、改”等措施，着重抓好大樟溪沿岸、高速及铁路沿线等区域水土流失治理工作。同时，推进闽江防洪工程（福州段）三期、梧桐潼关溪、葛岭镇区防洪排涝工程建设，完成富泉溪流域（一期）治理。发展节水灌溉，重点开展对县内灌区和小型引水工程的节水灌溉工程建设，并深化清凉渔溪、同安红阳茶场等水利化示范园区的示范功能，提升农业灌溉用水有效利用率。

（四）打造宜居工程

永泰县全面落实主体功能区规划，优化生态空间格局。乡镇建设情况是对县级政策的进一步具体体现，因此，永泰县围绕着城市建设总体布局，加快县、乡（镇）、村“三级”生态文明建设，打造宜居利居乐居的山水生态温泉旅游县。

加快生态文明县城建设。永泰实施“东扩西拓南进北改”的大城关开发战略，构建“一城”(中心城区)、“两组团”(太原、清凉组团)的城市空间布局，把永泰城区当作景区来建设，按照“拉开框架、显山露水、塑造特色”的思路，打造“山、水、城”交融的生态县城。借助市政工程、景观工程、宁静工程与品味工程的实施，促进永泰县生态文明的发展。

加强乡村环境整治。以家园清洁、美丽乡村和新农村“幸福家园”建设为契机，以网格化监管体系为平台，永泰县对乡村环境进行了综合整治。实施“三边三节点”改造、绿道网建设等宜居环境项目，重点推进沿路、沿河、沿线环境整治。加快农村无害化卫生户厕改造步伐，推进美丽乡村重点村的整治，培育美丽乡村示范村，建设市级、县级的“幸福家园”示范村。制定完善生态建设村规民约，把生态、洁净、文明的理念渗透到农业生产、农民生活中。

打造精品示范生态乡镇、生态村。永泰县乡村将生态文明理念融入城镇化发展过程，走以人为本、绿色低碳的新型城镇化道路，提升生态乡镇、生态村建设品位。坚持因地制宜、差异发展的理念，重点构建特色小镇板块，配套建设绿地公园、生活污水站等服务设施，打造“宜居、利居、乐居”的精品示范生态乡镇、生态村。

第二节　泰宁县

一、县情简介

泰宁县位于福建省西北部，武夷山脉中段的杉岭支脉东南侧，全县总面积1540平方公里。泰宁四周为大山所盘绕，境内形成溪谷盆地，地势总特征为四周高，中部低，由西北向东南倾斜。泰宁属中亚热带季风性湿润气候，年平均气温17℃。泰宁物产丰饶，农业、林业、水域、电力、矿产等资源蕴藏丰富。境内林地面积12.47万公顷，占全县土地总面积的81.1%，活立木总蓄积量671万立方米，主要树种有杉、松、竹、樟、楠等。

作为新兴旅游城市，自20世纪80年代以来，泰宁县历届班子坚持把发展生态旅游作为主导产业，一张蓝图绘到底。泰宁曾先后获得世界自然遗产地、世界地质公园、国家AAAAA级旅游区、国家级森林公园等金字招牌17块，已开发大金湖、上清溪、寨下大峡谷、九龙潭、泰宁古城等十大景区，全年游客量最高突破200万人次。

泰宁县高度重视生态文明建设，深入贯彻习近平生态文明思想，树立“绿水青山就是金山银山”“保护生态环境就是发展生产力”“发展生态旅游产业就是保护生态环境”的新理念，探索经济发展、生活改善、生态良好的发展路子。泰宁先后荣获国家生态县、全国绿化模范县、国家园林县城、国家主体功能区建设试点示范县、国家重点生态功能区等称号，也是三明市唯一一个首批获得国家生态文明示范县称号的县。峨嵋峰自然保护区升格为国家级自然保护区，环保工作考评连续多年列三明市第一名。

二、发展思路

“山清水秀峰峦叠嶂，碧水如镜绿树滴翠。”这是许多外地人来三明后发出的感慨。市委、市政府牢固树立“绿水青山就是三明的金山银山”“保护生态环境就是保护三明最核心的竞争力”的生态文明建设发展理念，确立了“念好发展经、画好山水画”工作主题，持续扎实推动生态文明建设。通过不懈努力，三明市环境质量全面提升，生态保护建设成效明显，生态产业蓬勃发展，走出了一条生态改善与经济发展双赢的高质量发展之路。

泰宁作为三明市的一个山区小县，有着得天独厚的自然生态资源，这也是泰宁发展的后劲所在、希望所在。在上级政府绿色理念的引导下，泰宁县对此有了更加清晰的认知。守护好这一方丹山碧水，是泰宁人的神圣使命。

首先，树牢“绿水青山就是金山银山”的理念。泰宁成立创建工作领导小组，每年与各乡（镇）、各部门签订目标责任书，逐级传导生态建设责任压力；高标准编制《泰宁县生态文明建设规划（2014—2025）》，在全市率先颁布实施；近几年，加大县财政投入，并争取国家专项建设基金、上级各类专项补助资金用于生态环境保护项目建设。

其次，坚守环境质量只能更好不能变坏底线。县委、县政府态度明确，绝不以牺牲环境为代价换取一时的经济增长，深入实施“清新水域、洁净蓝天、清洁土壤”三大工程，努力让群众呼吸洁净空气、喝干净水、吃安全食品、有更好的工作和生活环境，尽享生态福利，有更多获得感。

再次，坚定不移走绿色发展之路。鼓励扶持企业通过采用新工艺、新装备、新材料加快技改，促进节能减排；突出农业“接二连三”，推动“一条鱼、一粒种、一棵草”等特色农业加快发展，着力增加绿色优质农产品供给。

三、绿色治理

2014 年以来，泰宁先后成立、充实了以县委书记为组长、县长为第一副组长，分管领导为常务副组长，人大、政协分管领导及县政府相关领导为副组长，县直相关职能部门、乡镇党委主要领导为成员的生态文明建设工作领导小组，下设创建办，专门负责日常工作。通过制定下发生态文明建设试点县实施方案和生态文明建设试点县责任分工，将创建目标细化分解到部门、乡镇。县直有关部门、各乡镇也成立了相应生态文明建设工作领导小组，形成了党委政府领导、部门分工合作、上下齐心协力的工作格局。同时，加强环保能力建设，逐年增加环保人员编制，实现“有牌子、有人员、有场所、有经费”，保障创建工作的高效运转。

本着科学性、前瞻性和可操作性的原则，泰宁县结合县情编制并实施了《泰宁县生态文明建设规划（2014—2025）》，进一步明确生态文明建设的指导思想、基本原则、目标任务、建设布局和重点内容，多措并举实现“青山常在、清水长流、空气常新”，将“中国旅游主导型县域经济样板区、世界丹霞旅游目的地、国际安养休闲小城”打造为泰宁的亮点，铸就“美丽中国·泰宁生活”的新名片。

泰宁县构建了生态文明建设考核的指标体系，县委、县政府每年与各乡镇、各部门签订生态文明建设与环境保护目标责任书，明确创建工作目标任务。不断完善考评方案，将生态环境保护工作列入县委、县政府对乡（镇）、县直部门年度工作考核重要内容，并实行一票否决。加大环保责任落实情况监督检查。由县分管领导牵头，每半年召开一次环保工作现场点评会。到 2017 年，泰宁基本形成以“环境保护”和“资源永续利用”为核心的生态文明建设理论体系的基本框架，正逐步推进“环境优美、人与自然和谐，产业协调、发展潜力强劲，现代文明、生态文化活跃”的生态文明建设模式。

2018 年，泰宁县政协在县内调研后提出完善长效机制的建议。通过健全林木采伐、小流域治理、城乡污水垃圾治理等管理机制，实施生态综合执法大队、公安局生态分局、生态法庭、生态检察“四方联动”的执法模式，解决生态执法领域职能交叉、多头执法等问题，探索实行“跨域联建”，促进生态环境保护协作。

四、绿色发展

建设现代农业产业。泰宁县通过抓好农业生态项目建设，深化农业结构战略性调整以扩大无公害食品、绿色食品、有机食品等生态农业的生产。限制规模养猪业，对不符合畜牧业发展规划及规划环评要求的新、扩、改建养殖项目不予审批。积极推广生态农业技术，在金湖、上清溪上游和景区周边，形成了以沼气为纽带、“秸秆—沼—果（茶、菜）”结合的“丘陵山地综合开发”“庭院生态经济综合利用”模式；在农田基础较好的朱口镇、下渠乡，形成了以农田为基础的“烟—稻—菜（菌）”等粮经作物轮作模式；在山地资源丰富的大田乡、新桥乡，形成了以种树种果套草养畜放牧、栽培食用菌等农林牧复合型现代生态农业模式。2019 年泰宁更是获评国家农产品质量安全县，生态农业发展成果得到肯定。

发展生态效益型工业。限制发展小水电，对不符合流域综合规划和规划环评要求以及装机容量 10000 千瓦以下的水电项目不予审批，并逐步关停一批小水电站；限制发展小规模石板材，各采矿点必须达到 5000 立方米/年开采规模。培育和扶持以精深加工为重点的企业做优、做大、做强，提高资源利用率和产品附加值。鼓励高新技术企业放大技术优势，整合生产要素，推进产业化和规模化；通过积极引进高新项目、先进技术、先进装备等，对结晶硅、林业加工产业等传统产业进行改造升级，提高产品科技含量和附加值。加大对木材资源加工利用企业的整合，关停一批粗加工、高耗材、生产附加值低的木材加工企业。鼓励企业从产品设计到原料、工艺和设备选择等各个环节提高资源的利用率，在生产、建设、流通和消费各领域节约资源。以节能、节材、节水为重点，突出用电、用煤、用水重点企业、重点领域，落实节能降耗措施，促进资源节约利用和经济可持续发展。

发展生态旅游产业。泰宁县坚持生态为本，将生态观念和生态文化融入旅游产品开发的各个环节。完善配套旅游要素，所有项目都坚持在环境保护中开发，争取把生态损失降低到最低程度。按照“生态文化旅游城”定位，在布局上构建城市景观轴线，重点规划改造建筑立面、山体绿化、休闲小品、历史群雕、夜景工程等景观带建设，使城市既富于时代气息又渗透历史文化内涵。实施绿、美、香、洁、亮“五化”工程，增强县城生态旅游功能，提高城市品位和建设档次。积极开展景区和旅游企业 ISO14000 环境质量体系认证和绿色称号认证工作。充分利用泰宁县丰富的旅游资源，在“四条示范路带”沿线，打造茶园、果园、油菜花观光带，发展渔业捕捞、加工生产观光，开发鱼宴、药膳，推出种植、采摘等农事体验活动，每条示范带均初步形成林果粮间作、农林渔结合的农业生态景观 1 个以上。

2019 年，泰宁县生态旅游业态更加多样化。森林康养成为泰宁生态旅游热点，泰宁策划实施森林康养基地 13 个，境元森林康养基地入选全国森林康养基地试点建设单位，晟境农业获评省级养生旅游休闲基地。特色民宿粗具规模，发展中高端民宿 16 家，“晟境 · 未茗”成为著名民宿品牌“花筑”旗下一员。影视产业发展迅速，泰宁成为福建省影视基地联盟成员单位，城西影视基地开工建设，引进影视公司 24 家。研学产品受到青睐，全年接待研学旅行、写生创作团队 4.3 万人次。运动休闲品牌升级，成功举办世界华人山地马拉松赛等赛事活动，入选省级体育产业示范基地，“耕读李家”获评省级体育旅游休闲基地，泰宁在生态旅游转型上做出了更多探索。

五、主要经验

（一）优化国土空间布局

泰宁县致力于提升城市品位。2019 年，泰宁县提出深入实施城区人口倍增行动计划，“修古城、建新城、管好城”，打造宜居宜业宜游新泰宁。

围绕塑造“第一眼”，改造提升岭上街，打造邮电公寓地块等城市节点和汀兰园三期等城市公园，加快前坊街、城步街等市政道路建设，新（改）建雨污管网 15 公里、绿色慢道 6 公里。

围绕塑造“第一感”，深化创建全国文明城市三年行动，打好“经营秩序、交通秩序、市容环境”攻坚战，推动环卫保洁、农贸市场等管理市场化，实行社区整治修缮“以奖代补”政策，加强小区物业管理和建筑外立面管控，建成“数字城管”平台。

围绕塑造“第一夜”，完善城区夜景提升工程，探索古城开发新模式，加快古城保护开发，推动三涧湾仿古商业街区、城区水上风情游览线等项目落地建设。

（二）强化节能减排

强化源头治理。泰宁县执行严格的环评和新建项目“三同时”制度。从源头上控制新增污染源，对于不符合环保要求和国家产业政策的高耗能、高污染、高排放项目，一律不予审批；对未办理环评审批手续擅自开工建设的项目，一律责令停止建设并限期补办；对未落实“三同时”制度的项目，一律责令整改。

强化企业清理。县有关部门密切配合，对全县境内的“十五小”“新五小”企业组织拉网式排查，重点排查非法生产、非法排污的小化工、小电镀等企业。

强化监督管理。严格督查，保证重点污染企业污染防治设施正常运转，对一些企业进行定期监察，督促其污染防治设施正常运转，确保做到稳定达标排放。落实污染物排放总量控制制度，引导和支持企业实施技改、节能减排，提升产业整体水平。加大力度淘汰落后和过剩产能，对不符合国家产业政策、未配套环保设施的小作坊、生产窝点进行全面清理排查，从源头上控制污染。

（三）打造宜居环境

一是着力森林资源保护。泰宁县在泰宁丹霞地貌申遗提名地、泰宁世界地质公园和泰宁风景名胜区三大保护区域内禁止砍伐和使用天然林薪材，推广使用生态型能源。对木材生产计划年总量进行控制。加大森林防火、病虫害的防范、治理的力度，强化对盗砍滥伐行为的打击，全县范围所有山林禁止采脂，确保林木安全。

二是着力饮用水源保护。泰宁县重视对饮用水源地的保护工作，先后投入资金完成城区际头水库饮用水源保护区防护拦网隔离设施建设，以及饮用水源保护区标志牌、告示牌和水源地水质在线监测系统，并在全省率先实现与省、市水利部门联网，保证对水质的实时、动态监测，有效保护水源水质。每年开展以水源地保护为重点的整治违法排污企业保障群众健康环保专项行动，强化对饮用水源安全检查，加强水质监测，及时了解饮用水源水质状况。同时制定应急处置方案，逐步完善水源保护区长效管理机制。

三是着力人居环境保护。近年来，围绕生态县建设的总体要求，根据山水城市建设要求，按照“显山、见水、透绿”的思路，以较高标准规划和建设生态文化旅游城，新建芦峰山公园、和平公园等大批高品位城市生态景观。投资扩建县城区污水处理厂二期工程，提升污水收集率与处理率。强化对城区生活无害化垃圾填埋场的监管。

（四）夯实“三大基础”

夯实农村环境基础。按照打造“海西新农村建设示范区”要求，全面开展立体整治，推进美丽乡村建设。

一是以垃圾为重点的环境卫生整治。以实施“家园清洁行动”为主要载体，以整治农村乱扔乱倒垃圾等现象为重点，实行垃圾集中堆放、每日收集、定期清理等措施，清除视觉污染。同时尝试建立了三种长效保洁模式，即民办公助型、市场运作型和自我约束型，有效地改变了长期以来村庄环境卫生保洁难的问题，农村生活垃圾无害化处理率达90%以上，农村卫生环境大为改观。

二是以水体为重点的生态环境整治。以实施农村环境综合整治为载体，强化农村饮用水源地环境整治，完善水源地保护防护设施、标志牌。加强畜禽养殖污染整治，2015 年重新划定了畜禽养殖禁养区、禁建区、适养区、可养区范围。开展农村污水处理设施建设，同步跟进改水、改厕等。实施生态保护工程，种植花草、绿化树和草皮等。

三是以房屋为重点的村容村貌整治。坚持“三不、两保留”（不大拆大建、不大挖大填、不大砍大伐，保留农村传统民俗风情和田园风光）的原则，全面铺开以旧村改造为主要内容的村容村貌整治行动，因地制宜推广新徽派建筑风格。

夯实环保宣教基础。泰宁县通过开设专题讲座、邀请专家学者来泰宁为副科级以上领导干部授课的形式，进一步提高领导干部对生态文明建设的认识，增强责任感和使命感。同时，依托党校培训基地举办生态环保课，面向干部、公众、企业举办多场次生态文明建设与环境保护公益培训、讲座，普及环保知识，提高全民环保素质。每年利用世界环境日、“泰宁在线”等广泛开展宣传教育活动。通过新闻报道、开设专栏和专题等形式，有效提高公众生态文明意识。

夯实城乡建设基础。把生态发展、绿色发展理念贯穿于城乡建设全过程，让生态成为泰宁城乡的一大亮点，让绿色成为泰宁人民的生活底色。泰宁县致力于打造“全国最干净旅游县城”，坚持把城区当景区来建设和管理，先后建成沿河景园、亲水步道。推广使用新能源汽车。推进美丽乡村建设，并培育了“五朵金花”旅游专业村等一批美丽乡村样板。全面落实“河长制”，聘请 121 名村级河道专管员，做到条条河流有人管、片片流域有人清。

第三节　长泰区

一、区情简介

长泰地处厦门、漳州、泉州中心接合部，位于厦门和漳州的“半小时经济圈”，是“厦漳近郊、闽南宝地”，总面积约 912 平方公里。长泰属南亚热带海洋性季风气候，具有气候温暖、冬无严寒、干湿季明显、雨热同季的气候特征。其境内多低山、丘陵分布，垂直气候层次特征明显，小气候环境多种多样。

长泰是“生态强县、绿色家园”。2016 年，长泰森林资源已达 62333.3 公顷，森林覆盖率为 67.2%，居全省前列。长泰城区大气环境质量达国家一级标准，饮用水质达国家二类标准以上，形成“五古丰登”乡村休闲生态游等 3 条精品旅游路线。马洋溪生态旅游区入选亚太经合组织低碳示范城镇。同时长泰拥有国家 AAAA 级景区——十里蓝山、省级自然保护区——天成山，以及山重古村落、天柱山国家森林公园等优秀旅游资源。古琴小镇入选省级首批特色小镇创建名单，成为城市居民旅游首选区域。

近年来，长泰坚持“生态立县”理念，贯彻落实党中央、国务院关于加快推进生态文明建设的决策部署，把生态文明建设作为落实五大发展理念、提高经济社会发展质量、实现可持续发展的根本举措，加大生态文明的建设力度。长泰已实现全国文明县城“三连冠”，是福建省首个获得国家生态县命名的县份，荣膺全国卫生县城、国家生态文明示范区、国家园林县城等称号，被评为中国最具投资潜力特色示范县、福建省县域科学发展十优县，成为全国美丽乡村标准化建设试点县、全省宜居环境建设示范县、全省唯一连续十一年蝉联“福建省县域经济发展十佳县”的县份。

二、发展思路

漳州市的生态优势于漳州人而言，既是荣誉，也是责任。多年来，漳州市不断进行绿色实践的探索，逐步成为“绿”的守护人。2015 年，漳州市出台了《“七个五”生态建设行动计划》，从 7 方面梳理生态建设行动计划的支撑项目，致力打造绿城、花城、水城和历史文化名城。2016 年 12 月，全市经济工作会议提出建设“五湖四海”项目，打造“生态+”先行示范区；2017 年，漳州市对“五湖四海”“花样漳州”工作进行延伸和拓展，九龙江畔“百花齐放、百树成荫”绿化工程正式启动，为漳州市新时代生态文明建设烙下亮眼的注脚；同年，漳州市第十六届人大常委会第六次会议审议并通过《关于中心城区重要生态空间实施保护的决定》，首次将市中心城区5290亩的生态空间以立法的形式保护下来，为子孙后代留下永久生态福利。

学习漳州市的发展理念和做法，长泰在加强生态保护、生态修复与生态提升上加大力度，让天更蓝、山更绿、水更清，突出“生态长泰”的品牌和优势。

首先，“打响污染防治攻坚战”。为实现“天蓝”“水碧”“土净”，长泰坚持“三质”攻坚、“三铁”治污、三级联动，突出源头整治、精准施策、综合治理，擦亮长泰的生态底色。

其次，拓展“生态＋”效应。一方面，长泰坚持“环境景区化、旅游全域化、空间全景化”，打造全域景区。同时，该地守护生态保护红线和环境容量底线，加强龙津溪两侧一重山、安全生态水系、森林生态系统的保护，形成政府、企业、公众共治格局。另一方面，探索“生态＋”模式。长泰坚持把生态与城市建设、产业发展、旅游项目、防灾减灾、民生工程、历史文化等深度融合，探索“生态＋产业、民生、城建、创城”等模式，把产业、文化、服务等要素注入生态建设中，提升产业质量、城乡环境、生活品质和城市品位，打通绿水青山向金山银山的转换通道，创造更多的生态产品和福利。长泰所辖的珪后村，以“生态＋”的模式探索出一条新的发展道路，2012年还是一个“脏乱差”的小山村，现今已是“全国文明村”。

三、绿色治理

长泰通过加强组织保障、制度保障和措施保障，推动生态文明建设工作扎实有序开展。

强化组织领导。长泰的生态文明建设工作由党政主要领导带头抓、负总责，每年召开生态文明建设工作会和环保大会；人大、政协围绕群众关心的环保问题，组织开展视察调研活动，跟踪落实有关部门整改措施；各部门各司其职，协同配合，上下联动，共同推进；企事业单位和人民群众积极参与，共同维护良好的生态环境。由此，长泰形成了党委政府负责、人大及政协监督、环保部门统一监管、责任部门密切协同、社会群众共同参与的生态文明创建和环保工作机制。同时，长泰成立生态文明建设领导小组，各乡镇均设立环保站，有关单位也相应成立组织机构。

强化责任落实。长泰先后出台一系列文件，将生态文明建设的目标任务分解纳入国民经济与社会发展计划。落实环保工作“党政同责，一岗双责”，每年都与有关单位签订党政领导生态环境保护目标责任书，把生态文明创建工作的目标任务分解落实到各级各部门，使创建目标具体化、明晰化，创建指标工程化、项目化。同时，建立考核奖惩制度，把生态文明建设纳入年度实绩考评考核内容。推行河长制，建立健全三级“河长”体系，实现每一段河流、每一条沟渠、每一座池塘都有人管，真正落实“河长”主体责任。同时，注重宣传引导，强化环境信息公开，保障公众环境知情权、参与权、监督权，提高全社会生态环境保护意识。

强化持证排污。长泰将排污许可证作为环境执法和监管的依据，严格把关审查，按照有关文件规定的要求核发固定污染源排污许可证。推进排污许可制度改革，贯彻国家关于全国火电、造纸行业从 2017 年 7 月 1 日起必须持全国统一编码的新的排污许可证的要求，立足实际情况，按要求完成 3 家造纸行业企业排污许可证的核发。

强化生态补偿。2019 年，长泰提出要落实重点流域生态补偿办法，健全补充耕地、新增林地有偿使用等制度，严格执行生态公益林补偿机制，不断优化生态林布局。

四、绿色发展

美丽乡村必须有产业发展和百姓富裕为支撑。长泰在建设美丽乡村的同时，积极引导农民转产、转业、转型，发展特色农业、服务产业、休闲农业与乡村旅游业。通过发展生态经济，将生态优势转化为发展优势，推动全县经济持续较快发展。

长泰执行主体功能区和生态环境功能区规划，实行空间准入、总量准入、项目准入“三位一体”的环境准入制度以把控好项目准入关。强化龙头带动作用，初步形成四大主导产业、三大新兴产业。强化创新驱动作用，实现国家企业技术中心、国家智能制造试点示范企业零的突破。推进企业开展节能技改和循环经济，每年组织企业申报节能技改、循环经济的财政奖励项目，促进节能技改提升。强化园区标准化建设，工业园区“二次创业”全面铺开，高端装备制造产业园等特色园区加快开发，大通互惠等优质项目相继落户，初步实现再造一个工业园区，全新打造先进制造业基地，长泰经济开发区已经成为全国首批国家低碳工业园区试点。

长泰出台了政策来扶持现代农业的发展，对优势农业、设施农业及节水灌溉设施进行补助。通过建设陈巷省级农民创业示范基地和岩溪、陈巷、坂里生态农业示范园，形成“三园一基地”的发展格局。建设千亩现代农业产业园，对农业示范基地改造升级，扶持旺亭香蕉、石铭芋头两个全国“一村一品”示范村。扩大规模，建设花卉走廊。引进科技项目，运用智能化设施和系统。推广闽台高优农业，引进新品种，带动农民创业。长泰一批集田园风光、休闲旅游于一体的家庭农场、农家乐形成了具有自身特色的品牌，推动了农产品生产企业化、标准化、规模化。资源化综合利用农业废弃物、秸秆，增加农业有机肥源，构建种养循环发展机制，畜禽粪便作为沼气原料、商品有机肥原料、有机肥还田基本得到利用。

近年来，长泰生态旅游持续升温。半月山温泉等项目落地开发，全国登山精英赛等赛事成功举办，十里蓝山成为全县首个国家AAAA级景区，形成马洋溪“五古丰登”乡村休闲生态游等3条精品旅游路线，生态休闲旅游城雏形显现。长泰进一步引进实施天柱山综合度假区、海投科创园配套项目、联盛总部决策中心等投资上10亿元项目，形成综合功能区、康体休闲区、农家民俗体验区、休闲旅游区等四大特色功能区，推进龙人古琴文化村、中华汉文苑、天成山普明文化园等一批以琴棋书画、文化创意、宗教朝圣、休闲度假等为一体的多元化的文化创意产业园区，形成福建省少有的“琴棋书画、诗词歌赋”文化创意产业和星级酒店集群。长泰成为厦漳泉和潮汕地区乡村生态休闲旅游重要目的地。

2019年，长泰设立文化和旅游发展专项资金支持全域旅游融合发展，进一步提升全域旅游的档次。天柱山旅游度假区获评全国“最佳森林休闲体验地”，花坞里等文旅项目加快建设，山重村获批全国乡村旅游重点村，岩溪镇荣获省四星级乡村旅游休闲集镇。2019 年该地全年接待游客约 344 万人次，增长 21%，旅游总收入约 39.9 亿元，增长 21.3%。

五、主要经验

（一）优化国土空间格局

2016 年，通过开展生态保护红线划定工作，长泰划定生态保护红线面积 491.67 平方公里，并根据省内文件的新要求配合省、市有关部门对福建省陆域生态保护红线划定成果进行调整。

长泰贯彻落实国家关于实行最严格的土地管理制度和“十分珍惜、合理利用土地和切实保护耕地”的基本国策，对土地利用总体规划和年度计划进行强化管理，实行土地用途管制制度，严控农用地转用，执行严格的耕地保护制度和基本农田“五个不准”规定，有效控制了耕地的减少。通过县长与各乡镇（场、区、办事处）负责人层层签订年度耕地保护目标责任书的方式，将耕地保护责任量化分解，并于年终对乡镇目标履行情况进行考评。

长泰发挥自身“联接山海、拓展腹地、连片发展”的区域功能，成为富美新漳州北部地区改革发展的主战场。长泰按照“一带四区”县域空间发展布局，加快新经济增长极规划建设，工业方面突出高端装备制造、总部经济等新产业，农业方面突出花卉苗木、休闲观光等新产业，第三产业突出电子商务、健康养老等新业态，保持较大的投资规模和较快的增长速度，打造长泰产业升级版，实现发展速度、发展质量、发展效益的共同提升。

（二）综合治理生态环境

为有效保护生态环境，长泰加大生态保护治理，落实主体功能区规划和生态控制线制度，打好大气、水、土壤污染防治攻坚战，使生态环境质量持续保持优良水平。

分类治理大气污染。2013 年起，长泰实施《大气污染防治行动计划》，针对燃煤、扬尘、工业废气、机动车尾气等污染源分类治理，拆除/迁出燃煤小锅炉，对 20 蒸吨以上燃煤锅炉进行脱硫除尘升级改造，率先在全市开展造纸行业（自备热电站）新建炉外脱硫设施，5 家重点排气企业均安装污染源自动在线监控设备，淘汰黄标车，投入纯电动公交车及清洁能源公交车，并通过造林绿化提高森林覆盖率。

实施综合治水。2013 年起，长泰开展“整治水环境 · 保护母亲河”行动，推进生猪养殖、农村垃圾、桉树种植、工业排污、矿山石材、水土流失等“六个专项治理”；2015 年起，长泰实施“水污染防治行动计划”，推进“全民综合治水，共建美丽长泰”三年行动，落实“河长制”，坚持“三铁治污”，开展畜禽养殖污水、生产生活污水、工业企业污水“三大整治”，实施蓄水供水、生态修复、绿化美化“三项工程”，持续提升流域水环境质量。

保护土壤生态。2019 年，长泰提出开展农药化肥减量化行动，推广测土配方施肥 18 万亩次，加大危废品存量清理力度，狠抓废石渣填埋场整治，确保土壤安全。

保障环境安全。长泰建立了污染场地环境监管体系，推进危险废物规范化管理工作，指导并督促企业做好重金属污染综合防治、工业固废规范化管理、完善固废回收利用处置体系等环节，加强工业源土壤污染防治。健全突发环境事件应对工作机制，编制应急预案以应对突发环境事件，保障人民群众生命财产安全和环境安全。督促工业企业落实环境安全主体责任，定期排查环境安全隐患，开展环境风险评估，健全风险防控措施。

（三）“五城同创”与“三级共建”

长泰统筹推进全国县级文明城市、卫生县城、园林县城、生态文明建设示范县和省级森林县城等“五城同创”，实行县、镇、村“三级共建”，把国家生态文明示范县创建标准融入各个创建工作中、体现在各个创建环节，提升国家生态文明建设示范县创建水平。

为完善基础设施，长泰进一步成型城市道路网络框架，加大园林建设力度，提升沿街立面景观。开工建设保障性安居工程，征收旧城区危房屋，目前危旧房屋已全部拆除。践行绿色生产和生活方式，大力推动绿色建筑建设。逐步完善公共道路，建立网络畅通、线路合理、有效衔接的城市公共交通系统，倡导公众绿色出行，并向公众推广节能灯、节能家电等节能、节水器具。

为提升生态环境质量，长泰强化对饮用水源的保护工作，规范管理集中式饮用水源保护区，消除饮用水源保护区内污染隐患，饮用水源水质得到有效保障。设立末梢水监测点，新建污水处理厂和垃圾处理场，引进专业公司进行专业化检测处理，有效解决好本县城乡垃圾的接收与无害化处理。到 2016 年，长泰基本形成了“户分类、村收集、镇转运、县处理”的常态化运行模式。

长泰通过探索标准化整治、产业转型、文化传承，打造出生态美、百姓富、文化兴、机制优的美丽乡村建设样板。按照“布局美、环境美、建筑美、生活美”四美要求和“整治裸房、垃圾处理、污水治理、村道硬化、村庄绿化”五项重点，长泰推进美丽乡村建设工程，新建、改建农村公共厕所，在全县完成了全域化的“扫盲”行动，建设美丽乡村，打造观光级旅游示范村。

（四）积极培育生态文化

在长泰，人人都是守“绿”人。长泰领导干部带头示范，带动广大群众参与，开展生态环境保护宣传教育和实践活动，营造人人支持、个个有责的良好局面，使生态环境保护工作上升为全县上下的共同意志和自觉行动。

在领导干部层面，长泰将生态文明建设理论纳入党委学习内容中，组织开展党政领导干部生态环境保护专题培训班，并增设生态环境保护课程。

在公众层面，以多种形式、多渠道开展宣传和教育。长泰组织开展了丰富多彩的主题教育活动：利用媒体宣传生态建设工作，普及水土保持、绿色产品等方面知识；在高速路口、国省道及县乡道路设立环保广告牌；开展生态宣传“进机关、进企业、进学校、进社区、进村镇”活动；利用“世界环境日”“科普宣传周”和环保专项活动等重要节日和重点时段，大范围、高密度地向社会各界宣传生态创建的重大意义，形成“广播有声、电视有像、报纸有文、社区有栏、公共场所有标语”的宣传格局。各种教育活动使长泰形成了关心、爱护、监督生态环境的浓厚氛围。

第四节　长汀县

一、县情简介

长汀县位于武夷山脉的南麓，与广东省和江西省相连，被誉为“福建西大门”，是福建第五大县，全县辖 13 个镇、5 个乡。长汀境内有交错纵横的支脉和连绵不绝的山峰，土地面积达 3104.16 平方公里，地貌以低山为主，但地形较为破碎。

长汀县曾是我国南方红壤区水土流失最严重的县份。据 1985 年卫星遥感普查，长汀县以河田镇为中心的水土流失面积为 146.2 万亩。通过长汀县政府和当地居民多年的不懈努力，到 2019 年底，长汀县水土流失率下降至 6.95％以下，省平均为 7.97％以下，森林覆盖率达 80.3％，省平均为 66.8％，两项指标均优于全省平均水平，是福建省最绿县份之一。环境空气质量优良天数比例提高幅度、重污染天数比例下降幅度均达省级环保部门改善幅度要求。

由此可见，长汀县的水土流失治理为长汀县生态文明建设作出显著贡献，为中国其他地区治理水土流失提供有力的参照，为“绿水青山就是金山银山”这一理念的实行提供了战略性的经验。

二、发展思路

长汀县历届政府得到国家林业与相关部门的大力支持，将习近平总书记“进则全胜，不进则退”的嘱托牢记于心，坚持发扬聚沙成塔、集腋成裘的坚韧精神，把生态建设贯彻到城市建设的方方面面、彻底地融入城市建设中来，同时将水土流失问题放在中心位置，围绕水土流失进行综合治理。在改革开放的 40 余年间，长汀县逐渐从生态环境恶化的地区变为生态家园。

1998年，时任福建省委副书记习近平为长汀水土保持事业题词“治理水土流失，建设生态农业”。在《关于请求重点扶持长汀县百万亩水土流失综合治理的请示》中，习近平再次批示强调，搞好水土保持是可持续发展战略的一项重要内容。根据习近平同志的几次批示，福建省加紧步伐开展全省的水土流失综合治理。同年2月，长汀水土流失综合治理项目被福建省纳入了为民办实事项目，每年可获得的扶持资金达到1000万元，此举为长汀县水土流失治理提供资金支持与保障。

习近平在2001年作出了“再干八年”的批示，长汀县的第一个“八年攻坚”就此开始。在这8年间，长汀县加大力度治理水土流失最严重的区域。当地政府向群众推广生态农药与生物有机肥，同时进行“植树造林”和“封山育林”两项举措，建立河流径流泥沙观测区、科技推广示范基地、观光农业配套示范区等生态区。大多数村民告别荒山，迁移到政府统筹建设的地区，改善了生活条件。

2009年是长汀县开始治理水土流失的第8年，在这期间，长汀县水土流失项目获得巨大成功，综合治理的水土流失面积有107万亩。2010年，福建省作出“再干八年”的决定，长汀县也将“水土不治、山河不绿，决不收兵”贯穿整个治理过程，并获得显著成效。

经过不懈努力，以综合利用为重点、沼气为纽带、培育与发展相协调的长汀绿色产业实现了三产业联动的良性循环。水土流失治理促进了长汀县的经济发展，而经济发展是生态保护的基础，二者相辅相成、相互依存，经济发展与生态保护的良性互动使得水土流失得到控制，人民生活得到改善，区域的可持续发展得到实现。其具体的建设成效体现在以下三个方面：

一是生态环境得到改善。2019年，长汀县完成水土流失治理9.6万亩、植树造林3.7万亩，两者分别占年度任务的101.8%和175.5%；全县空气质量优良天数比例高达99.4%；国、省控断面水质达标率100%。2018年长汀县成为第一批国家生态文明建设示范县和“绿水青山就是金山银山”实践创新基地，并入围了中国候鸟旅居小城；2019年长汀水土流失治理案例入选中组部干部培训教材。

二是文化凝聚力更加增强。在水土治理的过程中，长汀县当地的独特文化也在被不断丰富与发展。被赞为“红色小上海”“红军故乡、红色土地和红旗不倒的地方”的长汀县是全国闻名的革命老区和红军长征出发地之一。长汀县的水土治理不仅使百姓过上安居乐业的生活，还体现了对历史文化的尊重，为传承长征精神作出巨大贡献。对这一片水土的保护，为当地百姓带来了物质财富和精神财富，增强了当地百姓的文化凝聚力。在“红＋绿”文化的涵养下，文旅＋康养深度融合，汀州古城和“红色小上海”历史风貌逐步恢复，长汀县逐步成为集游玩观赏和互动体验于一体的历史文化名城。2019 年全县接待游客 440 万人次、增长 26.9％，实现旅游收入 48 亿元、增长 35.2％。

三是生态与社会共同发展。在水土治理期间，长汀县政府积极开展“校园水保知识”活动，从思想源头上让年轻一代认识到水土流失治理的重要性。同时，初中及以上学历的学生可以得到政府提供的补贴，从 2000 年到 2013 年，长汀县高中毛入学率提高到了 84.55％，2019 年达到了 96％；实施精准化定制式环保普法，加强生态文明宣传教育，积极倡导绿色生产生活方式，全面形成政府坚持生态导向、企业坚守环保底线、公民践行低碳生活的社会风尚。政府定期组织农民参与技术培训，通过一系列措施转变了农民生产生活中使用能源的方式，使清洁能源的使用得到普及。促进农村生活污水处理设施标准化运营全覆盖，稳步推进养殖业污染整治，确保流域断面水质稳定达标。推广农业新技术，从源头减少农业面源污染，促进土壤资源永续利用。有序开展城乡生活垃圾分类处理，加快生活垃圾无害化处理项目建设。深化生态殡葬改革。长汀县政府实行的各项举措，不仅减轻了生态环境的压力，而且造福了百姓。老百姓用水用电更加环保安全，过上了安居乐业的生活。

三、绿色治理

2011 年修订后的《中华人民共和国水土保持法》颁布实施，2014 年福建省实行最严格的《水资源管理制度考核工作实施方案（试行）》，2015 年国务院批复《全国水土保持规划（2015—2030 年）》。在此背景下，龙岩市为响应创建生态省的号召，于 2011 年出台《龙岩市“十二五”环境保护与生态建设规划》并提出，到 2015 年建成生态市，创建国家环保模范城市。龙岩市组织编制完成《龙岩市生态市建设“十二五”规划》，2016年，长汀县生态文明规划已制定实施，生态文明建设工作占党政实绩考核的比例达到20.5%，固定源排污许可证核发已全面推行，在全省率先推行林长制，环境信息公开率达到100%。

根据习近平新时代中国特色社会主义思想，长汀县委、县政府提出，要把2020年全面建成小康社会作为首个时间节点，制定适合长汀县县情的水土流失治理行动方案和水土流失治理规划，做到三结合（治理水土流失与治穷相结合、与发展绿色产业相结合、与防灾减灾相结合）、三同时（执行水土保持设施与开发建设项目与主体工程同时设计、同时施工、同时投产），努力成为全国水土流失治理的示范样板县。

（一）资源保护与节约

资源保护与节约是生态文明建设的重中之重。长汀县农村地区对柴草、植被的农业需求是造成水土流失的重要原因之一。长汀县采用“草牧沼果”循环种养技术，在“猪沼果”模式的循环链的基础上增加“种草”环节，通过这一环节将植物、动物与土壤有机联系。在这种循环种养模式下，农民可将猪粪鸡粪制成的沼气原料用于照明等，得到的沼渣沼液经过特殊处理后，又可用于作物施肥。通过资源的保护与节约，结合经济效益与生态效益，既有效治理了水土流失，又大大减少了农户对柴草的需求。

（二）环境保护与治理

长汀县创新实施“反弹琵琶”治理法，系统解决生态突出问题，通过逆向思维让荒地变绿地。例如：在长汀河田镇露湖这一重度水土流失地区，长汀县采用“反弹琵琶”治理法，在山林中广泛种植木荷、枫香等阔叶林树种，经过新方法治理，草、灌、乔群落及其混交群落日益茂盛，逐渐显现出群落规模，林木结构也趋于合理。2020年，长汀将加大突出问题整治力度，力促中央第二轮生态环境保护督察反馈问题整改销号。

（三）生态文明建设

党的十八大报告强调要把生态文明建设融入经济建设、政治建设、文化建设、社会建设各方面和全过程，努力建设美丽中国，实现中华民族永续发展。长汀县实行“大封禁、小治理”。2000 年至 2012 年，长汀县共治理水土流失地区 34.3 万亩，其中采用“大封禁”方法恢复了 25.7 万亩水土流失地区，剩余 25%左右的水土流失地区用“小治理”方法进行人工治理。其中既有合理的人为干预，又保持最大限度的自然自我修复，使长汀县生态环境的恢复速度得到大大提升。

（四）国土空间优化

习近平总书记在党的十九大报告中指出，要开展国土绿化行动，推进荒漠化、石漠化、水土流失的综合治理。长汀县政府通过生态农业、生态管理、土地开发复垦等方式明确各区域主导生态功能，同时实施中低产田改造、自然保护区等生态工程建设，优化了国土空间，促进了生物多样性的保护。此外，长汀高标准编制《长汀县国土空间总体规划(2020～2035)》，严格国土空间用途管制。

四、绿色发展

与西北黄土区缺水、西南石漠化缺土不同，位于南方红壤区的长汀县缺肥，因此要真正实现绿色发展，要从政策制定、科学技术、项目管理三个方面入手。

（一）现代化制度建设

战争年代的烧山、砍树等行为导致长汀县水土流失日益严重。为了保证封山育林的顺利实行，从 2000 年开始，长汀县陆续发布《关于封山育林禁烧柴草的命令》《关于禁止利用阔叶林进行香菇生产的通告》《关于水土流失开发性治理的若干政策规定》《关于护林失职追究制度》《关于禁止砍伐天然林的通知》等一系列政策；主动参与《龙岩市长汀水土流失区生态文明建设促进条例》立法；优化生态保护机制，深化生态环境损害赔偿、排污权有偿交易等制度改革，多点发力推动绿色发展；开展生态监管体制机制改革，引进第三方专业环保服务机构，有效整合生态巡查资源和力量，创新生态监管和保洁模式，切实提高城乡环境综合整治水平；完善环境执法和司法联动机制，持续加强铁腕治污，同时统筹兼顾，避免“一刀切”。经过努力，长汀水土流失治理形成了从源头保护、开发治理，到失职追责、执法司法、生态赔偿等的全方位制度体系。

（二）科学技术方面

植被从乔木、灌木退化为草地、裸地的演替过程为长汀解决水土流失治理提供了新的思路，长汀创新提出“反弹琵琶”，摸索出一套符合实际的治理模式，逆向治理长汀县的水土流失地区。例如“等高草灌带”种植法、陡坡地“小穴播草”“草木沼果”循环种养、乡土树种优化配置、幼龄果园覆盖秋大豆、药渣（泥炭）营养肥等治理模式。“反弹琵琶”治理法受到了中国工程院院士冯宗熙的高度评价，他认为：“‘反弹琵琶’治理法是遵守自然法则和执行治理，这是一种概念上的创新。”

长汀县的科学治理引来了“金凤凰”。福建农林大学、省农科院、省林业科学院和省水利实验站的研究团队应邀到该县开展研究；长汀县建立起水土保持博士工作站后，就一直保持与其他单位的良好关系，到目前为止，已经与北京林业大学以及中国科学院建立了友好联系。长汀县正是通过这些举措让当地的水土流失治理模式更科学、更易于推广。

（三）项目管理方面

长汀县县政府将水土流失治理项目当作“民心工程”“基础工程”来抓，创新使用的管理模式使水土保持事业不断发展。

长汀县用“五长会审”制度审批资金。长汀县政府首先成立项目管理资金审批小组，然后由“五长”进行“会审”，再将任务下发执行单位，做到专款专用。

长汀县用“项目管理卡”管理项目质量。长汀县政府首先成立专门的质量管理小组，对项目进行督察，而后建立“项目管理卡”，对每一具体措施的地点、数量、责任人（施工、项目、技术）、质量、业主等造册登记，创建档案台账等进行终身管理。

2019 年，长汀县聚焦“天蓝、水碧、土净”，41 个生态环保攻坚项目完成投资 7.1 亿元，占年度任务的 104％；统筹省、市、县资金 2.5 亿元，实施水土流失精准治理深层治理“三大工程”21 个项目，完成水土流失治理 9.6 万亩、植树造林 3.7 万亩。

（四）绿色发展成效

一方面，水土保持增加了农民基本耕地，改变了长汀县长久以来传统粗放、广种薄收的落后生产模式，充分提高土地的承载能力，切实解决了农民的生活生存和温饱问题。另一方面，蓬勃发展的生态经济为整个长汀县带来源源不断的商机。例如：晋江（长汀）工业园被列为福建省首批“山海协作”共建产业园区，龙岩高新区长汀产业园升级成为国家级高新技术产业园区。通过优化产业结构，加快转型升级，长汀县实现了林下经济、大田经济、稀土深加工、“红色文化”旅游、服务业等绿色转型。2011 年以来，长汀县实施多个水土流失治理和生态文明建设项目；近年来，长汀县还同阿里巴巴等电商平台合作，并与全县贫困户对接，大力发展电商经济以助推扶贫，目前共发展 361 家电商企业、75 个村级服务点，累计服务建档立卡贫困户约 1.34 万人次。

五、主要经验

长汀县过去一直是我国南方红壤区水土流失的重灾区，甚至是受灾最为严重的区域之一。经过几代人的努力，在长期国土绿化实践的过程中，长汀县形成了独特的生态文明建设经验，并成为第一批国家生态文明建设示范县。其经验主要有以下几点。

一是党政主导，真抓实干。强化机制创新。长汀县政府围绕着“国土绿化”实行党政一把手工程，层层抓落实、逐级抓落实，将县、乡、村三级领导制度联系起来，出台了《关于建立健全水土流失治理和生态文明建设若干保障机制的意见》，为生态建设提供有力保障。强化生态考核与责任担当。县政府对县绿化委员会成员单位上一年度的全国绿化目标责任实施检查和评估，评估结果列入干部考核体系，做到将全国绿化考核“软约束”变成“硬杠杆”，增强领导干部保护自然资源和生态环境的意识。

二是群众主体，积极引导。广泛发动群众，采取奖励和补贴等措施，启动造林绿化工程和“送苗下乡”活动，鼓励群众承包林地，使群众成为控制水土流失的新力量和主人翁。同时引入积极的激励机制，鼓励党员群众参与水土治理，实行生态公益林补偿、生态林业和畜牧业激励措施，鼓励三年流通开发和经营。这些举措不仅可以控制水土，还可以提高人民的经济收入。

三是社会参与，持续发力。加快开展与高校和科研机构的科研协作，开展闽西优良乡土阔叶树种选育及栽培技术研究，为全县国土绿化提供各类苗木近 1000 万株。鼓励企业积极参与。厦门中盛粮油建成“全国油茶科技示范基地”，中石油为长汀县建成“万亩生态示范林”。军民携手共建：长汀与东部战区陆军部队、省军区等共同完成了植树造林和抚育施肥 3 万亩。

四是多策并用，部门合作。长汀县坚持“反弹琵琶”理念，开展“绿满长汀”行动，保护生态建设成效，切实打击涉林违法犯罪活动，坚决拒绝和淘汰污染企业，并且逐步推进农村环境专项整治，不断创新和发展水土流失治理模式，实行垃圾无害化处理，加快美丽乡村建设。此外，林业部门根据县域土壤侵蚀控制类型和地方政策，精准提高森林质量，突出了“两带一区”（生物防火带、森林生态景观带和重点生态区位）建设。

五是以人为本，绿色富民。发展生态旅游：引导乡村利用生态文明建设成果打造汀江源头龙门风景区、水土保持科教园和汀江国家湿地公园等。发展生态农业：水土流失治理和农村经济发展同步进行，政府指导农民发展油茶、竹子、花卉等生态产业，在保护绿色山脉和水域的同时，林农可以享受“金山银山”。发展苯酐经济：通过建立生态经济型苯酐治理的示范点，让群众在苯酐台面上种植杨梅、油茶等经济作物，经过科学种养，群众获得可观经济效益。发展林下经济：推广“月亮带星星”的林下经济精准扶贫模式，让贫困户融入合作社，整村推进、一村一品，有效解决了林下经济发展时贫困户缺乏资金、技术和林场的问题。

六是科学治理，永续发展。为了将长汀县建设为生态宜居城市，长汀县政府出台了《长汀生态文明示范县建设规划》《长汀县林业发展“十三五”规划》等方案，积极推进生态文明示范县的建设。长汀县在完善生态产业体系的基础上，坚持将产业发展和生态建设相结合，不断推进供给侧结构性改革，把“生态林业、生态种养、生态旅游”融入国土绿化建设的过程，促进了国土绿化和经济一同发展。同时，长汀县政府规划建设的“汀江生态经济走廊”不仅进一步改善了生态环境，也使当地的经济因此得到了长足发展。

第六章　大城市辖区生态文明建设

第一节　北京市延庆区

一、区情简介

北京市延庆区，地处北京市西北部，为北京市郊区之一，原是北京市延庆县，2015 年 11 月 13 日，国务院同意撤销延庆县，设立延庆区。延庆区始终坚持生态立县理念，全面实施生态文明发展战略，成为“全国控制农村面源污染示范区”“全国生态文明建设试点县”“国家水土保持生态文明县”。2016 年 12 月 7 日，延庆区被列为第三批国家新型城镇化综合试点地区；2018 年 12 月 12 日，被命名为第二批“绿水青山就是金山银山”实践创新基地。2019 年，中国北京世界园艺博览会已在延庆区举办。同时，延庆区也是 2022 年冬奥会三大赛区之一。以筹办世园会、冬奥会为契机，延庆区在现有生态绿化空间格局上，延续原有四大生态走廊的绿化基础，进一步优化和完善生态空间格局，形成“一核、二环、三带、五廊、九园、多点”为骨架的城乡一体的近自然森林生态体系。

延庆区东邻北京怀柔区，南接北京昌平区，西与河北省怀来县接壤，北与河北省赤城县相邻，面积 1994.88 平方公里，其中，山区面积占 72.8%，平原面积占 26.2%，水域面积占 1%。区内有Ⅳ级以上河流 18 条，年可利用水资源总量 1.9 亿立方米。该地气候独特，冬冷夏凉，素有“北京夏都”之称。

延庆区是首都生态涵养发展区，始终坚持生态立区理念，全面实施生态文明发展战略，全面推进“两山”理论实践创新基地建设，先后获得“全国绿化模范县”“ISO14000运行国家示范区”“国家园林县城”“国家卫生县城”“北京市可再生能源示范区”“国家生态县”“全国水生态文明城市”“国家森林城市”等荣誉称号，成为“全国控制农村面源污染示范区”“全国生态文明建设试点县”“国家水土保持生态文明县”“‘两山’理论实践创新基地”。延庆是首都北京的绿色屏障和后花园，境内有松山、玉渡山、野鸭湖等12个国家和市、区级自然保护区，湿地面积近100平方公里。2019年，延庆区森林覆盖率提高到59.5%以上，林木绿化率达到71.89%以上，区$PM_{2.5}$累计平均浓度达到37微克/立方米，地表水环境质量指数保持全市前列。

延庆区人居环境优良。城区建有9座公园，占区域面积近20%，人均绿地面积达到53.14平方米，人均公园绿地面积达到46.13平方米。其中妫水公园占地面积6000亩，水面占5000亩，是北京最大的水上公园。

二、发展历程

（一）保护并扩大生态优势，建立“生态友好型”发展模式（2007年以前）

延庆区多年前便坚持开展风沙源治理，持续实施退耕还林、黄山配套改造以及水源涵养，每年新增大量绿化造林面积，加强官厅水库及周边环境综合治理，开展对妫水湖和江水泉公园的水质清洁等。21世纪初期，延庆区（2015年撤县改区）的生态文明建设重点是保护生态环境和增强生态环境优势，控制农村面源污染和进行城乡改造，以此推动新农村建设不断取得成效。2004年延庆区基础设施投入达到几年来最高值，用于建设雨污分流管网和北京郊区最大的垃圾填埋场，积极改善城乡面貌。延庆区完成了湿地和自然保护区保护规划，同时编制《保护母亲河行动纲要》。在生态产业发展方面，延庆区积极利用生态优势发展生态农业、都市工业和旅游休闲等生态友好型产业。

2005年，延庆区进一步加大水环境治理力度，全面加强生态建设，完成了京津风沙源治理、飞播造林等绿化工程和小流域综合治理工程，以及西湖水体循环水质改善工程。在减少农业污染方面，延庆区实施了农作物秸秆综合利用、环境友好型肥料推广、病虫害综合防治等 6 项控制农村面源污染工程。2006 年，延庆区提出围绕“首都生态休闲商务区”的奋斗目标，实施生态文明发展战略，加快建设生态宜居城市，全面推进社会主义新农村建设。进一步调整优化产业结构，发展都市型现代生态农业，打造生态观光农业，从招商引资方面侧重引进生态友好型项目，挖掘生态和旅游资源优势打造休闲旅游业，启动妫河生态景观休闲走廊建设。产业体系突出“生态友好型”特征，不断立足保护和增强生态优势发展经济。生态环境保护的着眼点由保护和利用生态优势转向增强生态优势，更为重视城乡统筹发展和规划，重视生态环境的综合效益。此外，延庆区还积极建设资源节约型社会和发展循环经济，积极建设建筑节能、雨洪利用等示范工程，培育循环经济的示范典型，大力推广地热、太阳能、风能、生物质能等可再生清洁能源。

（二）强化绿色发展理念，发展绿色生产与倡导生态文化（2007—2012）

党的十七大提出要加快转变经济发展方式，并首次把生态文明写入党的政治报告。2007 年，延庆林木绿化率从 2003 年的 63%提高到 69%，扎实推进野鸭湖湿地保护、妫河生态走廊建设等工程，在水体污染治理方面取得了较为显著的成效，同时空气质量连续三年保持全市第一。完成了《延庆生态县建设规划》编制工作，全国生态县创建工作正式启动。不同于前几年的大力改善基础设施和保护生态环境，更强调立足生态涵养发展区的功能定位，围绕建设首都生态休闲商务区的奋斗目标，全面实施生态文明战略，实现经济又好又快发展，努力建设生态延庆、休闲延庆、宜居延庆。在新农村建设方面，注重与生态县创建相结合，打造优美乡镇和文明生态村，科学制定规划、加速旧村改造，完成农村环境综合整治，前瞻性推行“村扫、镇运、县消纳”的垃圾处理模式，营造整洁优美的人居环境，建立长效机制巩固农村环境整治成果。获得“中国县域旅游品牌十强县”“中国自驾车旅游品牌十大目的地”“中国最佳生态旅游县”“中国十佳休闲旅游县”称号。

2008 年该地荣获“全国绿色小康县”荣誉称号。完成了《延庆新城控制性详细规划》，城市管理水平进一步提高。实施了妫河生态走廊、官厅水库库滨带、北山生态观光带和龙庆峡下游森林走廊四大生态走廊建设工程。2009年生态友好型工业取得新突破，新能源产业项目实现集聚发展，发展势头强劲，极大抵御了金融危机的冲击影响。《延庆县生态文明建设三年行动纲要》成为坚定不移落实生态文明战略的重要举措。

2010年延庆区被列为全国生态文明建设试点地区，制定并实施《延庆县群众性生态文明创建三年行动方案（2010—2012年）》。一是在构建绿色产业体系上做示范，积极推动一、二、三产融合，力争把生态优势转化为发展优势。二是在构建绿色生态环境体系上做示范，构建山更绿、水更清、天更蓝的绿色生态环境体系。三是在构建绿色消费体系上做示范。按照“生态文明、节约环保”理念，大力弘扬生态文明，推行绿色政务，倡导绿色商务，逐步推广绿色生活方式。节能减排成效显著，新能源和可再生能源利用比重达到22%，位列全市第一。荣获首批国家绿色能源示范县、北京市新能源和可再生能源示范县、国家可再生能源建筑应用农村县级示范等荣誉称号。

通过不断升级发展理念，将生态文明战略和绿色发展作为统领性发展思路贯彻落实，延庆形成了产业发展的生态高标准，瞄准与生态涵养发展区功能定位相适应、与延庆资源禀赋特点相协调的高端领域、高端产业，抢占绿色发展主动权。深入挖掘生态环境的社会经济价值，以产业升级带动环境升级，坚持开发性保护和保护性开发，形成产业、环境相互促进、相互提升的良性循环。

2012年基本完成《延庆县生态文明建设三年行动纲要（2010—2012年）》目标任务。休闲旅游产业发展逐步形成生态旅游产业链和生态旅游服务系统，完善并实施“县景合一”景观控制规划，集中做好“山、水、林、田、路、村、镇、城”八篇文章。在生态环境管理方面，探索“政府主导、社会参与、公司运作”的模式，建立妫河森林公园、平原造林及四大生态走廊长效管护机制。同时加强生态文明制度建设，编制《延庆县生态文明建设规划（2013—2020年）》和《延庆县生态文明建设三年行动纲要（2013—2015年）》。

（三）借“绿色大事”契机激活绿色发展引擎，健全生态文明制度

体系（2013年以后）

2013年以来生态管理制度不断健全，制定实施《延庆县生态文明建设三年行动纲要（2013—2015年）》和《延庆县清洁空气行动计划（2013—2017年）》。组织研究环境损害赔偿办法和责任追究办法，研究制定平原地区森林资源管护方案。还编制完成了《延庆县生态文明建设规划（2013—2020年）》。借助世界葡萄酒大会、世界汽车房车露营大会、筹备世园会和世界马铃薯大会等世界级休闲活动的契机，加快生态环境建设和治理，努力办好绿色发展大事，使其成为促进延庆经济社会全面发展的强大引擎，打通城乡一体化绿色发展的关节点。2020年，区政府会同北京市发改委印发《抓住两大盛会机遇　推动延庆区加快绿色发展行动计划（2020—2022年）》，为绿色产业体系建设进一步赋能。

在制度体系建设方面不断健全，研究县域主体功能区规划，划定生态保护红线，建立资源环境承载能力监测预警机制。完善生态文明建设考核指标体系和考核机制，实施环境保护责任追究办法和环境损害赔偿办法，做实延庆环保法庭。开展生态文明体制改革，健全完善资源节约和环境保护相关制度，完善水环境保护和污染治理工作机制，建立并运行严格监管污染物排放环境保护管理制度的工作机制，扎实推进国家生态文明先行示范区建设和国家公园体制试点，研究编制国际一流的生态文明示范区建设指标体系、绿色GDP指标体系、区域生态服务价值测算评估体系、绿色发展新跨越评价体系，形成初步成果。

持续弘扬生态文化，深入开展绿色文明出行、绿色低碳政务等全民践行生态文明“十大专项行动”，推进生态文化和园艺、地质知识进机关、进企业、进学校、进农村、进社区、进家庭，不断提高广大干部群众生态文明素养。2016年成功入选全国首批生态文明先行示范区，被确定为国家主体功能区建设试点示范县，荣获国家水土保持生态文明县称号。在环境改善方面，持续推进“污水治理三年行动方案”等专项污染治理，坚持打赢蓝天保卫战、碧水攻坚战和美景持久战，2017年建立“河长制”并强化考核；在绿色经济发展方面，以旅游休闲为主导做强三产，以创新驱动为核心做优二产，以现代农业为重点做精一产，着力构建“一城、一川、三区、四带”的产业发展格局。

三、绿色治理

（一）盛会引领，聚力打赢治污攻坚战

延庆紧扣赛会对优良生态环境的要求，坚持国际一流标准，维护并扩大“好山好水好生态”的本底优势。

一是深化疏解整治提升专项行动。以“零容忍”态度打击新生违法建设和各种抢栽抢种行为，实现8个街道（乡镇）占道经营动态清零、2个点位重点整治，疏解一般制造业10家、区域性市场8家，实现“散乱污”企业动态摸排、动态清零。突出城区、园区、赛区，按照“十有十无、五好”标准，高质量完成76条背街小巷环境整治提升，盘活闲置低效空间资源，加大“留白增绿”，为城乡发展释放更多优质空间。

二是打赢蓝天保卫战。制定实施新一轮清洁空气行动计划，落实秋冬季攻坚行动方案，完成城东、城南燃煤锅炉改造，整体推进76个村约2万户煤改清洁能源工作，实现冬奥会赛区、世园会园区周边基本无煤化，采取超常规措施清煤降氮、控车减油、打散治污、清洁降尘，全面完成砂石场整治，持续治理乱堆乱放、露天烧烤等违法违规行为，建成用好“智慧环保”系统，严格落实网格化环境监管，完善环保督察机制，加大监督考核、量化问责力度，有效落实环境保护职责分工和空气重污染应急预案，用足用好“环保法庭”。

三是打赢碧水攻坚战。充分落实水环境治理和污水治理三年行动计划，实施水生态修复工程、湿地森林公园建设，确保各考核断面达到目标责任书要求，妫河水质达到Ⅲ类以上。完成57公里城南供水管线工程，加快平原区地表水供水二期及农村饮水健康行动等工程建设，实施2018—2020年节水行动计划，强化用水总量、用水效率双线管控，推进海绵城市试点建设，持续创建水生态文明城市。

四是打赢美景持久战。以深入创建国家森林城市为契机，持续加强浅山区生态修复和生态保护，持续提升生态廊道和重要节点的生态环境质量，促进绿景向美景转变。开展园艺主题街区和各类绿色创建，实施新一轮百万亩造林、浅山区绿化、京津风沙源治理、森林健康经营等工

程 19.25 万亩，森林覆盖率达到 58.66%。健全土壤环境质量详查和监测网络，严控农业面源污染。

（二）完善机制，落实生态补偿和确权生态资产

完善市场化、多元化生态保护补偿机制，推动政府、企业和社会多元主体共建共治共享，巩固提升生态涵养保护水平和生态环境质量。一是统筹转移支付资金使用，保障生态补偿资金。加强政府投资项目成本管控，提高投资效益，压缩政府一般性支出，完善财政资金使用绩效管理办法和生态保护补偿机制，把扩大生态环境容量、提高生态环境质量作为首要任务。二是推动生态资产确权、生态产品交易。开展自然资源资产调查，摸清生态产品、碳排放产品及碳汇产品底数，建立生态产品库、碳排放和碳汇产品库。进行自然资源产权确权登记，建立权责明确的自然资源资产产权体系，促进生态资源资产化、可量化、可经营，探索资源有偿使用，健全开展水权交易、排污权交易制度、林业碳汇交易机制并逐步扩大交易规模。

（三）系统治理，推进高水平生态涵养保护

坚持山水林田湖草是生命共同体的系统思想，加强互联网、大数据、人工智能等新技术，加强深山区生态保育和浅山区生态屏障建设，推进京津风沙源治理，加强京张高铁（延庆段）、康河路等主要道路两侧和蔡家河等主要河流两侧绿道建设，大力实施新一轮百万亩造林绿化和康西湿地修复工程，加强香营、旧县、千家店等乡镇废弃矿山生态修复，全面提升生态环境容量。实施空气质量奥运达标行动计划，科学有序开展清洁能源替代工作，加快配套管网建设，推进农村地区“煤改电”“煤改气”，加大地热等清洁能源利用推广力度，实施延庆区智慧环保项目。实施妫河南部水系连通、新城北部和西山永定河水生态治理、生态清洁小流域建设和再生水利用示范建设、冬奥会延庆赛区、世园会园区配套雨水利用等工程。深入开展城镇污水治理及再生水回用，建立长效运行管护机制，实施第二轮污水治理和再生水利用三年行动计划。持续推进农业面源污染防治，严格控制养殖种植污染。成功创建具有延庆特色的国家森林城市。

（四）完善设施，重视提高治理能力和治理品质

一是完善污染治理基础设施。落实市级生活垃圾分类奖励办法，开展垃圾分类示范片区、示范村创建，提升垃圾集中处理处置能力，建立城镇生活垃圾分类、回收利用和无害化处理体系。提高建筑废弃物资源化处理和再生利用水平，实现区域建筑废弃物全部自行消纳处理。全面实施美丽乡村建设，开展“百村示范、千村整治”专项行动，加快完善农村污水处理设施。二是探索智慧管理系统。落实北京大数据行动计划，加强人工智能等新技术新产品在城市建设管理中的应用。率先在中关村延庆园等功能园区构建智慧管理系统，建设“互联网＋智慧”市政综合运行管理平台和森林防火监控中心，配合世园局及冬奥组委在世园会园区、冬奥会赛区构建智慧管理系统。建设智慧旅游系统，完成智慧旅游大数据中心和游客服务、政府管理、企业运行、智慧物联四个平台建设。三是优化景观空间品质。制定实施新城总体城市设计导则，加强妫河、三里河两侧等滨水空间风貌设计，增加体现长城文化、世园文化、妫川文化、体育文化、休闲文化等文化内涵的公共文化设施及景观小品和无障碍设施的配置，提升城市品质。

四、绿色发展

延庆区始终将首都生态安全放在首位，立足首都生态涵养发展区功能定位，以文旅产业为龙头，重点培育现代园艺、冰雪体育、文化旅游、科技创新产业，围绕“冬奥会、世园会、长城”三个名片，打造绿色发展、高质量发展的产业体系。

一是培育壮大园艺产业。以种类研发和园艺体验为重点方向，以精品化种植为支撑，应用基因工程等现代育种技术，推动育繁推一体化、产学研一体化机制建立，打造延庆优质农产品品牌，带动传统农业转型升级；加快集聚世界级优质园艺要素资源，会同世园局高水平推进世园会遗产后续利用，加快现代园艺产业集聚区（HBD）建设，形成“一区多园”空间布局，将文创、教育、娱乐等功能与世园会遗产相融合，形成具有园艺特色的文化功能区，打造北京融合园艺发展示范区、京西北园艺体验消费目的地。

二是培育壮大冰雪体育产业。充分利用冬奥会筹办和国家体育产业示范基地建设等机遇，积极吸引系列国际性重大赛事。提前谋划冬奥遗产利用，落实《北京2022年冬奥会和冬残奥会遗产战略计划》，积极吸引社会资本参与冬奥场馆运营管理，确保冬奥经济发展可持续。加大冰雪运动普及力度，加快北京市冰上项目训练基地建设，吸引冰雪爱好者集聚延庆，将延庆打造成为“冰雪运动之城”，推动“冰雪＋旅游”融合发展。

三是培育壮大文化旅游产业。加强文化遗产保护传承，推进长城文化带、西山永定河文化带和京张体育文化旅游带建设，编制文化带、旅游带工作方案或发展规划，严格保护和修复长城及其附属设施，逐步恢复“岔道秋风”等生态文化景观，挖掘长城文化、红色文化等特色文化资源价值，开发标志性演艺项目，开展古崖居历史文化专题研究，实施古崖居危岩体抢险修缮工程和延庆榆林堡古城保护工程，打造京张环官厅水库体育休闲、冰雪观光休闲、生态文化体验、温泉养生、乡土文化、红色文化、长城文化等主题精品旅游线路，带动中华文化传播及文旅产业发展。

四是培育壮大科技创新产业。积极引导中关村海淀园企业、人才、技术、资本等要素向延庆园集聚，重点培育和扶持体育科技、园艺科技、氢能等新能源和能源互联网、无人机等特色产业，打造特色产业园，推动延庆园成为中关村科学城成果转移转化基地。以“科技冬奥”为引领，围绕基础设施建设、冬奥会场馆运行管理、城市服务保障等重点领域技术需求，集中攻克一批核心关键技术、示范一批前沿引领技术、转化一批绿色低碳技术、催生一批新产业新业态，把延庆区打造成为京西北科技发展新高地。

五、主要经验

回顾其生态文明建设历程可知，延庆一直遵循着创新、协调、绿色、开放、共享的发展理念，在实践中摸索，在摸索中提升，逐步形成了具有延庆特色，囊括生态环境、生态经济、生态城市、生态文化、生态文明制度的生态文明建设全景蓝图。

（一）环境保护是重点

环境保护是建设生态文明的主阵地，习近平总书记要求，要像保护眼睛一样保护生态环境、像对待生命一样对待生态环境。延庆区把不欠生态环保新账、多还旧账作为硬任务，统筹做好“山、水、林、田、路、村、镇、城”八篇文章，按照生态园林化、大地景观化的设想，让森林走进城市、让绿色遍布乡村、让河湖扮靓山川，让山川大地一步一景、处处如画，大力营造清新、优美的田园风光和山清水秀、恬淡宜人的生态空间。

（二）产业转型是关键

绿水青山既是自然财富，又是社会财富、经济财富，只有把绿水青山作为核心竞争力，更加重视生态环境这一生产力要素，才能实现可持续发展。延庆区注重经济增长与环境承载力相协调，把立足生态加快结构调整作为转变经济发展方式的根本途径，着力进行生态产业建设，不断把生态环境优势转化为生态农业、生态工业、生态旅游业等生态经济发展优势，为子孙后代留下永续发展的“绿色银行”。

（三）生态城市是载体

加快生态城市建设是保护生态环境、应对气候变化的必然要求，是未来城市的发展方向，是实现城市让生活更美好的必由之路。延庆区把生态城市视作又好又快发展的重要载体，注重生态文明建设与城市治理良性互动，驰而不息用力让城市环境更美好、城市形象更靓丽、城市管理更高效，不断提升生态城市建管水平和品质品位，积极营造高效、和谐、健康、可持续发展的人居环境。

（四）生态文化是灵魂

“生态兴则文明兴，生态衰则文明衰”，生态文化是生态文明建设之魂。延庆区注重下大力气夯实生态文明建设的思想基础，坚持把尊重自然、顺应自然、保护自然的生态文明理念融入全区工作的各方面和全过程，努力让人与自然和融共生、人与人和睦相处、人与社会和谐发展的生态文化真正成为延庆人的灵魂和精神家园。

（五）依法治理是保障

习近平总书记强调，只有实行最严格的制度、最严密的法治，才能为生态文明建设提供可靠保障。延庆区在生态文明建设中坚持激励与约束并举，根据生态建设和地区发展需要重新审视、修正本地区已制定、正执行的有关规划、意见，并不断完善相关制度和配套政策，持续提高生态文明建设的法治化、科学化水平，为生态文明实践保驾护航。

（六）发展规划是战略定位

延庆区人民政府会同北京市规划和自然资源委员会组织编制了《延庆分区规划（国土空间规划）（2017年—2035年)》。根据规划要求，延庆围绕绿色交通和基础设施、治理模式创新、生态环境保护与环境治理、绿色产业转型、民生服务保障、保护文化与特色风貌、城乡统筹七大建设领域开展工作。延庆严格认真落实北京市发展规划及“十三五”规划，将目标落在实处，真正实现绿水青山就是金山银山的良好发展。2020年，区政府会同北京市发改委印发《抓住两大盛会机遇　推动延庆区加快绿色发展行动计划（2020—2022年)》，进一步为延庆绿色发展赋能。

第二节　天津市武清区

一、区情简介

武清区是天津市辖16个区之一，古为泉州，别称雍阳，建置于西汉，唐天宝元年（742年）更名为武清，2000年经国务院批准撤县建区。区域总面积1574平方公里，辖5个街道、24个镇。武清区位条件优越，地处京津冀核心区域，与北京通州、河北廊坊接壤，城区距北京市区81公里、首都机场83公里、北京大兴国际机场56公里，距雄安新区108公里，距天津市区36公里、天津滨海国际机场39公里、天津港71公里。周边100公里范围内有北京、天津两个直辖市和河北省部分城市；500公里范围内有济南、石家庄等省会城市在内的百万人口以上城市11座。隋唐时期京杭大运河开通后，武清北运河作为大运河的咽喉要段，漕运兴旺，给武清带来空前的发展和繁荣，使武清积淀了深厚的运河文化。武清的书画、武术、民间花会、民间技艺等，均与大运河结缘，并在全国占有一席之地。2008 年、2011 年武清先后被文化部两度命名为“中国民间艺术（书画）之乡”。

截至 2017 年底，武清全区常住人口 119.56 万人。2019 年地区生产总值增长 3%；一般公共预算收入 119 亿元，在大幅减税降费情况下增长 1.5%；固定资产投资增长 14%；居民人均可支配收入增长 7%；节能减排降碳完成年度任务，综合实力继续保持全市前列。武清坚持新型城镇化发展方向，主动融入京津冀协同发展城市群建设，优化城市空间格局，统筹推进城乡开发，大力提升武清新城功能形象，推进纳入京津冀协同发展规划纲要“4＋N”平台的京津产业新城建设，加快梅上、崔大、汊石陈、王庆坨等城镇组团开发，构筑“一轴、双城、多组团”空间发展格局，建设京津城市发展轴上的现代化中等城市。到 2020 年，全区城镇化率达到 60%以上。

武清生态资源丰富，生态环境良好。全区共有北运河等一级河道 4 条，龙北新河等二级河道 7 条，拥有上马台金泉湖和下朱庄南湖 2 座生态水库。总面积 104.6 平方公里的大黄堡湿地自然保护区为天津市市级自然保护区、万亩津北森林公园为天津最重要的森林生态保护区之一。2015 年武清入选首批生态文明先行示范区建设地区。

二、发展历程

(一) **环境立区，致力天津“生态市”建设，改善生态环境** (2014 年以前)

2006 年，天津市被环保总局授予国家环境保护模范城市称号，生态市规划纲要通过国家论证。武清区坚持“环境立区”理念，将生态建设融入天津市生态市建设的系统规划中。

2012 年以前，其生态建设主要以宜居环境建设、工业能耗下降、环境污染治理为主。一是不断改善基础设施，实施“蓝天”“碧水”“安静”等六大工程。推进绿色家园计划，新建一批城区公园和街景绿地，铺设供排水、供气、再生水管网，综合整修旧楼区，提高集中供热率，改造二次供水设施，整治里巷道路以及改造低洼积水点。二是控制污染物排放，淘汰落后产能。加强污染物总量控制，开展规划环境影响评价，实行污染减排一票否决。推行清洁生产，加快燃煤锅炉高效脱硫技术改造，制定循环经济试点园区指导意见。完善电力、石化等 5 个循环经济产业链，搞好社会化再生资源回收和利用，进一步推动节能降耗和集约用地。三是加快生态城区建设，实施生态建设规划纲要，编制生态区规划，逐步消灭五类水体，开展国家卫生区镇和园林区县活动。实行垃圾减量化，推进生活垃圾分类收集和无害化处理，提高垃圾和污水处理率，加强对河流、海洋的污染治理。提高绿化覆盖率和农村林木覆盖率，搞好景观建设和环境综合治理。2009 年实施了水环境专项治理工程，进一步增加绿化面积，改善空气质量，巩固市容环境综合整治成效，全面推进生态文明建设。四是优化修复生态环境，全面实施天津市生态城市建设三年行动计划，实施清水工程、净化工程、绿化工程。搞好生活垃圾处理和清洁工程试点，继续改善农村生态环境。

（二）示范引领，全面增强生态优势，打造生态武清（2014 年以后）

2014 年，武清区入选首批国家生态文明先行示范区试点，也是国家水生态文明城市试点区，并于 2015 年 8 月成功举办第三届中国绿化博览会。武清区坚持环境立区的发展理念，始终坚持实施生态保护和生态修复工程，增强水绿生态特色优势。

持续增强水生态文明优势。作为京津主廊道的重要节点和枢纽，武清拥有近两千年的运河文明和深厚的水文化底蕴。近年来，武清区政府大力推进水务一体化管理，体制基本理顺，节水型社会建设稳步推进，最严格水资源管理制度成效显著。根据“一核、四区、两带交叉”的水生态文明城市建设总体格局，武清区将进一步从落实最严格水资源管理制度，优化水资源配置、水生态综合治理，打造运河特色文化等方面推进各项工作。

持续加强绿色发展动力。自 2014 年起，大力实施“美丽武清·一号工程”，开展清新空气、清水河道、清洁社区、清洁村庄和绿化美化“四清一绿”行动。牢固树立绿水青山就是金山银山理念，以建设国家生态文明先行示范区为抓手，全面加强生态环境建设，着力解决突出环境问题，加快建设天蓝、地绿、水清、景美的生态家园。污染防治攻坚战成效明显。强化大气污染源头治理，运用智慧环保和网格监管平台精准防控，开展工业污染、工地扬尘等专项治理。生态环境保护全面加强。彻底拔掉京津农药厂和英力公司“毒瘤”，开展生态移民前期工作，大黄堡湿地保护修复取得重要进展。

三、绿色治理

（一）永久性保护生态制度

2016 年 11 月，武清区政府印发了《武清区永久性保护生态区域保护工作机制》《武清区永久性保护生态区域监察巡护制度》。建立由区人民政府统一领导下的部门分工协作的永久性保护生态区域生态保护联合工作机制以及永久性保护生态区域监察巡护制度，按照有关法律、法规和规章规定，对永久性保护生态区域实施保护和严格管理。为加快生态环境保护工作，武清区相继出台《武清区打赢蓝天保卫战三年实施计划（2018—2020 年）》《武清区打好碧水保卫战三年实施计划（2018—2020 年）》《武清区打好净土保卫战三年实施计划（2018—2020 年）》《武清区打好柴油货车污染治理攻坚战三年实施计划（2018—2020 年）》《武清区打好城市黑臭水体治理攻坚战三年实施计划（2018—2020 年）》《武清区打好水源地保护攻坚战三年实施计划（2018—2020 年）》《武清区打好农业农村污染治理攻坚战三年实施计划（2018—2020 年）》等文件，健全生态文明建设的制度与体制。

（二）率先推行“田长制”

武清区在全市率先推行“田长制”，新增违法用地大幅下降，“大棚房”整治成果持续巩固。在全区范围内将建立起“横向到边、纵向到底”的网格化长效管理机制，形成全民关心、支持、参与、监督农田保护的良好氛围，将农田保护责任压实到“神经末梢”。武清区落实最严格的耕地保护制度，建立健全了以耕地、永久基本农田为重点，包括设施农用地、林地等除建设用地以外的土地资源保护监督考核和责任追究制度，实现全覆盖、无盲点。《武清区田长制实施方案》《预防和治理违法用地（建设）监督管理办法》等长效机制，调动公众参与的积极性和责任感，增强保护土地资源的主人翁意识。

（三）建设生态宜居美丽乡村

农村清洁化工程成效显著。深化农村全域清洁化工程，开展村庄、镇域、庭院、田间环境整治，改造农村户厕 8.58 万座，建成 178 个村庄生活污水处理设施，实现规划保留村污水处理设施全覆盖。农村人居环境整治工作得到国务院检查组肯定。农村基础设施更加完善。把农村饮水城市化作为头号惠民工程，在财力紧张的情况下，投资 16.5 亿元，克服各方面施工困难，建成引滦引江 2 座水厂、更新改造配水厂 37 座，铺设管线 630 公里，改造 309 个村庄管网，历史性实现城乡供水一体化，提前一年让全区 622 个村 66 万群众喝上了安全、健康、放心的自来水。

建立农村人居环境整治长效机制。深入学习浙江“千万工程”经验，扎实开展农村人居环境整治三年行动，健全落实环境卫生长效管护机制，着力解决农村环境突出问题。高标准开展农村生活污水治理，新建 121 个村污水处理设施，继续推进“厕所革命”，实现规划保留村庄污水处理设施全覆盖，新建美丽村庄 56 个。全面深化提升村庄规划，引导村庄科学有序建设，坚决治理违法用地建设行为。

（四）以智慧环保与精准防控打好生态保护攻坚战

污染防治攻坚战成效明显。强化大气污染源头治理，运用智慧环保和网格监管平台精准防控，开展工业污染、工地扬尘等专项治理，$PM_{2.5}$年均浓度继续下降，空气质量综合指数持续改善，在全市排名大幅提升。全面落实河湖长制，开展“清四乱”、饮用水水源地环境保护等专项行动，治理修复龙北新河，完成 140 家规模畜禽养殖场粪污治理工程。

湿地修复成果显著。加大“四大战役”集中攻坚力度，大黄堡湿地保护修复取得重要进展，建成永定河故道国家湿地公园。实现湿地核心区全封闭保护管理，彻底拆除燕王湖项目和京津农药厂，加快推进翠金湖项目治理和生态移民一期工程，启动湿地保护修复专项工程建设，构建湿地保护修复长效机制，还湿地以宁静、和谐、美丽。强化科学施策、系统治理，坚决有力控制地面沉降，封存封填全部非法地热井和机井，全面推进地下水压采及水源转换，完成水系连通一期工程，地面沉降趋势得到有效遏制。

四、绿色发展

（一）承接高科技资源，孕育创新发展机遇

武清区发改委、区协同办积极与市有关部门对接，力争尽快突破首都产业转移项目绿色通道、跨区域公交审批政策和完善医师电子注册等方面体制机制障碍，同时加强与国家部委、中央企业、金融机构、高校院所合作对接，制定《武清区重点产业发展指导名录》，推动高端产业集群化发展，为精准承接首都优质资源铺路架桥。为加快打造智能大数据中心，园区利用毗邻北京的优势，主动与北京重点企业、科研院所联系，目前光纤等基础设施已与北京相连。已完成签约的国富瑞数据中心，位于与通州一路之隔的京津高村科技创新园，项目占地 29 亩，总投资 14 亿元，按照国家 A 级机房标准规划建设高等级数据中心。此外，还逐步扩大高水平承接载体建设，初步确定了京津创新产业园选址，加速对接北京高科技企业。国家大学创新园区规划编制工作加紧推进，促进承接北京优质教育资源。

（二）高质量发展引领，坚持“寸土寸金”

武清开发区注重提高单位土地的经济效益，坚持“寸土寸金”。作为武清经济发展的“主发动机”，武清开发区始终将布局战略性新兴产业作为高质量发展、构建现代化经济体系的核心手段，一方面充分发挥高端装备制造和生物产业的核心竞争优势，深入开展以商招商、产业链招商、集群化招商，通过补链、壮链、强链带动产业集群化发展；另一方面，借助天津市关于发展智能科技产业的政策优势，重点引进计算器视觉、语音图像识别、生物特征识别、智能医疗等科技项目，打造推动转型升级、拉动经济增长的新引擎。目前，开发区已形成了包括红日药业、诺禾致源、汉氏联合、军科正源等 60 多家企业在内的健康产业集群。

（三）调整产业结构，发展都市型现代农业

作为国家现代农业示范区，武清区按照“一减、一稳、三增”思路，大力实施农业结构调整，推进国家农业可持续发展试验示范区建

设，提升都市型农业发展质量效益，促进农村一、二、三产业融合发展，完成6万亩种植业结构调整，建成武宁路现代农业示范带。农业新型经营体系日趋完善，新增农民合作社、家庭农场等经营主体300余家，农产品上线、直供直销等新模式加速推广。持续做好大棚房整治，实施新型农业经营主体培育工程，建立健全“农业龙头企业＋合作社＋农户”等利益联结机制，大力引进发展精深加工、中央厨房、冷链物流项目。扩大设施农业、高附加值产品种植面积，农业现代化水平不断提高。全区设施农业面积18万亩，建成农科院科技创新基地、君利现代农业示范园、津溪桃源等10余个现代农业示范园区，形成武宁路、武香路等农业休闲观光示范带。奶牛、无公害蔬菜两大主导产业健康发展，奶业综合实力位居全国20强。农业产业化经营体系日益完善，农业龙头企业、合作社、家庭农场等新型经营主体达到2500家，92%以上农户进入产业化经营体系。

（四）承办绿博会，精准发力生态旅游

历经600天建设，高标准完成占地5700亩的绿博园工程，成功承办第三届中国绿化博览会，接待游客超过150万人次，绿博会展园获批国家AAAA级景区，展示了武清生态优势、扩大了对外影响，成为带动全区旅游产业发展的新龙头。北运河旅游带提升工程顺利推进，全区旅游开发项目达到21个，全年接待游客增长25%。

五、主要经验

（一）环境立区，观念先行

武清区始终牢固树立“环境立区”理念，坚持保护优先、自然恢复为主，实施生态保护和修复工程，做强水绿生态特色优势。自始至终将生态发展放在发展格局的重要位置，从污染整治到生态修复，从宜居环境到绿色发展和高质量发展，坚持习近平新时代中国特色社会主义思想特别是关于生态文明建设的重要论述，正确把握整体推进和重点突破、生态环境保护和经济发展、总体谋划和久久为功、破除旧动能和培育新动能、自身发展和协同发展的关系，牢固树立“绿水青山就是金山银山”理念，切实增强生态环境保护的思想自觉和行动自觉，坚决打赢蓝天保卫战、碧水保卫战和净土保卫战，加快建设国家生态文明先行示范区，为全区高质量发展提供良好的生态环境保障。

（二）美丽工程，一以贯之

自2013年开始，武清区便开始实施"美丽武清·一号工程"，并融入天津市生态市建设的总体步伐中。在成为国家生态文明先行示范区示范点和水生态文明示范点后，武清仍然坚持落实"美丽武清·一号工程"，推进"四清一绿"，坚持不懈提升水绿生态优势。五年间武清造林35.3万亩，全区林木覆盖率达到36.4%，城区绿化率达到33.6%。高标准建成绿博园，成功举办第三届中国绿化博览会。获评全国绿化模范城市。完成北运河、龙凤河等20条156公里河道综合治理，建成北运河郊野公园。大力改善环境空气质量，建立大气污染防治网格化管理机制，严格落实控煤、控尘、控车、控工业污染措施，启动无煤区建设。深入推进水污染防治。持续开展市容环境综合整治，大力改善城市环境秩序，城乡环境面貌实现新的改观。

第三节　上海市闵行区

一、区情概况

闵行区位于上海市地域腹部，区政府驻在莘庄镇，区域面积近372.56平方公里。现有9个镇、4个街道，1个市级工业区，是上海市主要对外交通枢纽。闵行区为堆积平原，其所占地域东西宽不足14公里，属于亚热带海洋性季风气候，全年雨量适中，季节分配比较均匀。

2019年末，全区常住人口为254.93万人，其中外来常住人口125.14万人。2019年，全区生产总值完成2520.82亿元，按可比价格计算，比上年增长5.1%。其中，第一产业增加值0.90亿元，下降22.6%；第二产业增加值923.65亿元，下降1.2%；第三产业增加值1596.27亿元，增长9.4%。2019年，全区实现财政总收入783.23亿元，比上年下降5.8%，其中区级地方收入297.70亿元，比上年增长0.3%。

2019年，区环境空气质量优良率达到82.7%，细颗粒物年平均浓度降至36微克/立方米，20个市考断面水质实现全部达标。2019年，全区消除劣V类水体292条，劣V类水体占比控制到4%。全年实施拆坝建桥36处，实现新增水域面积21.8万平方米，完成9.9公里中小河道轮疏任务。2019年底，全区拥有各类绿地9897公顷、林地7452公顷、立体绿化69公顷、绿道156公里、城市公园45座，森林覆盖率达到17.37%，人均公园绿地面积达到10.4平方米。2019年底，全区拥有各类绿地9897公顷、林地7452公顷、立体绿化69公顷、绿道156公里、城市公园45座，森林覆盖率达到17.37%，人均公园绿地面积达到10.4平方米。

闵行区是上海市重要的工业基地、科技创业区、现代居住区和区域性商业物流中心，同时又是全国首批“国家环保模范城区”、首个地市级“国家生态区”和第二批“全国生态文明建设试点”。全区近年来坚持生态立区理念，在推进全区经济持续快速增长，产业结构优化转型，环境设施不断完善的同时，在社区层面也以建设低碳社会为目标，开展了低碳社区建设的积极探索和实践。闵行区将生态文明建设作为促进全区经济社会转型发展的有效载体，通过滚动实施环保三年行动计划以及国家环境保护模范城区、生态区、生态文明试点区创建活动，在具体实践中探索工业型城区，践行生态文明的“闵行之路”，走上了生态环境不断优化的良性发展轨道。

二、发展历程

（一）以“国家生态区”创建为引领，深入推进“三年环保行动计划”（2006年以前）

从2000年开始，闵行区开始实施“三年环保行动计划”，以较强的前瞻性推动环境保护工作，建立任务指标、时间表、路线图，渐进式进行河道疏浚、管廊建设、增加绿化和截污治污等，取得了良好的生态文明开端。在2005年，以集中城市化地区为重点，加强水环境建设。加大截污治污力度，基本完成污水纳管工作；加快实施水务规划，努力构建城市水网；加强河道综合治理，基本消除河水黑臭；启动城市水景观建设，进一步提升环境质量。同时，稳步推进全区农村水环境治理。2005年，环境空气质量优良率达到89%，获得上海市2003—2005年度实施环保三年行动计划模范奖，创建成国家园林城区，获得中国人居环境范例奖。

以创建国家生态区为引领，不断推动可持续发展与和谐城区建设。强化资源节约与环境保护，以推动节地、节能、节水、节材为工作重点，按照减量化、再利用、资源化的原则，大力发展循环经济。严格保护耕地，集约、节约利用土地资源。实施排污总量控制、排污许可和环境影响评价制度，加大产业、产品结构调整力度，关闭环境效益差、污染严重的企业。加强市容环卫设施建设，推进生活垃圾分类收集和无害化处置，建设闵行生活垃圾焚烧厂。提升生态建设的内涵和水平。构筑以城市公园、环城绿带、大型绿地、绿色走廊为主体的绿化布局框架。推进环境优美乡镇创建，建设生态示范小区和生态示范工业园区，广泛开展基层绿色创建活动，改善人居生态环境。

2006年6月，闵行区获得全国首个“国家生态区”称号，初步实现了快速工业化和城市化进程中生态环境不断优化的目标。

（二）**以“迎世博”为契机，推动节能减排，优化人居环境**（2007—2010年）

一是积极发展生态休闲农业和航天种源农业，成为世博会的“后花园”。加大财政对纯农地区和水源保护区等支持力度，探索生态补偿机制。二是开展环境友好型城区建设。全面完成“十一五”期间节能降耗和主要污染物减排总量控制任务，综合利用土地、环保、市场准入等调控手段，加快淘汰高能耗、高污染、低效益的产业。三是推进生态小区建设。完成“全国环境优美镇”创建，基本建成生活垃圾末端处置物流系统。四是大力推进节能减排和产能升级，积极实施循环经济规划，聚焦1家国家级、2家市级循环经济试点单位和13家区级循环经济试点园区、企业、社区建设，倡导环保文明与资源节约行为。严格执行“批项目、核土地、定能耗、核总量”制度，引导企业投资生态、环保产业。

在这个阶段，闵行区充分认识到坚持“低碳发展”已经成为共识，建设生态文明成为新的方向，应该紧紧把握世博会的举行及后世博效应，加速经济转型、结构调整和生态文明建设。坚持世博生态环保理念，把服务世博作为优化人居环境的契机。编制和实施闵行生态文明建设规划，全面推进“生态文明建设试点区”工作。

（三）**以创建国家生态文明试验区为目标，着力推动绿色发展**（2011—2014年）

2011年开始，闵行区环境保护和生态建设力度加大，获得中华宝钢环境优秀奖、联合国环境友好型城区示范项目奖，被评为全国绿化模范城区；2012年，通过国家环保模范城区和国家园林城区复验。

加速绿色发展、循环发展和低碳发展。深化国家生态文明试点区建设，创建和巩固国家级生态镇和生态工业示范园区。结合产业结构调整推进节能减排，对86家高能耗、高污染企业实施“关停转迁”，完成单位生产总值综合能耗下降3.5%的目标，环境空气质量持续改善。创建城市综合管理“大联动”机制，网格化管理覆盖150平方公里，市容环境管理全面加强。加快推进最严格水资源管理制度和区级骨干河道综合治理体系建设，优化全区水环境。

现代都市农业发展迅速。通过基本农田生态补偿、经济薄弱村结对帮扶、农村基础养老金全区统筹、经营性物业回购、成立农民专业合作社等措施，促进农民长效增收，解决涵养林和浦江片林征用地人员社会保障问题，农村居民家庭人均可支配收入增幅连续7年超过城镇居民。加快发展与我区深度城市化相适应的“生态精品”现代都市农业，培育新型农业生产经营组织，积极引导扶持家庭农场发展，推进农地适度规模流转，加强农业科技化、生态化、品牌化、标准化建设，不断提升农业生产经营的现代化水平。

2014年，闵行区被评为全国首批生态文明先行示范区，国家生态镇、国家生态工业示范园区创建取得实效。

（四）**以生态宜居的现代化主城区打造为标准，突出规划引领及精细化管理**（2015—2017年）

加强规划编制和土地管理。明确生态宜居现代化主城区目标、任务、计划和指标。形成新一轮总规战略研讨方案、城乡总体规划和土地利用总体规划阶段性初步方案。基本落实永久基本农田线、城市开发边界线、生态保护红线（新三线）划示工作。强化闲置土地处置，消除大部分存量违法用地。编制绿道系统、立体绿化、环卫设施等专项规划，落实清洁空气行动计划，启动清洁水、清洁土壤行动计划和农林水三年行动计划。

水生态文明试点建设。启动国家生态文明先行示范区建设，推进水生态文明试点建设。依托环保三年行动计划和清洁水、清洁空气、清洁土壤行动计划，全面推进水生态文明建设和“三水”整治行动计划。启动以 12 个雨水系统为主的排水体系建设，配合推进 7 个外围排涝泵站建设。启动 1.6 公里薄弱岸段防汛墙加固工程，提高防汛减灾能力。全面推进“河长制”和市场化养护等河道长效管理机制。实施“大联动环保”工作机制。

着力精细化管理。绿色建筑和装配式建筑发展在全市保持领先地位，重点推进高星级绿色建筑建设，符合条件的新建项目全部按照装配式建筑要求实施。强化公共机构节能管理。推进地下综合管廊建设研究。加强末端处置管理。2016 年通过“国家环境保护模范城区”复核验收，城市功能品质和精细化管理水平实现新跃升，交通出行更加高效便捷，生态环境质量有效改善。城乡发展更加均衡一体，公共服务体系更加均等健全，社会治理更加精准有效，初步建成生态宜居的现代化主城区。

（五）以高质量发展为原则，统筹城乡融合发展，发力乡村振兴（2018 年以来）

闵行区以习近平生态文明思想为指导，认真贯彻全国及上海市生态环境保护大会精神，以改善区域生态环境质量为目标，打好污染防治攻坚战，服务经济高质量发展，强弱项、补短板、破瓶颈、创机制，生态文明建设进入新阶段。组织编制《闵行区迎接上海市环境保护督察工作方案》，围绕督查发现的违法问题做到迅速处置、即知即改。编制完成《关于加快推进闵行区生态文明建设的实施意见》，编制实施新一轮《闵行区清洁空气行动计划（2018—2022 年）》，制定《闵行区二级水源保护区企业调整关闭及清拆工作方案》《闵行区生态环境保护工作责任规定（试行）》等，完善了生态文明制度体系。

一是借力“进博会”，推动环境质量持续改善。围绕“进博蓝”推动空气质量攻坚。制定《首届中国国际进口博览会闵行区环境空气保障工作方案》《闵行区2018年空气质量改善专项攻坚方案》；通过安排错峰生产和领导包干专项行动，与72家应急管控企业开展政企协商，积极协调企业错峰生产；开展专项执法检查。发挥监测、监察、监管“三监联动”机制优势，开展集中整治。

二是稳步实施乡村振兴战略。制定落实乡村振兴战略实施意见，配套制定促进农民长效增收、促进乡村民宿发展等政策。落实0.82万亩粮食生产功能区和1.12万亩蔬菜生产保护区，探索田园文旅综合体建设。完成55个村的美丽乡村建设，村庄环境长效保护和农村民房出租规范管理的制度框架基本形成。完成革新村村庄规划修编，积极创建乡村振兴示范村。

三是整治水环境，建设“水生态文明城市”。率先完成苏州河四期整治任务，全力打通断头河，完成120个小区雨污分流改造，污水收集处理率达到92.5%。建成城市公园10座、口袋公园30座、绿道30公里，推进1000亩生态廊道、200亩公益林建设，全区森林覆盖率达到18%，人均公园绿地面积达到10.5平方米。

四是城乡融合发展。其一，积极打造绿色田园。推进农业绿色化、专业化、机械化发展，提高农产品绿色认证率，培育更多绿色优质品牌。培育休闲农业和乡村旅游精品线路，开展休闲农业示范村或星级示范园创建。其二，持续建设美丽家园。完成同心村乡村振兴示范村创建，推进第三批示范村建设。完善农民相对集中居住配套政策，创建一批市级美丽乡村示范村。加强农村环境长效治理，推广农村民房规范出租管理、文化客堂间等社会治理成熟模式。其三，大力创建幸福乐园。推进全国农村改革试验区拓展试验新任务，探索农村集体经济新的实现形式和运行机制。制定加强农村集体经济组织运行管理指导意见及实施细则，进一步完善村级内控制度。

三、绿色治理

（一）规划引领，合力推进

闵行区将生态立区的理念落实到经济社会发展总体规划和产业规划中，先后组织编制了《闵行区生态区建设规划》《闵行区循环经济发展规划》《闵行区生态文明建设规划》等，并配套制订了“产业结构调整三年滚动计划”“循环经济建设三年行动计划”“环境保护与建设三年行动计划”等系列行动计划，确保规划有效实施。2014 年，闵行区委开展“闵行生态文明建设的瓶颈及对策研究”议题研究，并审议通过了《闵行区加快推进生态文明建设，建设美丽闵行的决定》。

2018 年，闵行区印发了《关于加快推进闵行区生态文明建设的实施意见》，构建资源节约、环境友好、低碳高效的绿色发展模式。持续深化污染源分级管理制度，强化基层属地化管理职责，全面提升环保网格化管理水平。2019 年区环保局汇总制定了《闵行区生态文明体制改革 2019 年工作要点》，形成了以建立健全国土空间发展保护制度和空间规划体系、完善资源总量管理和全面节约制度、建立健全环境治理体系三大方面为主的生态文明体制改革工作要点，主要包括推进规划编制，完善空间保护、优化区域品质，试点海绵城市建设、拓展绿化空间，提升生态功能、实施土地节约集约利用制度、健全能源节能管理制度、完善最严格水资源管理制度、建立“1＋1＋3＋X”污染防治攻坚体系、建立环保分区管控体系、完善全区环境质量监测网络建设、推进绿色共同体建设等十项具体工作要点。

（二）精细服务，环保共治

优化排污管理服务。统筹区域排污指标。一是大力支持符合产业导向的优质项目，所需的排污总量指标在所在街镇（工业区）内难以平衡的，由区环保局统筹全区排污总量指标，予以优先安排。二是豁免微量排污指标。对单项总量指标低于以下限值（化学需氧量、二氧化硫、氮氧化物、烟粉尘、挥发性有机物小于 50 千克/年，氨氮小于 20 千克/年）的新改扩项目实行豁免管理，不再审核总量来源。前移危废服务关口。三是简化备案办理流程，优化备案办理程序，做到即受即办；搭建危险废物处置服务平台，应急协调企业危废处置难问题，做到快速处置。四是帮办排污许可申领。强化排污许可证申领培训，委托专业团队进行“点对点式”的技术指导和现场审核，帮助企业解决申领难点。

推进共商共治。一是发布环境责任清单指南。梳理环保法律法规中涉企环境责任，告知企业环保守法义务和违法责任，帮助企业落实环境保护主体责任。二是推动绿色共同体建设。建立“1+2+X”环保共商共治机制，搭建环保局、属地政府、园区、企业的“四位一体”互动平台，共守环保法律法规、共商环保管理重点、共治环境污染问题、共享绿色发展成果。

（三）垃圾分类，理念升级

自2011年起，闵行区启动生活垃圾分类减量工作，形成了垃圾分类的可复制可推广经验，推进生活垃圾分类工作。生活垃圾“大分流、小分类”的技术路径不断清晰明确。江川路街道推进办以绿色账户理念，即“分类可积分、积分可兑换、兑换可获益”为活动的基本理念，对在校小学生进行教育，推进生活垃圾绿色账户激励机制在学生和家庭中的普及。学生每天分类投放垃圾，获取“点赞章”集赞。学校通过定期开设垃圾分类点赞章兑现“绿色超市”活动，兑换小礼品。

不断升级垃圾分类理念，建立长效推动机制。一是不断完善联席会议工作机制。区绿容局7个垃圾分类专项服务指导督查小组深入居住小区、行政村开展调研和实地检查，局各督察小组进入小区、行政村监督指导，推进分类设施建设；建立了21个部门定期信息和工作进展情况报送机制，以两周为节点，将各部门、各单位相关工作推进情况以专报和简报形式定期进行通报。二是分类体系建设全速推进。截至2019年，全区已完成736个居住区垃圾箱房改造，设置临时定时定点投放点位754个，建成可回收物服务网点726个。垃圾分类已覆盖1042个居住小区，覆盖率97%。

（四）生态文化，政府引领

区政府机关带头开展绿色办公，率先使用绿色电力，各机关事业单位全面开展“节约型机关”建设活动，近3年机关办公经费和接待费用每年下降约10%，建筑能耗和人均能耗每年下降5%以上。宣传引导市民用实际行动改善生态环境和保护家园，自觉践行绿色发展的环保理念。培育了“生态文明百场宣讲活动”“生态文明校园行活动”“生态文明结对共建活动”等一批面向社会不同层面、特色鲜明的生态文明宣教和实践活动项目，并形成品牌化设计、项目化推进、社会化运作开展生态文明宣教的长效机制。

引导企业环保自律，积极推动实施企业环境行为评价，建立起环保违法企业环境信息强制公开制度、上市企业环保核查制度以及环境质量公报制度，促进企业环保诚信体系建设。全区目前已有百余家企业（园区）每年发布环境质量报告书，一批企业走进环保公益的行列，成为弘扬生态文化的主力军。

通过开展一系列内容丰富、形式多样的节能宣传活动，倡导科学消费、绿色消费、适度消费理念，让更多的人了解并参与节能环保，为保护共同的家园而献出一份力量。

第三方服务致力绿色发展。2017 年，为了解决企业环保管理不规范、不专业的问题，闵行区积极“想办法、寻出路”，由政府出资为企业引入第三方“环保管家”服务，帮助企业查找并自主改进环保问题，减少违法风险，助力企业提升环境管理水平，受到了企业的欢迎，实现了环境效益和社会效益的双赢。

四、绿色发展

（一）坚持绿色发展，布局低碳产业

以产业升级为主线，以西区开发建设为重点，加快向绿色、智能、服务型制造方向转型，打造“南方慧谷”。加快推动产业转型升级，以先进装备制造、生物医药等产业为核心，推动机电制造向智能装备制造转型升级，推动医药制造向生物医药研发、移动医疗、健康管理等生命健康产业转型，积极吸引战略性新兴产业项目落地和上下游配套企业入驻，适度限制食品、轻工类新项目引进，逐步淘汰化工生产环节、纺织服装中小企业。重点推动西区开发建设，重点构建园区道路、管网、电力设施、景观绿带等基础设施和配套环境，加强高端酒店住宿、餐饮零售等配套设施布局，加快推动 VR 产业园建设，重点承接零号湾孵化项目

成果转化和产业化，大力发展研发设计、物联网技术应用和生产性服务业，积极发展新兴产业和智能制造。确保重大功能性项目落地，统筹规划建设用地资源，保障跨国企业地区总部、国际性研发中心等重点项目落地。

坚持以产兴城、以城带产、产城融合发展，高起点推动闵行“国家产城融合示范区”建设。以园区升级促进产业集聚，有力推进紫竹高新区、闵行开发区、莘庄工业园区和临港浦江国际科技城等重点产业集聚区转型升级，加快从生产型园区经济向综合型城市经济转型。以绿色创先带动产业升级，全面提升制造业资源能源利用效率和清洁生产水平，加大清洁生产技术改造力度，完成市级以上工业园区循环化改造；重点推进全员能效和环境管理，创建10个以上绿色示范工厂，建设1～2条绿色示范供应链，培育2～3个绿色示范园区。以完善设施增强服务功能，围绕产业集聚区，大力推动公共租赁房建设，加快补齐教育、医疗、文体、养老、交通、市政等领域的公共服务和城市功能短板，打造能留住高端产业的城市配套设施。以生态集约拓展转型空间，在产业优化升级上做“加法”，在淘汰落后产能上做“减法”，以产业的高端化、智能化、绿色化推动产城融合，同步推进环境保护、生态修复，打造绿色舒适便捷的工作生活环境。

（二）建设绿色社区，推动设施改造

深入推进城市绿化，大力倡导新型生活方式和消费模式，全区已形成369个“绿色社区（小区）”，68个“生态村”，65所“绿色学校”。区绿化覆盖率达到39.8%，人均公共绿地面积已达19.5平方米，高于全市平均水平13平方米。在上海市率先开展大规模立体绿化建设，已建成立体绿化30万平方米。完善污水管网建设，建成吴闵北排、春元昆、中北片及浦东地区四大污水收集系统，污水管网1254公里。结合新农村建设，开展农村生活污水收集处置为重点的村庄综合改造。优化区域综合交通体系。在全区居民集中区、商业网点及公交换乘站点设置免费服务网点574个，投放自行车1.9万余辆，向市民发放诚信使用卡4.3万余张，形成了地面公交与轨道交通相互衔接的公交网络，为居民低碳化生活方式创造了有利条件。实施城区低碳化改造，结合大型居住社区的建设，严格落实新建建筑节能标准，确保新建民用建筑100%采取节能技术，同时对既有建筑实施节能改造，近3年来，完成既有建筑节能改造470万平方米。联合市建科院开展闵行区绿色建筑工程监管体系研究，梳理闵行区现有建筑节能工程监管体系，明确闵行区绿色建筑工程监管要求。

（三）发展绿色农业，重视生态承载

为贯彻新发展理念、推进农业供给侧结构性改革、提升农业发展质量，闵行区制定了《闵行区都市现代农业绿色发展三年行动计划(2018—2020年)》，通过优化功能布局，打造绿色农产品品牌，提升绿色农产品生产力等措施，致力于将闵行打造成产品绿色、产出高效、产业融合、资源节约、环境友好的都市现代农业绿色发展示范区。闵行区希望通过努力，全面建立以绿色生态为导向的制度体系，加快形成与资源环境承载力相匹配、生产生活生态相协调的农业绿色发展新格局。

表6-1 《闵行区都市现代农业绿色发展三年行动计划（2018—2020年）》具体指标

序号	指标名称	2017年目标值	2018年目标值	2019年目标值	2020年目标值
1	化肥使用总量（折纯量）（吨）	694.62	638.8	613.22	588.64
2	农药使用总量（吨）	31.48	30.81	29.41	28.01
3	设施菜田土壤改良面积（亩）	1061	900	1000	1100
4	地产农产品绿色认证率（%）	1.88	8.97	15	25
5	主要农作物综合机械化率（%）	98.7	98.7	98.7	98.7
6	农作物秸秆综合利用率（%）	96	96	96	96
7	水产标准化健康养殖比重（%）	27	39	50	60

五、主要经验

一是绿色发展，企业先行。闵行区是上海经济的核心区域，经济基础好，发展空间大。闵行区企业发展按照国际标准来严格控制，在发展过程中按照生态优先的理念进行宏观布局，减少低端产业对环境的破坏。同时很多企业走进环境保护者的行列，成为生态文明的参与者，实践者。

二是保护生态，全民参与。通过近年来国家环保模范城区、国家生态区等一系列国家级大型生态创建工作的开展，绿色理念已逐渐成为全社会的共识。闵行区的环境保护形成了全民参与的格局，政府引领、公民参与、企业践行，形成了一套完整的环境保护网络。

三是政府主导，制度保障。闵行区在低碳社区建设中，充分发挥政府主导作用。全区以推进节能降耗工作为契机，成立了由区主要领导牵头的节能工作领导小组，并形成了覆盖全区的节能与低碳发展组织领导管理网络，而节能工作的推进重点领域也逐渐由工业、建筑等领域向商业、社会生活等领域全面拓展。与此同时，全区不断建立和完善基于行政强制和市场刺激相结合的手段与方式，引导社区开发建设和居民日常生活理念的创新。

第四节　杭州市拱墅区

一、区情简介

拱墅区位于京杭大运河最南端，杭州市市区中部，面积 119 平方公里，下辖 18 个街道，54 个（村）经济合作社，174 个社区。

拱墅区东北枕半山，京杭大运河自南而北纵贯而入，地势东北高西南低，境东北多山岭，黄鹤山海拔 319.2 米，为本区最高点，境西地势平坦，河道港渠纵横交错，京杭大运河、宦塘河、古新河流经境内；余杭塘河、胜利河、康桥新河等与京杭大运河相通；上塘河由南而北折东出境。

2019 年拱墅区实现地区生产总值 650 亿元，按可比价计算增长 8%左右，高于目标任务 1.5 个百分点左右；地方一般公共预算收入 91.2 亿元，增长 8.1%；全社会 R&D 经费支出 6.7 亿元，增长 19.4%，高于目标任务 4.4 个百分点；固定资产投资增长 20%以上；社会消费品零售总额增长 8%左右；节能减排、环境保护、社会事业和民生保障等指标均完成良好。

2014年在京杭大运河的申遗中，全浙江共11处申遗点，拱墅区占据3席，是浙江省所占申遗点最多的城区，是运河杭州段古迹保存最完整、文化底蕴最深厚、旅游资源最丰富的一段。拱墅区实施“文化引领”战略，不断推动文化建设，打造了“运河文化看拱墅”的品牌。拱墅区风光旖旎，环境优美，是生态宜居城区，同时也是美丽杭州实践区。

二、发展历程

（一）提出“环境立区”，试水“百千工程”（2006年以前）

坚持经济平稳较快增长的同时更加强调科学发展和协调发展，注重资源节约和环境保护，把增长的质量和效益摆在首位，实现又快又好发展。提出“环境立区”作为发展的重要目标，实践“百村示范、千村整治”工程，进一步优化农村环境。加强环境保护，启动生态区建设工程，编制了生态区建设总体方案。

在城市环境改善方面，提升城市管理水平。通过城市管理推动市容、品位、形象的综合提升，营造舒适宜人的城市环境。创新城市管理理念，提高区级城市管理综合协调功能，落实属地管理职责，加强以城市“洁化、绿化、亮化、序化”为主要内容的长效管理，形成管理、监督、执法良性互动的城市管理格局。科学编制城市管理三年规划。进一步理顺城市管理体制，推行区、镇（街道）环卫作业分层管理。全面展开运河沿线地区综合改造，开工建设运河（德胜路到石祥路段）文化旅游景观带。抓好背街小巷综合整治，改善街巷环境面貌。

在农村综合发展方面，优化农村人居环境。全面开展农村环境整治，实施并扎实推进“百村示范，千村整治”工程，推进“万里清水河道”建设，加强生活污水处理系统建设，抓好农村改水改厕，优化农村生态环境。

（二）发力“三个拱墅”，聚焦运河申遗（2007—2014年）

坚持以科学发展观统领全局，以提高人民生活品质为出发点，以增强区域综合竞争力为核心，以运河申遗为契机，围绕“打造实力拱墅、建设秀美拱墅、构建和谐拱墅”奋斗目标，大力实施“产业强区、环境立区、开放带动、城市现代化”战略。

大力推动运河环境改造和整治工程。实施运河综合整治与保护开发二期工程，全面建成运河文化旅游景观带。实施大关地区、塘河地区综合开发工程，基本完成大浒弄、和睦南区、长乐、塘河等地块开发改造，建成运河商务区项目，全面完成运河沿线老城区现代化改造任务。实施拱宸桥地区综合改造工程。实施田园地块、桃源区块综合开发工程，基本完成田园和桃源地块的土地整理、配套设施建设和半山集镇综合整治。实施危旧房和“城中村”改造工程，实施工业搬迁地块开发工程，完成杭汽发、杭一棉等10家工业企业外迁，提升企业搬迁地块用地功能，推动全区产业结构升级。实施环境综合整治工程，基本完成污水主次干管和收集系统建设，全面完成旧有生活小区雨污分流改造，城区综合截污率达到80%以上。实施截污清水三年行动计划，新增日截污量2.5万吨，全面消除10条河道排污口，整治黑臭河道15条。在全市率先推行“河长制”，建立河道水质数据信息库，实现辖区河道水质监测全覆盖，运河出境断面水质稳定达到Ⅴ类标准，后横港河成功创建为全市首条生态示范河道。

持续加强生态环境建设。全面提升城市生态、低碳、环保、宜居水平，努力建设森林城区。围绕还河于民、申报世遗和打造世界级旅游产品三大目标，着力实施运河综保“一带一址三区三园”项目建设，拱宸桥桥西历史保护街区、江墅铁路主题公园、欧Ⅲ公园、运河西岸登云路—拱宸桥段绿化景观带等4个项目建成并对外开放，运河沿线建筑物亮灯工程全面实施。城市管理全面推行分类保洁市场化运作、专业化作业、精细化标准和网格化管理。建立健全街面保序部门联动、镇街齐抓、社区共管联勤工作新机制。继续实施大气污染防治行动，强化工业企业和扬尘污染治理，持续开展渣土整治、标准化工地建设，加大餐饮油烟污染防治力度，不断提升大气环境质量。

（三）五水共治，全域美化（2015年以后）

五水共治。出台河道长效管理工作实施意见。开展河道综保整治16条（段），实施截污纳管项目90个，完成公建单位截污纳管218家，新增日截污量2.2万吨，基本建成“污水零直排区”。全区128个河道水质断面中，新增Ⅴ类以上断面20个，全区累计达到38个。创建省、市级生态示范河道各1条，消除黑臭河道8条，实现黑臭河道全“摘帽”。实施10条道路、20个生活小区低洼积水治理，完成半山小流域治理防洪排涝工程，改造完成河道闸（泵）站4座，打通断头河3条。

全域美化。按照全域景区化要求，启动老城区新一轮城市有机更新，保质保量完成116个迎峰会环境提升项目，全面美化街景市容。深入开展美丽家园建设，启动祥符老街区域保护改造工程，实施八丈井东、总管堂等2个以上城中村环境综合治理。深化“两路两侧”“四边三化”专项整治，全面消除环境脏乱差问题和道路、河道两侧视觉污染。开展美丽社区、美丽围墙、美丽道路、美丽河道等“美丽系列”专项行动，把城区环境打扮得更美更靓。深入推进“三改一拆”，完成“三改”47万平方米，拆除违法建筑100万平方米，实现“无违建街道”创建全覆盖。

三、绿色治理

2005年时任浙江省委书记习近平提出“绿水青山就是金山银山”的科学论断之后，杭州作为浙江省的省会城市一直对“两山”理论进行探索与实践，发挥“生态文明之都”的特色优势，坚持走绿色发展道路。拱墅区是化工、冶炼、印染等高耗能、高污染、高排放企业的集聚区，曾是杭州市乃至浙江省的重要工业基地，污染严重。

（一）规划升级，从环境整治到生态共同体

2007年杭州市出台了《拱墅区半山地区环境污染综合整治方案》《拱墅区半山地区工业企业环境污染整治工作方案》，拱墅区开始全面进行环境综合整治。2012年杭州市开始进行生态文明试点市的建设，印发实施了《杭州市生态文明建设规划》《杭州市环境功能区划》等规划，并形成了生态市—生态县—生态乡镇—生态村的四级规划体系。杭州市拱墅区积极践行，并坚持环境立法、生态优先战略，于2012年出台了《关于建设生态宜居城区的实施意见》，围绕“富强、秀美、文化、和谐”的新拱墅建设目标，努力把拱墅建设成为凝聚“运河文化之灵、半山生态之秀”“天蓝、地绿、水清、景美”的生态宜居城区。2013年10月，拱墅区发布《拱墅区实施“多种树、种大苗”计划行动方案》和

《拱墅区推进垂直绿化工作实施意见》。3 年间栽了 38.47 万株藤，并计划在未来 5 年内增加 30 万平方公里屋顶绿化。2015 年拱墅区启动《拱墅区河道生态廊道专项规划》。2016 年拱墅区发布《拱墅区打造“美丽杭州”建设“两美浙江”示范区“美丽系列”建设行动方案》，并将编制《拱墅区河道生态廊道专项规划》，将拱墅区的河道游步道建设成为河道生态廊道网络和慢行健康步道，计划形成 30 公里的水清、岸绿、路畅的沿河河道绿道，同步提升水质和水景，真正实现还河于民，共享治水成果。2016 年杭州市拱墅区人民政府公开了《杭州市拱墅区国民经济与社会发展第十三个五年规划纲要》，提出要深入推进美丽拱墅建设，实施河道整治工程，构建生态廊道。2018 年拱墅区出台了《创建“美丽河道、亲水拱墅”三年专项行动计划（2018—2020 年）》以及《污水零直排巩固三年行动计划》，拱墅区开始实现从“治水”到“亲水”的转型，进一步深化全区 62 条河道的治理成果，实现一河一策、一河一景，这也是“美丽拱墅”专项行动的重要举措。

（二）五水共治，推动“污水零直排”生活小区建设

2012 年，拱墅区首次提出“零直排”概念，主动打好治水转型升级攻坚战，坚定不移地推进“五水共治”，引领全市治水风向标“五水共治”的长效管理机制逐步完善，沿河生态廊道建设取得明显进展，能源和水资源消耗、建设用地、碳排放总量得到有效控制，开发利用效率大幅提升。2013 年，出台《2013—2015 截污清水三年行动计划》，对全区 61 条河道的排出口进行了全方位“背靠背”式排查，共发现 569 个晴天排污口，并对所有排出口进行标识，建立“一口一档案”。2014 年，为深化“零直排”区创建，拱墅区在治水过程中，综合采取外挂式截污渠、临时中转、倒虹管、自控截流装置等多种方法，将污水收集后，就近接入市政管网。“拆、接、治、堵”四管齐下，顺利实现污水“零直排”。2015 年拱墅区消除境内 44 条黑臭河，河道水质实现了“连级跳”。2016 年，在确保完成 G20 峰会项目的同时，继续完善“水下森林＋曝气复氧＋生态浮岛＋水生动植物”的工艺，成功创建省级生态示范河道，全方位构建水上、水下层次优美，亲切自然的水生态景观。

一是巩固“零直排”创建成果。结合城中村改造、市政配套污水管网建设、河道综合治理等全面推动水质提升，进一步加强河道生态湿地修复，力争全部消除劣Ⅴ类，实现全区河道水质达到Ⅴ类及以上。二是推进“联网成片”治水模式。通过综合整治、清淤截污与生态治理相结合的方式，对6个小流域中的5个重点区域进行“小流域循环整治”。三是开展骨干河道建设。实现区内主次干道全部贯通和河网配水全覆盖，打通祥符东片、李佛桥片剩余4条规划断头河，加强二级配水设施建设，形成“两横三纵”的排涝格局。四是健全常态化长效化治理机制。突出“提水质”“除水患”两大重点，建立健全综合监管平台，实现河长制、防汛抗台、水质在线监测、工地在线监测等多平台整合。积极构建治水长效管理模式，保障河长制等制度落实到位。

（三）五废共治，持续实现垃圾减量和垃圾分类

五废，即生活固废、污泥固废、建筑固废、有害固废和再生固废。截至2018年，全区生活垃圾总量为2.7万余吨，日均垃圾处理量739吨/日，大型餐饮单位规范收运约42吨/日，辖区25家农贸市场、大型超市生鲜垃圾分类收运与资源化利用率达到100%。

一是积极探索再生资源环卫系统网络和商务系统网络两网融合；二是分类施策，针对不同类型的小区采取不同的管理模式：三是强化垃圾分类工作的考核评定，必要时采用拒运停运和执法手段提升监管力度；四是采取科技化手段，将智能科技与生态环保融为一体；五是对回迁安置房小区的分类工作强调采用对租客执法，对房东采用红黑榜结合的方式强化入户宣传；六是试点探索，助力综合体垃圾分类走出新模式。

四、绿色发展

（一）由“破”转“立”，高质量促进文旅融合发展

促进文旅融合发展。积极传承大运河文化历史根脉，把运河拱墅段建设成璀璨文化带、绿色生态带、缤纷旅游带。打造“夜运河·月光经济”，整合大运河沿线特色街区、商业综合体、主题酒店、文化地标、滨河公园等资源，建成运河·百县千碗特色美食文旅小镇，投用大悦城“悦街”，唱响夜旅游、夜产业、夜文化、夜消费“四重奏”。盘活运河艺术园区、浙窑陶艺公园等文创资源，推出工业遗存特色旅游项目。串

联上塘河风情小镇和半山国家森林公园，修缮善贤坝遗址、皋亭积雪等重要节点，打造山水连廊的体育休闲旅游景观带。推进运河左岸·丽水路文化街区、祥符文化街区、义桥老街运河景观带建设，实现文化与传统、休闲的有机统一。

厚植文化基底内涵。推进社区文化家园、城市文化公园、企业文化俱乐部建设，不断夯实基层文化阵地。深入开展文化惠民工程，打造大运河戏曲驿站廊道，创作重现以荣华戏园为代表的老戏台戏曲历史剧。深化“民星大舞台”等基层文化阵地建设，推进文化精品创作“一街一品”，加快基层公共文化示范项目建设。深入开展非遗文化发掘保护，打造大运河非遗会客厅，以市场化模式办好中国非遗博览会，讲好拱墅故事。

打造运河旅游国际级旅游产品。坚持继承遗产、保护遗产、体验遗产、创新遗产的理念，打造运河国家级旅游产品，推进旅游国际化战略。一是打响运河旅游品牌。全力助推运河（拱墅段）创建国家AAAAA级旅游景区，培育推出运河水上观光游、博物馆群体验、老镇民宿街艺、香积素斋禅茶游、沿岸文化创意体验、两岸风景慢行游等国际化旅游产品，构建具有世界级水准的产品集群。二是大力发展国际会展旅游。落实“后峰会”战略，充分发挥拱墅楼宇优势，大力发展会展业，引进一批国际性机构、会展企业和会展项目，做大做强国际会展旅游。三是加强运河文化交流。充分发挥世界遗产的综合带动效应，加强和完善对外交流机制，大力促进运河旅游国际营销。

（二）深入推进资源环境节约利用

探索建立节能、节水、节地、节材的能源资源综合利用新机制，努力建设资源节约型社会。一是持续推进节能减排。全面推动结构减排、管理减排和工程减排，确保完成上级下达的能源消费总量和能源消耗强度“双控”指标。积极推行能源合同管理。二是建设低碳社会。大力发展低碳经济，鼓励和发展低碳设计，推行低碳交通、低碳办公、低碳消费等新模式。深入推进绿色生产，积极推进绿色创建。三是强化资源节约利用。深入实施“亩产倍增”计划，统筹地上地下空间开发，加大闲置土地处置力度，开展“空间换地”“零增地技改”，促进低效土地二次开发。实施节水工程，大力应用和推广节水技术。四是推进生态文明制度建设。建立自然资源资产产权制度和有偿使用制度。建立网格化环境监管制度和环境安全管控体系。大力培育弘扬生态文化。

五、主要经验

（一）理念先行，目标明确

坚定不移走“绿水青山就是金山银山”的路子。统筹生产、生活、生态三大布局，树立绿色、健康发展理念，加快打造生态宜居城区，建设资源节约型、环境友好型社会，推动人与自然和谐发展，全面建设美丽杭州实践区。

（二）实现产业转型，提升产业生态竞争力

转变发展观念，以产业链培育为抓手，培育高水平的产业生态和配套环境，聚焦大项目支撑，提升产业生态竞争力。让人才优势成为产业优势，使得人才与产业相融合，提升企业创新发展能力。

（三）聚焦文化建设，提升人文魅力

生态文明建设融入大运河文化带建设，将山水景观与现代城市建设相融。实现城市的科学化、精细化与智能化管理，全方面提升生态环境、人居环境及市容环境品质。

（四）强化环境治理，探索创新机制

从“环境立区”到提出“三个拱墅”，从城市环境综合整治到绣花式精细管理，逐步提高城市改造品。在治理模式上，打造“美丽系列”，率先推行“河长制”，通过“五水共治、五废共治”以及小区“零直排”等方式持续提高人居环境品质，落实农村“百千工程”，在城市管理和农村整治方面始终坚持创新。

第四节　厦门市思明区

一、区情简介

思明区涵盖厦门半岛南部及鼓浪屿全屿，是厦门市的中心城区，辖区总面积 84 平方公里，属于南亚热带海洋性季风气候，雨量多，温度适中，雨日少，气候宜人。思明区是厦门市最早的经济、政治、文化、金融中心，拥有鼓浪屿、南普陀寺等文化遗产。2019 年全年完成地区生产总值 1896.46 亿元。

2019 年全区全年空气质量指数呈优的天数达 222 天、良的天数 141 天、轻度污染 2 天，空气质量指数优良率达 99.45%；空气质量综合指数 2.74，比上年改善 4.9%，改善率排名全市第一。环保资金投入 375.79 万元，比上年增长 8.5%。思明区周围海域宽阔，港域面积达 275 平方公里，港阔水深，外航道水深达 12～25 米，宽 1000 米以上，可通航 10 万吨级船舶。港外有大金门岛、小金门岛、大担、浯屿等一系列岛屿组成天然屏障，港内风浪小，可建万吨泊位约 40 个，最大可建 10 万吨泊位。

二、发展历程

厦门生态自然禀赋较好，生态建设起步早，《1985 年—2000 年厦门经济社会发展战略》提出创造良好的生态环境，建设优美、清洁、文明的海港风景城市。多年来厦门市不断深化生态文明体制改革，推动绿色、低碳发展，推进国家生态文明试验区建设。

2010 年思明区把全面推进生态文明建设纳入《思明区国民经济和社会发展第十二个五年规划纲要》，并提出“宜居、宜游、宜学、宜商、宜业的‘五宜’思明建设持续推进”的发展目标。2011 年编制的《厦门市思明区“十二五”环境保护发展规划》围绕构建“和谐思明、生态思明、魅力思明”的战略目标，把思明建设为东南沿海地区人与自然和谐发展的生态宜居城市。

党的十八大以来，思明区人民政府以“美丽厦门幸福思明”建设为抓手，全面推进生态文明建设。2013 年初，思明区就被选为“美丽厦门共同缔造”全面试点区之一，分别选择老城区、新城区、“村改居”、纯农村等不同类型的典型性社区进行改造。2014 年，厦门市出台了《美丽厦门战略规划》，“美丽厦门”涵盖了经济、政治、文化、社会、生态文明“五位一体”的各方面，是一个全面的整体的概念，是时代之美、发展之美、环境之美、人文之美、社会之美的总和。2014 年思明区发布了《思明区 2014 年生态文明建设与环境保护目标任务分解表》，针对水环境质量、空气环境质量、土壤环境质量、噪声环境质量和辐射环境安全管理进行严格监管，同时开展污染减排防治、生态恢复治理、生态红线控制保护、生态资源保护与节约、生态文明建设评价考核制度实施等工作。2015 年编制的《厦门市思明区环境保护“十三五”规划》从生态文明建设、环境质量提升、环境监管能力建设等方面提出具体要求与保障措施。2016 年 1 月审议通过的《思明区国民经济和社会发展第十三个五年规划纲要》提出有关生态环境建设的有利举措。2016 年 2 月思明区开始启动创建生态文明建设示范区工作，印发了《厦门市思明区生态文明建设示范区规划（2015—2020)》，明确生态文明建设的指导思想、目标任务与重点内容。2016 年编制的《思明区空间发展战略规划》《思明区全域空间规划一张蓝图》强化了空间规划格局，提出相应的空间发展策略，创新了城市治理体系。空间规划与产业规划的结合形成了“两带两区”的空间结构。

近年来，思明区印发了《厦门市思明区生态文明建设评价考核办法》，出台《思明区全面推行河长制实施方案》《思明区生态环境损害赔偿工作实施方案》等多项规章制度和实施意见，为生态文明建设大业绘就了美好的蓝图，更为夯实生态环保责任奠定了坚实的基础；并且始终把治理大气污染、提升大气质量作为一个综合工程来抓，通过制定并推动《思明区清洁空气行动计划实施方案》《思明区提升环境空气质量实施方案》《鼓浪屿餐饮业油烟污染整治工作方案》《思明区国控点大气污染巡查管控方案》《思明区扬尘防治考评工作实施方案》《思明区大气重污染应急预案》等措施的落实，有效提升了空气质量。此后思明区一直坚持把生态文明建设放在优先发展位置，荣膺全国“两基”工作先进单位、国家可持续发展试验区及首批创建生态文明典范城区等称号。2018 年 12 月思明区荣获第二批国家生态文明建设示范区，完成 49 项“国家生态文明建设示范区”目标指标。“宁建公园不建高楼”，这是思明区保护生态的一大理念，也是其行政观念和发展理念的变化，这是思明区生态文明建设的一个重要内容。

三、绿色治理

（一）优化功能区划，提升空间格局

2016年思明区编制完成《思明区空间发展战略规划》，建立了城市空间规划体系、空间发展格局，将空间规划和产业规划有机结合，努力形成产城融合、协调发展的空间格局，形成区域协调发展。利用“多规合一”协同平台，严格把关项目审批，增加与项目审批有关部门的协调沟通，禁止与生态保护不相关的建设项目，确保生态地区面积稳定、性质不变。开展生态修复建设，建设生态功能区，提升景观质量。对生态景观进行定期修复，建设生态环保主题公园。

思明区全区属于国家级优化开发区域，包括城市化地区和重点生态功能区两类。思明区结合自身的发展需求，将主体功能分为“两类四区”：一是以生态功能保护为主的自然生态资源保护区；二是以城市化发展为主导的生态旅游协调发展区、金融商贸集中发展区和宜居环境优化发展区。同时，该区还对这几类功能区的开发方式进行了规定，各功能区有着各自不同的功能定位和管制原则。

（二）推进海绵城市建设

厦门是全国海绵城市16个试点城市之一。思明区于2015年成功改造了12条海绵城市道路，并计划此后再投入3条海绵城市道路改造。老城区道路年代久远，车流量大，地下管道老化而排水不畅，严重影响市容景观与城市安全，思明区市政部门启动老城区有机更新市政基础设施改造试点工作。完成《厦门市思明区海绵城市专项规划》的编制工作，疏通367公里的雨水管道，运用海绵城市建设技术完善机动车道与人行道，新增1万平方米的绿化地。2017年实现老旧小区改造项目53个，总建筑面积达31万平方米。

思明区还积极推广海绵型公园和绿地建设，同时结合辖内社区公园、街心公园的改造，推广雨水花园、下凹式草坪等建设，提升公园绿地城市海绵体自身消纳雨水的功能。同时，还努力推进屋顶绿化建设，发挥建筑屋顶绿化对雨水吸纳、蓄渗和缓释作用。

（三）重视海域环境综合治理，修复海洋生态环境

加强近岸海域环境综合治理，实施《厦门市近岸海域水环境污染治理方案》，开展陆海、岛内、岛外同步治理，加快马銮湾、东坑湾等重点湾区综合整治，推动厦门海域海堤开口工作。完成五缘湾污水截流域，马銮湾、杏林湾等海域清淤任务，不断扩大海漂垃圾清理范围，加强九龙江流域环境管理和海洋环境保护区域合作，减少九龙江入海污染物，不断改善近岸海域水质。加大海洋违法倾废治理，完善渔船废油和生活垃圾回收制度，加大对厦门海域沿线私设暗管或采取其他规避监管的方式向海域排污行为的查处力度，减少违章倾废对海洋环境的污染。

以《厦门滨海岸线保护规划》为指导，加大滨海岸线修复，积极实施美丽海岸工程，加快推进同安湾西侧岸段等沙滩岸线修复项目建设，有效保护岸线生态与景观资源。加强海洋生态系统修复，开展大屿岛等无居民海岛、下潭尾红树林湿地公园等典型海洋生态系统的修复工作。控制厦门海域捕捞强度，严格实施部分海域禁捕区规定，加强外来渔船捕捞管理。持续开展“恢复海洋生态链，维护生物多样性”为主题的增殖放流活动，实施中华白海豚、文昌鱼等海洋珍稀濒危物种保育工程建设。

（四）以责任考核推动绿色行政

为增强政府工作人员的环境意识，实现区域经济与环境的协调发展，思明区从 2004 年 5 月就开始推行 ISO14001 环境管理体系，推行绿色行政，成为全国推行此管理体系认证工作最早的试点城市之一。思明区以此来调动政府所有部门保护环境的积极性、主动性，使行政管理部门的方针、规划、管理“绿色化”，在打破“绿色贸易壁垒”的同时，逐步将吸引投资的政策优势转移到环境优势上。思明区的试点主要集中于鼓浪屿国家风景名胜区，鼓浪屿也成为全国首家获得 ISO14001 环境管理体系认证的完整的行政区和风景名胜区。

思明区已将环境质量、污染减排、生态恢复治理、生态建设等方面的评价指标都纳入了生态文明建设和环境保护目标责任制，并相应提高资源消耗、环境损害、生态效益等指标权重，使生态文明建设政绩占党政实绩考核比例提高到 25%。《厦门市思明区生态文明建设示范区规划

(2015—2020)》还提出要建立生态文明建设一票否决制度，制定《思明区生态文明建设考核实施办法》，规范生态文明建设评价考核经费管理，建立健全领导干部生态环境损害责任终身追究制等相关配套制度。2017年思明区加强有关生态建设项目的投入，财政投入大约10.76亿元。为把思明区的生态文明建设放置更加突出的位置，实现生态保护的“党政同责”与“一岗双责”，思明区成立了生态文明建设领导小组办公室，要求区、街两级党政领导班子要及时协调解决环境保护问题。每年区里会对生态文明建设与环境保护目标责任书的落实情况进行考核，并将考核结果作为领导干部选拔任用的重要依据。

（五）促进垃圾分类，建设绿色单位

思明区在推进节能减排、发展循环经济、加强生态环境保护方面也作出了许多努力。2009年初，为了扩大内需，推动中国LED产业的发展，降低能源消耗，科技部推出“十城万盏”半导体照明应用示范城市方案，思明区已开始实施该工程，这也属于思明区建设国家可持续发展实验区的项目工程之一。思明区还开展了循环型社区试点和“绿色单位”创建活动。

2017年思明区在垃圾分类、环境整治、文明督导等生态建设项目的财政投入10.76亿元，垃圾分类工作、老旧小区改造获得住房和城乡建设部认可，形成可复制、可推广的经验。思明区委区政府高度重视推进垃圾分类和垃圾不落地等工作，按照分类垃圾桶到位、督导员到岗、厨余垃圾直运“三要素”标准。垃圾处理的无害化和资源化水平也在不断提升，思明区已经开辟了18条餐厨垃圾统一收运路线，日收运量约100吨，并首创“其他垃圾”直收直运模式，提高工作效率，减少二次污染。按照对老旧小区“三年基本完成、两年扫尾”的总体目标，推进老旧住宅小区改造提升，使得生活环境得到绿化。

为了打造生态文明社会美，深入开展“安静小区”“绿色小区”“低碳社区”，思明区推行的社区减负放权、“以奖代补”激励制度，“开门见绿”工程与29个“房前屋后”美化项目顺利开展，曾厝垵、小学社区两个社区，就是其中的典型，更是全市“美丽厦门共同缔造”的行动典范。思明区将绿色建筑作为建设低碳城市的重要内容，2017年新建绿色建筑5个，面积达2.31万平方米，新建绿色建筑比例为100%。2017年1月《思明区“文明素质提升行动”实施细案》出台，大力倡导绿色出行。建设特色公益平台，将生态文明建设与社会文化建设相融合，增强全社会的生态环保意识。

（六）加强生态文明宣传，构建生态文化体系

努力推进生态文明和环境保护宣传工作，重视环境教育的重要性，推进《厦门市思明区环境教育规划》的编制任务。2017年思明区利用报纸、电视广播等媒体平台加强对生态文明建设的宣传力度，思明区公众对环境质量的满意度为90.94%。开展“少开一天车，呵护厦门蓝”等绿色出行的相关主题活动。在全区10个街道开展垃圾分类活动，垃圾分类知晓率达到100%，垃圾分类的参与率达到80%。2016年中共厦门市思明区委党校（思明区行政学院）开始开设生态文明建设与环境保护专题教育的相关培训内容，使得全区副科级以上的党政领导干部参与专题教育培训率达到100%。

四、绿色发展

（一）六轮驱动，设计绿色产业发展路径

思明区立足区情，确立以“1+6”为主导产业的发展路径，即以总部经济为引擎，以金融、商贸、旅游、会展、软件与信息服务、文化创意等高端、特色产业为六轮驱动；以节能、减排、低碳为发展方向，以循环经济理念为指导，积极推进产业结构调整，优化区域产业空间布局；实施“退二进三”政策，加快引导污染企业的改造搬迁，淘汰“高能耗、高物耗、高污染”项目，砍掉虚量GDP，腾出发展空间，大力发展现代服务业，实现绿色发展。

对老工业产业进行改造创新，将污染严重的工业园改造成为思明区文化创意产业园，思明区龙山文创园是优化产业结构和实现绿色发展的典型。曾经的工业厂房在政策指导下停产搬迁，在政策催化、资本带动及市场推动下，成为思明区文化创意产业的摇篮，一批批文创类“巨无霸”项目纷纷落地，入驻企业491家，其中龙山文创公司入选国家级科技企业孵化器。“北创营”两岸青年创客空间获评福建省第二批产业人才聚集基地，产业转型的智力支撑更加强劲。

（二）建立体系，大力发展循环经济

加快构建覆盖全社会的资源循环利用体系，推进生产和生活系统循环链接，实现产业废物交换利用、能量梯级利用、废水循环利用和污染物集中处理，提高资源产出率。积极推广农林牧渔多业共生的循环型农业生产方式。逐步推广垃圾分类试点，加快建设回收站点、分拣中心、集散市场“三位一体”的再生资源回收体系，大力推进东部垃圾焚烧发电厂二期等项目建设。加快马銮再生水厂等再生水处理设施建设，提升再生水利用水平。加强工业固体废弃物、建筑及道路废弃物、餐厨废弃物等的资源化利用，优化提升东部固废处理中心运营管理。推动集美台商投资区等园区循环化改造试点、餐厨垃圾无害化处理城市试点、厦门“城市矿产”示范基地等示范试点建设。

（三）依托大数据，加速发展现代农业

厦门耕地面积较小，思明区作为核心城区面对“先天不足”的客观条件，着力突破第一产业用地需求局限思维，努力推动形成现代农业发展大格局、大商圈，并积极以最优越的营商环境、最优质的教育资源、最丰富的旅游资源、最舒适的人居环境精心服务现代农业项目和涉农企业，努力在提升农业综合效益上精准发力，用创新引领现代农业发展，培育产业新动能。已经签约落地有机肥厂专项技术赋能产业投资基金项目等，促进企业与中心城区携手开辟现代农业发展的新路径。

创新性实践“农业＋”新模式，推动厦门一、二、三产融合发展，推动七大有益菌群共生技术在生态农业和环境治理等领域的推广和应用，助力厦门环境治理、生态恢复以及生态农业产业的发展。在落地项目把关上，积极引进用地少用人少污染少耗能少的高附加值现代农业项目。

五、主要经验

（一）不断完善生态机制

思明区近年来围绕生态文明建设制定了多项规章制度，为生态环境保护奠定基础。严格对党政领导关于生态文明的建设情况进行考核，要求区委、区政府每年要与各部门、街道签署年度环境保护目标责任书，保证有关生态文明建设的各项任务得以圆满完成，使得思明区在全市生态文明建设评价考核中都位于前列。

（二）践行绿色发展理念

打造独具特色的文化产业，使其与时尚设计、环保等产业相融合，增强经济活力。划定生态控制线，推动产业绿色转型，促进技术进步，形成高素质的生态经济，保证经济社会实现绿色发展。

（三）大力宣传绿色生活

思明区积极创新生态环保宣传方式，形成了“街道指导、社区引领、全民参与”的共治共享模式，创造了环保讲座、绿色阳台、科学放生基地等一系列特色公益平台，切实营造出全民参与生态环保工作的良好氛围。

第五节　深圳市福田区

一、区情简介

福田区是深圳市的中心城区，市委、市政府机关驻地，全市的行政、金融、文化、商贸和国际交往中心，于 1990 年 10 月经国务院批准设立。福田区下辖 10 个街道、92 个社区。2019 年福田区实现地区生产总值 4546.50 亿元，增长 7.2%左右，自 2015 年第四季度以来首次超过全市平均水平。社会消费品零售总额 1943.56 亿元，增长 6.5%，总额连续 15 年领跑全市。福田区气候宜人，年平均气温 22.2℃，空气质量优良度在全市名列前茅。全区绿化覆盖面积 3381.6 公顷，绿化覆盖率约 43%，公园总数达 125 座，绿道超 156 公里，成为公园里的城市中心区。福田河成为全市唯一登上生态环境部督察通报黑臭水体治理光荣榜的河流，深圳河口断面达到Ⅴ类水标准。中心区空中连廊建设加快推动，以景观环道联通塘朗山、安托山、园博园、红树林组成福田西翼绿廊，串联笔架山、中心公园、福田河、深圳河福田段组成福田东翼绿廊，东西两条绿色生态休闲走廊初显。

二、发展历程

（一）创建“国家生态区”，全面优化市容环境（2011年以前）

党的十七大以前，着眼于科学发展，福田区全面实施“净畅宁”工程，改善和提升投资环境、人居环境，提高经济社会承载力和可持续竞争力，促进辖区经济社会的全面进步。一方面，福田区加大环境保护和城市管理力度，力争创建环境优美生态城区，克服土地等有形资源不足的缺点，提高环境保护的优先级，净化城市环境。全面整治“脏乱差”、“乱搭建”、交通拥堵和社会治安等突出问题。全年投入近4000万元用于改善辖区环境卫生，连续8年获得“鹏城市容环卫杯竞赛”优胜奖。另一方面，福田区试运行“数字化城市管理系统”，全区92个社区、202个单元实现了网格化信息采集和全天候处理城管案件的阶段性目标。顺利通过了“国家卫生城市”复查和“国家绿化模范城市”达标检查，获得“广东省灭蚊先进城区”称号，梅林一村荣获“国际最适宜人居社区”银奖和“最佳健康生活方式奖”第一名。

福田区实施“环境立区”战略，致力于创建“国家生态区”。福田区在全区范围内，实行最严格的环境保护措施，凡不符合国家环保法律法规和标准的建设项目，一律不立项、不审批、不担保资助，对环境超标的建成项目，一律限期整改、整体搬迁或淘汰关停，绝不降低标准。实施“铁线保护”和“铁腕治污”，深入开展市容环境综合整治。确保财政性环保投资经费占财政支出比例达3%以上，主要饮用水源水质达标率为98%以上。

2009年，福田区环保实绩考核名列全市各区第一，创建“国家生态区”通过环保部验收，成为第一个获此殊荣的中心城区，8个街道被市政府授予“生态街道”称号。

（二）打造国家生态文明示范区，全力推动生态环境提升（2012年以后）

打造一流干净整洁城区。福田区巩固国家生态文明示范区创建成果，倡导绿色消费、绿色办公、绿色出行。深入推进“厕所革命”，全面完成市政公厕升级改造。加强和规范共享自行车管理，大力整治城中村、背街小巷、集贸市场、老旧小区等“脏乱差”现象。

重视生态系统监测与修复。福田区推进实施《福田区海绵城市专项规划》，新增3.5平方公里海绵面积。开展辖区水、气、声、渣污染调查，推进空气质量监测网格化试点及红树林生态监测系统建设工作。高质量抓好市政建设修补和生态修复工作。

支持绿色低碳产业发展。福田区落实《福田区“十三五”节能减排综合实施方案》，建立循环经济发展长效机制，倡导节能生产方式，推进产业和能源结构调整。加强危险废物规范管理，关停整治污染企业，实施工程、结构、监管减排措施，推进企业清洁生产。完善绿色发展产业扶持政策，鼓励企业实施资源节约改造，重点培育节能环保等低碳服务业态。推行绿色供应链责任管理。

三、绿色治理

（一）完善制度体系，健全顶层规划

一直以来，福田区在不断探索具有福田特色的生态文明建设新路径。2011年9月福田区出台了《福田区促进循环经济推动低碳发展建设生态文明示范区“十二五”行动纲要》，成立了以区委书记、区长为组长的区生态文明示范区建设委员会。2013年11月，福田区与中国生态文明研究与促进会结成战略合作伙伴关系，编制完成了《深圳市福田区生态文明建设示范区规划》，从优化空间格局、发展生态经济、保护生态环境和建设生态人居等七个方面全面推进福田区生态文明建设。出台《关于开展国家生态文明建设试点示范区创建的决定》，提出创建全国中心城区首个国家生态文明建设示范区的目标。为加快构建一种全新的生态化政府治理模式，福田区将制定权责清单制度列为《福田区2014年改革行动方案》的重点内容。2014年《深圳市福田区生态文明建设规划》通过环保部论证，福田区进一步推进了生态文明建设的步伐。

为科学评价生态文明建设成效，福田区出台了《福田区生态文明建设考核制度》和《福田区2014年度生态文明建设考核实施方案》，重点

突出“公众满意度”评价指标，即生态文明建设各项工作是否落实到位、效果是否明显，关键要看公众满意度能否得到提高。同时，福田区将考核结果作为评价领导干部政绩、评定年度考核等次和选拔任用的重要依据之一，倒逼生态文明建设深入发展。2016 年福田区编制了《福田区环境保护与生态建设“十三五”规划》，明确规划任务，着力提升环境质量、全面实施生态保护、构建严格环保制度。2017 年，福田区发布了《深圳市福田区现代产业体系中长期发展规划（2017 年—2035 年)》，结合福田区发展基础和形势，着力破解制约可持续发展的瓶颈问题。2018 年福田区公布了《深圳市福田区生态文明建设规划文本(2017—2020)》，从决策、评估、管理、考核方面创新生态制度。

（二）科学布局空间，促进城市更新

福田土地较为紧张，为此福田将打造“一核两廊三带”的空间新格局，推进国际性综合体建设，规划设计梅林山、笔架山、中心公园、福田河休闲运动，廊带和塘朗山、安托山、园博园、红树林湿地景观廊，形成现代金融业、专业服务业、新一代信息技术产业集聚区，促进形成“环中心公园活力带”，优化城市空间形态。通过城市更新，福田区打造出了包括深圳创意产业园、平安国际金融中心、深交所营运中心、卓越世纪中心、华强北商圈、新媒体文化产业基地等一系列国土资源节约集约利用典型，荣获“国土资源节约集约利用模范区”荣誉称号。构建多元复合生态格局，通过对生态廊道等更新项目的管控，促进城市与自然景观之间的融合。依靠城市更新对生态空间进行保护与修复，禁止对生态控制线、水源保护区等生态保护地的拆建行为。

（三）直击瓶颈，以市场化改革激发“物管城市”活力

2019 年来，福田区以新一轮市政道路保洁招标为契机，打破传统市场化瓶颈，在全市率先开展物业管理城市改革、PPP 项目环卫改革，提高作业标准和投入，有效提升环卫作业质量，同时通过改革，对传统环卫的清扫保洁市场产生了“鲶鱼”效应，促进全辖区环卫保洁工作整体提升。

以华富街道为试点，在城市管理领域率先推动“物管城市”建设，将绿化管养、勤务管理、数字化城管巡查及环卫绿化监理统一打包纳入

“物管城市”范围，将一流物业企业成熟经验做法嫁接到城管工作，利用物业管理优势，由物业企业实行“一揽子”运营，通过“管家式”精细管理，“扁平化”精准监督，实现高效闭环作业，改变原有众多外包服务企业“各自为战”、彼此沟通效率低下的被动局面。

（四）探索共建共治共享，培育中心区“市民花田”

本着“共建、共治、共享”原则，面向全体市民征集创建方案，并把市民中心南广场绿地这块核心区域从规划、设计、选种、播种直到后期的养护，完全交到市民手中，以便让更多的居民关注城市环境和城市发展，引导市民有意识、有规则、有能力地参与到城市公园的发展建设中，并在公众参与的过程中形成自组织，实现共建空间的可持续发展机制。筹建福田区市民园艺学院，旨在通过创办市民园艺学院普及市民园林园艺专业知识、园林植物养护技术，提升市民园林艺术审美情趣，使市民深度参与市民花田的建设和运维，促使市民花田真正成为深圳城市中心的“共建、共治、共享”花园。

四、绿色发展

（一）完善金融生态，发力绿色金融

福田金融按照“高、精、尖”的产业发展方向，大力引进持牌金融机构的同时，进一步完善辖区金融生态，落户国际国内知名金融机构，建设金融要素交易平台，实现监管机构物理空间聚集。2019 年上半年，福田区金融业实现增加值 675.81 亿元，占 GDP 的 33.0%，金融业税收 643.29 亿元，占总税收 60.5%。福田区持牌金融机构总数达 247 家，数量占全市 70%，业态齐全；深圳证券交易所、深圳银保监局、深圳证监局等重要金融基础设施及监管机构集聚福田，平安集团、招商银行位列世界 500 强。结合对国内外经济与金融发展主要趋势的分析来确定粤港澳大湾区新金融中心和先行示范区的目标定位，以及可能的建设路径，形成福田区未来金融发展的战略与建设重点。

在绿色金融领域，打造绿色金融先行示范区。一方面，修订产业支持政策，加大支持力度，鼓励企业发行绿色债券，政府给予相应补贴，并于 2018 年 5 月代表深圳向国家申请第二批绿色金融示范区。另一方面，支持筹备 ISO 可持续金融技术委员会第二次国际会议；向央行申报成立“粤港澳大湾区绿色金融联盟”，推动形成大湾区绿色金融网络、绿色项目库及联席会议制度；支持福田申报国家绿色金融改革创新试验区，推进联合国环境规划署“全球金融中心城市绿色金融联盟(FC4S)”下属的绿色金融服务实体经济实验室落地。

（二）发展低碳产业，注重生态文化

支持绿色低碳产业发展。建立循环经济发展长效机制，推进产业和能源结构调整。关停整治污染企业，推进企业清洁生产。完善绿色发展产业扶持政策。积极申报国家第二批绿色金融改革试验区。强化重点用能单位管理，加大企业及公共机构节能监督检查力度。开展节能宣传周、世界环境日等主题活动，加强节能环保公益宣传和科普知识宣传。

大力发扬生态文化。坚持绿水青山就是金山银山理念，彰显生态优势和环境竞争力。促进“三生融合”发展。开展走进社区、学校对群众进行推进治水提质的宣传教育。加强党政领导干部对生态文明建设的教育培训，加大对公务人员的宣传教育力度。充分利用机关部门宣传渠道，在日常的政务工作中融入对生态文明的宣传，让各级干部树立“绿色 GDP”的观念。成立一个具有较强生态文明意识的决策集体，用生态文明理念科学指导政府做出正确决策。

（三）由量转质，发展绿色建筑

城区绿化质量全面提升。福田区是高度绿化建成区，绿化建设从数量向质量转变。探索屋顶绿化、立体绿化、道路绿化、社区公园建设等形式，全面提升城区绿化质量。截至 2017 年，福田区屋顶绿化覆盖率超过 7%。编制《福田区立体绿化项目补贴申报说明（试行）》，通过补贴等方式提高辖区企业、居民参与立体绿化的积极性。福田区绿地率为 39.81%，绿化覆盖率为 42.99%。区公园总数已达 123 个，建成“百园福田”实体示范区。

绿色建筑硕果累累，积极打造福田区环境监测监控基地大楼、福田人民医院后期工程、深圳新一代信息技术产业园等一批绿色建筑工程典范，其中，福田区环境监测监控基地大楼作为绿色建筑重点工程，将低碳目标与生态理念相融合，实现“人—城市—自然环境”和谐共生的复合人居系统，已获得国家三星级、深圳铂金级绿色建筑设计标识证书。

（四）清洁生产，建立循环经济体系

推动产业低碳发展。福田区出台《福田区循环经济评价指引办法》，在全国率先创新建立“1+4”循环经济评价体系。编制循环节能扶持政策，出台并实施《福田区经济发展资金扶持循环经济和节能减排实施细则》，增加清洁生产专项扶持，每年扶持循环经济和节能减排项目（企业）800万—1000万元。制定科技发展资金扶持低碳企业相关办法，每年扶持辖区初创型低碳产业企业（成立三年内）5家以上，给予企业研发投入补贴，每年扶持辖区成长型低碳产业企业2家以上，给予重点项目资助；加强知识产权保护，营造良好创新环境。大力推进清洁生产。举办工业企业、餐饮服务业等行业清洁生产知识宣讲会，在各个领域普及清洁生产知识，引导企业自愿开展清洁生产审核；对于超标排放的企业实施强制清洁生产审核。

推行太阳能屋顶计划。完成福田区推动太阳能等清洁能源应用的相关方案编制；所有新建住宅建筑必须使用太阳能热水系统，重点推动区管既有工厂宿舍、学生宿舍、医院住院部使用太阳能热水系统，鼓励居民住宅使用太阳能热水系统。将合同能源管理项目纳入《福田区经济发展资金扶持循环经济和节能减排实施细则》予以扶持。政府部门充分发挥示范带头作用，在公共机构建筑节能改造中，建立合同能源管理项目示范。

五、主要经验

（一）全面创新生态文明建设新模式

福田区让经济发展成为生态文明建设的动力，让政治建设成为生态文明建设的制度保障，让社会建设成为生态文明建设的群众基础，让文化建设成为引领生态文明建设的正确观念。

（二）创新生态机制

福田对生态文明建设工作实行月度督办与季度督办机制，并实行辖区生态文明建设考核机制，培养绿色发展的政绩观。福田区每年对生态文明建设工作进行总结，认真执行生态文明示范区年度行动计划。按照生态文明建设要求，将资源消耗、环境损害、生态效益全面纳入各级党委政府考核体系，建立责任追究制度并实施严格的奖励制度。

（三）因地制宜实现生态文明

福田区坚持环境立区的核心目标，注重环境污染治理的系统性，进一步推进大气、水、固废等基本环境要素的污染治理。转变唯 GDP 的政绩观，扶持企业创新生产方式，进行低碳生产。引导居民、企业、社会组织共同参与生态文明建设。福田将生态文明建设作为一项重要的民生工程，让群众在环境质量提升的过程中享受生态福利。福田区选择对生态文化、环境质量、经济社会发展有重大影响的领域进行改善，说明生态文明建设要根据本地的实际问题来进行。

第七章 县级市生态文明建设

第一节 安徽省巢湖市

一、市情简介

巢湖位于安徽省中部，市域面积2046平方公里，下辖12个镇、5个街道，2011年8月撤区设县级巢湖市。巢湖市由东北至西南，为低山丘陵所贯穿；东部和东南部为沿江冲积平原；西部和西北部为巢湖碟形平原，资源优势明显。800平方公里巢湖是国家级风景名胜区和安徽省重点旅游开发区。巢湖市拥有巢湖岸线95.78公里，适宜建港岸线34公里，是合肥通江达海的重要枢纽地。行政区划调整以来，巢湖市围绕“建设成为现代产业发展的高地、全国著名的旅游休闲度假胜地和山川秀美的生态之城”的目标，实施工业强市、生态立市、城乡统筹、项目带动四大战略。2019年，全市地区生产总值433.4亿元、增长8.0%；财政收入38.3亿元、增长11.1%，其中地方财政收入23.2亿元、增长12.3%。

2014年7月，国家发展改革委、财政部、国土资源部、水利部等六部委联合印发《关于开展生态文明先行示范区建设（第一批）的通知》，批准巢湖流域为第一批国家生态文明先行示范区。合肥市借此契机推进“五方治巢”（治理西北、保护西南、防治东北、联通东南、修复环湖），建设“绿色发展的美丽巢湖”。

近些年，巢湖市先后获得“全国农村污水治理示范县（市）”“全国绿色发展百强县市”“全国文明城市”“中国人居环境示范城市”“全国宜居生态示范城市”“2017年国家园林城市”“中国养老产业最具价值城市”“全国旅游标准化试点城市”“全国农村社区治理实验区”“安徽省2016年度美丽乡村建设先进县”等称号，2019年蝉联全国绿色发展、科技创新、投资潜力三个百强县（市）。巢湖市建成区人均公园绿地12.5平方米，绿地率35.2%，绿化覆盖率40.6%，大幅超过国家园林城市标准和全国平均水平。同时，巢湖市也是安徽省唯一获得“中国人居示范城市”和“全国宜居生态示范城市”的县市，彰显了巢湖市近些年来人居环境不断优化的突出成果。

二、发展历程

2011年4月，时任国家副主席习近平视察安徽时指出，安徽省一定要把巢湖综合治理好；2016年4月习近平总书记视察安徽时强调，要着力打造生态文明建设的安徽样板，建设绿色江淮美好家园，为巢湖治理和安徽发展指明了方向。

（一）局部治理：控制污染与新农村建设（2012年以前）

在行政区划调整之前，居巢区在生态文明方面的探索集中在节能减排和新农村建设方面。一是高度重视环保节能。全面落实各项节能减排措施，进一步改善生态环境，增加环境容量，为可持续发展拓展空间。坚决不引进高污染、高能耗企业，严格执行环评和“三同时”制度，从源头加强污染防控。二是进行环境整治与修复。加快实施柘皋河综合治理、巢湖南岸崩塌治理和生态修复等巢湖水环境污染治理项目。启动农业面源污染治理全国核心示范区一期项目建设。三是结合千村整治，加快新农村建设。按照《安徽省千村土地整治工程实施方案》要求，结合土地利用总体规划，坚持把新农村建设与农村土地整治、建设用地置换结合起来，开展宅基地置换，实行整村推进。坚持点面结合，整合各类资金，创新工作机制，加快新农村建设。同时，按照“户集、组收、村运、镇（区）处理”的方式，全面启动新农村建设垃圾集中处理工作。

（二）生态立市：全面推进生态文明建设（2012—2017年）

2012年区划调整后，巢湖市紧紧围绕省委省政府和合肥市委市政府对巢湖发展的新定位、新要求，将生态立市上升为全市发展的四大战略之一。2014 年，印发了《巢湖生态文明先行示范区生态保护与建设总体规划》，2017 年又提出创建省级生态文明建设示范市。与此同时，为切实推进生态文明建设，2017 年 9 月合肥市出台了《合肥市生态文明建设目标评价考核实施办法》。按照实施办法规定，生态文明建设目标评价考核采用有关部门组织开展专项考核认定的数据、相关统计和监测数据，并对数据质量负责。根据实施办法要求，生态文明建设目标评价考核工作采取评价和考核相结合方式，实施年度评价、考核。年度评价重在测量各地生态文明建设的进展，落实已有的任务部署，年度评价的结果用以约束和激励进一步的生态文明建设。

（三）绿色发展：打造生态文明建设的动力引擎（2017 年后）

安徽省明确提出要将“三河一湖”（皖江、淮河、新安江、巢湖）生态文明建设安徽模式作为全国示范样板，设立了国土空间开发新格局基本确立、资源利用更加高效、生态环境质量总体改善、生态文明重大制度基本确立等 5 个分目标，并对各项重点工程均设置了明确时间表和硬指标。2018 年 12 月 12 日，省政府办公厅印发《巢湖综合治理攻坚战实施方案》。合肥市也从顶层设计着手，制定并实施了《关于加快建设绿色发展美丽巢湖的工作方案》，在此基础上出台了《关于建设绿色发展美丽巢湖的意见》，力争实现综合治理、生态保护和绿色发展三大目标。2017 年，巢湖市委、市政府印发《巢湖市加快推进生态文明建设实施方案》。党的十九大以来巢湖市绿色发展动力更为强劲，2019 年 9 月，合肥市正式印发《巢湖综合治理绿色发展总体规划（2018—2035 年）》，巢湖流域 16 个县（区、市）人民政府作为该规划的实施主体，将与合肥市各职能部门共同推动巢湖流域生态改善。

巢湖市立足综合治理，坚持生态优先，推动绿色发展，在扩大生态空间、推进污染防治以及农村人居环境整治等领域都取得了显著成效。

扩大绿色生态空间。通过严守生态功能保障基线、环境质量安全底线、自然资源利用上限，严格控制生态空间开发强度。环巢湖生态保护与修复三期项目已经完成。通过全面落实“林长制”，实施“五绿”工程，完成造林绿化 0.8 万亩，森林抚育 2.5 万亩，退化林修复 0.5 万亩。启动省级生态文明建设示范市创建，划定生态保护红线面积 554 平方公里。划定总面积约 333.33 平方公里的巢湖市级渔业生态保护区，2019 年起，对巢湖渔业生态市级保护区实行永久全年禁渔。巢湖半岛国家湿地公园成功纳入长江湿地保护网络。

坚决推进污染防治攻坚战。开展守护蓝天十大专项行动，全年空气质量优良率达 83%，同比上升 9.3%。$PM_{2.5}$、PM_{10}年平均浓度分别为 40 微克/立方米和 71 微克/立方米，同比分别下降 9.1%和 9%，实现有$PM_{2.5}$监测记录以来连续 4 年“双下降”，污染治理成效明显。全面实施河（湖）长制、林长制，主要河流在合肥市级以上考核中全部达标，集中式水源地水质全部达标。

农村人居环境整治。完成《巢湖市乡村振兴战略规划（2018—2022 年）》编制工作，全力推进农村人居环境整治工程，打好农业农村污染治理攻坚战，成功举办全国农村生活污水治理工作推进现场会，农村环境综合整治工作实现合肥七连冠，“8 个 1”农村生活垃圾分类入选全国“2019 民生示范工程”。柘皋汪桥村入选中国美丽乡村百佳范例，烔炀镇中李村入选全国乡村治理示范村。

三、绿色治理

（一）健全生态文明制度

加快完善生态文明制度体系建设，以保护为前提，引导、规范和约束各类开发利用自然资源的行为，强化项目环境准入制度和生态红线区域管控，形成“源头严防、过程严管、后果严惩”的制度体系。出台《巢湖综合治理绿色发展总体规划》，修改完善现有各类涉巢规划。研究制定省级巢湖河长制考核办法。明确责任分工，按照《关于明确巢湖流域环境保护职责分工的通知》要求，流域各地和相关单位各司其职、各负其责。强化责任追究，实行生态环保党政同责、一岗双责、终身追责。

2019 年，安徽省印发《安徽省创建全国林长制改革示范区实施方案》，巢湖市印发《巢湖市创建全国林长制改革示范区实施方案》，进一步完善生态文明制度体系。巢湖市方案要求念好“山水经”、打好“生态牌”，实施六大生态工程修复保护、发展现代林业产业，致力于打造

“森林＋”山水资源的生态效益转化机制的巢湖样板，改善周边生态环境的同时，形成林长制与田园综合体的互联互通。同时，建立健全一林一档、一林一策、一林一技、一林一警、一林一员“五个一”服务平台，推动“护绿”“管绿”“增绿”“用绿”“活绿”的“五绿工程”，促进守资源、保生态、挖潜力、谋发展、促增收的综合效应，形成具有巢湖特色的林长制改革之路。

（二）完善生态监管机制

积极完成中央、省环保督察反馈意见整改，建立长效常态机制。加强巢湖流域水环境一级保护区和风景名胜区管控，清理整治保护区内违规项目和违法行为。大力推行清洁生产，遏制产能过剩及“三高”企业行业。严格落实环评制度，加强全过程监管，按时完成“三同时”验收。健全信用评价、联合执法等机制，开展领导干部自然资源资产和环境责任离任审计。

市政府以“绿水青山就是金山银山”为价值趋向，确定了2020年7个方面118项重点工作，其中绿色发展领域29项，包括推动全域废弃矿山生态修复与治理、巩固落实林长制、开展“蓝天”专项整治行动、推动长江经济带生态环境突出问题整改等，并加强能源材料等重点行业监管及打击非法排污排放，推进环保信息公开和多元监督渠道畅通。绿色发展任务均由市政府主要领导同志负总责，同时明确各项工作的牵头负责领导、牵头责任单位和协同配合单位。市政府将把重点工作纳入年度目标管理绩效考核，适时开展专项督查。

（三）深度落实整改问题

市委、市政府成立以主要负责同志担任组长的整改工作领导小组，研究制定《合肥市贯彻落实中央第四环境保护督察组督察反馈意见整改实施方案》，向36个责任单位下达整改任务书，围绕“人、事、因、制”开展整改。同时，合肥市把突出环境问题整改工作纳入市政府目标管理绩效考核范围，建立整改督导调度和销号制度，采取定期调度、专项督查、明察暗访、整改复查等方式，层层传导压力，扎实推进整改。

（四）积极创新污水处理模式

2017年巢湖市政府将投资1800万元，对市区所有91座公（旱）

厕进行彻底改造，并新建 3 座一类公厕。巢湖市专门成立了厕所整治小组，由市委书记担任“总所长”，针对“城区现有公厕少、设施老旧、卫生质量差，厕所分布不均，管理不到位”等问题，强化公厕改造、设计和量化管理。2018 年巢湖市被选为示范城市参加“全国城市公共厕所建设管理培训班”，其创新措施得到了广泛认可。

巢湖市因地制宜采取 5 种污水处理模式：乡镇政府驻地和环巢湖流域一级保护区范围内小集镇及村庄实行管网集中处理模式，美丽乡村中心村实行集中式污水处理设施模式，居住相对集中的村庄选择微动力污水处理设施模式，不能纳入污水管网的地方联户采取小型净化池处理模式，位置偏僻的单户采取户改厕模式。围绕“巢湖要治理，截污须先行；污水要收集，改水须改厕；雨污要分流，处理须合理；运行要常态，日常须管理；监管要规范，奖补须定明”的“五要五须五字诀”，加快补齐农村生活污水治理短板。制定《巢湖市市域农村生活污水处理专项规划》《巢湖市推进农村生活污水全面治理工作方案》等规定，按城市、乡镇、中心村、自然村四级模式开展污水治理，完善污水处理设施，着力破解生活污水处理设施全覆盖的难题。2019 年 1 月 24 日，全国农村生活污水治理工作推进现场会在巢湖市召开，国务院副总理胡春华到巢湖市柘皋镇汪桥集村、烔炀镇小田埠村、黄麓镇昶方村实地了解农村生活污水治理情况。

（五）深耕生态农业产业体系

2018 年，安徽省农业委员会印发《安徽省稻渔综合种养双千工程实施意见》，要求各地围绕绿色兴农、质量兴农、品牌强农的工作目标，坚持以渔促稻、因地制宜和生态优先等原则，着力标准化生产基地、稻渔产品品牌建设，提升稻渔综合种养产业化发展水平，推动农业供给侧结构性改革。目前巢湖市实现稻田养虾 8000 余亩，实现亩产“双千”，水稻产量 1000 余斤，龙虾产值 1000 元以上。

巢湖市大力发展现代生态农业，农村生态环境改善显著、现代产业体系日益健全，进一步确立了现代农业发展在全省的领先地位。同时巢湖市积极推动全市农业农村发展创新，建设农业产业化三大集群和四大园区，推动滨湖观光大道生态农业、环巢湖生态农业建设。其具体措施如下：一是发展循环农业，通过林下养殖模式、鱼禽立体养殖模式、稻虾共生模式等推动了农业发展模式的创新；二是发展绿色农业，打造月亮湾湿地公园和实施全域禁养；三是发展科技农业，减少农业面源污染，减少化肥、农药、农膜使用，推动秸秆还田，推动湿地为主的治理污染农业措施。

四、绿色发展

（一）打造全域旅游示范区

2016 年 2 月 1 日，巢湖市正式成为合肥市唯一一家“国家级首批全域旅游示范区”创建单位。推动旅游业由“景区旅游”向“全域旅游”发展模式转变，构建新型旅游发展格局，促进旅游业全区域、全要素、全产业链发展，实现旅游业全域共建、全域共融、全域共享。巢湖市借力该示范区建设积极创建“全国著名旅游休闲度假胜地”“环巢湖国家级旅游休闲区核心区”“国家级全域旅游示范区”。打造特色农庄、生态采摘、精品民宿、渔家小院等乡村旅游产品；完善智慧旅游体系、游客集散中心、生态停车场、旅游厕所等功能配套；实施景区生态治理、标准化建设、道路通达、古村落及文物保护等。

同步出台《巢湖市重大文旅项目招商政策十条》《巢湖市旅游扶贫政策十条》《巢湖市促进民宿产业发展政策十条》等，形成发展全域旅游的“1＋N”政策体系，深度挖掘名村、名校、名将内涵，瞄准康养度假、特色街区、乡村民宿、田园综合体等旅游业态，开展精准招商。2019 年，槐林渔网特色产业集群（基地）入选省县域特色产业集群(基地)，“国家全域旅游示范区”创建通过省级验收。出台《巢湖市发展全域旅游助力乡村振兴实施意见》，开展乡村旅游“四级联创”，稳步推进姥山岛 AAAAA 级景区创建，成功举办环巢湖自行车赛、“醉美”巢湖休闲赏花季、渔火音乐节等活动，旅游接待 1140 万人次，增长 20％，实现旅游综合收入 48 亿元，增长 21％。实施农村电商优化升级工程，电商网上零售额近 16 亿元。

（二）试点流域“双向”生态补偿

2018 年 1 月至 2019 年 12 月底，巢湖市会同省巢湖管理局组织实施炯炀河流域生态补偿试点工作，以改善巢湖主要入湖河流水质，探索巢湖流域水环境综合整治生态补偿机制。以入湖主要污染量控制为主要手段，将入湖断面列入补偿范围，实行“双向补偿”，即污染物削减量达到或超过目标值时，责任地区获得生态补偿金；断面水质指标上升、水质恶化时，责任地区支付污染赔付资金。省巢湖管理局提出突破水质作为断面考核的传统模式，创新使用污染物入湖总量作为考核指标，并实行分流域、控制单元、控制元素管控，推动炯炀河流域生态补偿纵向维度探索。生态补偿资金总规模暂定为1500万元，由合肥市、巢湖市和炯炀镇按5∶3∶2比例承担，专项用于炯炀河流域生态环境的治理和保护工作。

（三）布局绿色产业，建立生态环保科技产业基地

2018年2月，巢湖市印发《巢湖市冲刺“高质量千亿制造业”目标2018年实施方案》，以推进供给侧结构性改革为主线，以高端制造、智能制造、绿色制造、精品制造、服务型制造为方向，以高质量发展为核心，加快健全“技术和产业”“平台和企业”“金融和资本”“制度和政策”四位一体的创新体系，进一步提升制造水平、完善产业链条，形成产业集群和竞争优势。构建“341”产业体系，即改造提升以渔网具产业、食品深加工业、建材产业为代表的三大传统优势产业，集聚发展以新一代信息技术、新材料、高端装备制造、生物和大健康为代表的四大战略性新兴产业，积极培育一批生产性服务业。巢湖坚持生态优先、绿色发展原则，推动生态环保产业发展，2018年建成巢湖半岛生态环保科技产业基地及院士工作站，2019年初引进总投资10.8亿元的干细胞健康科技项目。

（四）以田园综合体深度融合“森林＋”，加速变革传统林业产业

巢湖市为践行“绿水青山就是金山银山”发展理念，大力整合林地、文化、民俗、旅游等多种资源，着力打造半岛花溪、西黄山“中国蠃村”、尖山湖逸趣园三大田园综合体，大力发展“森林＋”全新产业链，探索将资源优势转变为发展生态经济的引擎。以高效益、新品种、新技术、新模式为主要内容的“一高三新”特色林业蓬勃发展，森林功能不断拓展，特色种植嵌入康养、民宿、休闲和文化历史，绿色为基、康养为魂、旅游为体、民生为本，四者深度融合促进“森林＋”三产合一，形成产业互促并进、互利共赢的发展格局。巢湖市印发《创建全国林长制改革示范区实施方案》，积极发展森林旅游、森林康养等现代林业产业，着力打造全国林长制改革“森林＋”山水资源持续高效综合利用巢湖样板，该方案明确提出六大生态工程：废弃矿山生态修复工程、增绿添彩工程、石质山造林工程、森林抚育工程、森林防火工程、林业有害生物防治工程。通过加速变革传统林业产业，一方面提升森林生态服务功能，另一方面将特色林业产业转化成为乡村振兴绿色发展的新引擎，进而实现林业治理体系和治理能力现代化。

（五）创新建设理念，激发农村电商整体活力

2015 年 7 月启动的“三瓜公社”由安徽淮商集团与安巢经开区联手打造而成，其核心理念是“把农村建设得更像农村”，以“整旧如故、体验其真”为规划理念，保护乡村建设肌理，推进示范特色村创建，展示乡村自然人文特色。“三瓜公社”是生态高效农业“一村一品”在汤山古村落的生动实践，围绕民俗、文化、旅游、餐饮、休闲等多个领域，综合现代农特产品的生产、开发、线上线下交易、物流等环节，探索出一条信息化时代的“互联网＋三农”之路，形成了“冬瓜民俗村”“南瓜电商村”“西瓜美食村”三大特色村。此外，“三瓜公社”还在电商人才培养、爱国主义教育和基层党建方面进行了积极的探索。

五、主要经验

（一）统一发展思路，明确治理理念

安徽省、合肥市与巢湖市在不同层级做到了绿色发展理念的贯彻与统一，在流域综合治理上做到了横向有效调度与协调。而巢湖从市级层面成立高规格的环巢湖生态示范区建设领导小组，负责巢湖综合治理的顶层设计和统一指挥；各县（市）区、开发区及市相关部门成立相应建设领导小组，负责建设任务；领导小组下设办公室，负责综合协调、服务保障及建设项目日常调度。坚持“科学治水、精准施策、绿色发展”的治理理念，确立控制增量、消减存量、扩大容量的总体策略和治理西北、保护西南、防治东北、连通东南、修复环湖的分区策略，按照“治湖先治河、治河先治污、治污先治源”的治水方略，强化减排、净化、扩容三大环节，突出水质、水量、水流三大要素，强力实施环巢湖道路桥梁、防洪、航道、河道整治、生态修复、生态农业、入湖截污、旅游开发“八大工程”，积极规划建设巢湖生态文明先行示范区。

（二）重视规划引领，健全规划体系

陆续制定完善“十三五”规划体系，印发《巢湖市国民经济和社会发展第十三个五年规划纲要》《巢湖市“十三五”生态环境建设规划(2016—2020年)》《巢湖市“十三五”现代农业发展规划》《巢湖市“十三五”新型城镇化发展规划（2016—2020年)》。党的十九大以来，陆续印发《关于建设绿色发展美丽巢湖的意见》等文件，2019年印发《巢湖市发展全域旅游助力乡村振兴实施意见》。按照省政府《巢湖综合治理攻坚战实施方案》及《安徽省创建全国林长制改革示范区实施方案》制定了专门的巢湖市实施方案，在合肥市《巢湖综合治理绿色发展总体规划（2018—2035年)》中找准定位，始终坚守生态功能保障基线、环境质量安全底线、自然资源利用上限，并制定《巢湖市空间规划(2017—2035)》《巢湖市城市总体规划（2017—2035)》等，积极统筹山水林田湖草系统治理，全力推进省级生态文明建设示范市创建，致力于打造青山常在、清水长流、空气常新的美丽巢湖。

（三）创新治理模式，坚持因地制宜

在“厕所革命”中取得突出治理成效得益于工作体系的创新，巢湖市构建“机构＋方案＋机制”的工作体系，建立临时性、精简化动员体系，按照“改造＋消灭＋新建”同步开展，由市委书记担任“总所长”高位推动公厕改造和环境维护，做到了量质兼顾。创新实行“管理包联”和“责任包联”等制度，包联人员负责对包联公厕的管服进行日常监管，建立了“宣传＋投入＋奖惩”的保障机制。农村厕所改造中，坚持因地制宜选择模式，不照搬城市技术路径和处理方式，农民可以选择自建或代建模式，达到政府验收标准后再奖补每户400元，每户只需自掏600元就可建成一个达标的农厕。

第二节　安徽省宁国市

一、市情简介

宁国市地处安徽省东南部，连接皖浙两省 7 个县市，背靠黄山、九华山，融入上海、南京、杭州、合肥四大城市 2 小时经济圈，市域面积 2487 平方公里，辖 13 个乡镇、6 个街道，综合经济实力始终保持全省领先位次。

宁国生态环境优良，森林覆盖率超过 70%，是“中国山核桃之乡”“中国元竹之乡”“中国前胡之乡”。其农业特色鲜明，涌现出一批以詹氏公司、恩龙集团、乡味源公司为代表的国家级和安徽省级农业产业化龙头企业。

宁国是水阳江、青弋江、富春江的源头，境内东津、中津、西津三条河流穿城而过，拥有国家级水利风景区、国家级森林公园青龙湖，拥有省级板桥自然保护区和北亚热带最后一片原始森林，拥有国家一级保护树种、素有“植物界大熊猫”之称的市树红豆杉，拥有“北有洛阳、南有宁国”之美誉的市花江南牡丹，是全国绿色小康县、全国绿化模范县、全国生态保护与建设示范区、中国休闲农业与乡村旅游示范市。宁国依托全省唯一的城市风貌特色塑造试点，打造“徽风皖韵、多彩山水”的城市特色，荣获首届中国生态文明奖、全国县级文明城市提名城市、全国生态保护与建设示范区、国家园林城市和省级森林城市称号，获评美丽中国十大最美城镇。

宁国通过实施“开放兴市、工业强市、生态立市、创新活市、和谐安市”战略，综合经济实力始终保持全省领先位次。宁国正不断推进打造战略性新兴产业集聚地、生态性休闲旅游目的地、综合性区域交通枢纽地、示范性文明建设先行地，争当全省科学发展排头兵。

二、发展历程

安徽省早在2004年提出了“生态强省”发展战略。2011年，安徽提出努力打造经济强省、文化强省、生态强省的目标。2012年，安徽省在新安江流域实施生态补偿试点，在全国开创跨省流域生态补偿先河。2016年安徽提出要在“十三五”期间构建系统完整的安徽特色生态文明制度体系。2018年，安徽又率先在全省全面推广生态补偿工作，统筹推进山水林田湖草系统治理。截至2019年，安徽省已出台打赢蓝天保卫战三年行动计划、城市黑臭水体治理、巢湖综合治理、农业农村污染治理、饮用水水源地保护等5场标志性战役的实施方案，不断推进生态文明“安徽样板”建设。

2011年，宣城市在全省率先启动国家生态市创建工作，并在2013年确立“生态立市”为本市发展的先导战略，将生态文明建设融入经济、社会、环境协调发展的全过程。2015年，宣城市在安徽省率先成立了生态文明与环境保护委员会。2018年，宣城市明确了实施“六大战略”和6个“1号工程”，并将“生态立市”战略列为“六大战略”之首。

宁国市坚持生态立市，按照上级政府关于生态文明建设的相关政策要求，将经济发展和生态保护相结合，采取一系列生态建设举措，努力打造生态宜居城市。宁国市通过全面推进河长制、林长制建设，加强对本地区资源的合理开发利用，走出了一条具有宁国特色的绿色发展之路，并初步实现了经济效益、社会效益和生态效益的有机统一。

2009年，宁国市率先在全省划分自然保护区、农业旅游区、高新产业区、商务文化区四类生态主体功能区，建立了以水系源头区、自然保护区为重点的生态保护机制和利益补偿机制。

党的十八大以来，宁国市聚焦生态文明，深化环境治理和生态保护建设工作，实施生态主体功能区规划，推进本市的生态文明建设。宁国市编制了生态环境保护“十三五”规划，并全面完成中央环保督察问题整改，开展实施了“蓝天行动”，全面推行“河长制”，启动实施“林长制”。同时，宁国市开展实施了六大整治专项行动[①]以及创建节约型机关、绿色家庭、绿色学校、绿色社区和绿色出行等行动。经过多年努力，宁国市绿色发展成绩显著，生态环境得到持续改善。截至2018年底，宁国市森林覆盖率达77.2%，各类公园23个，城镇人均公共绿地面积15.7平方米，被列为全省城市设计、城市双修试点城市，获评“国家园林城市”“全国十大最美城镇”，并于2018年11月顺利通过国家园林城市复查工作。

2019年宁国市进一步突出环境治理，全面加强生态保护。其中包括，开展生态修复工程和水清岸绿产业优专项行动，并推进本市乱埋乱葬、乱种乱养、乱采乱挖、农民建房、“三线四边”、青龙湾综合环境及旅游市场秩序七大专项整治。宁国市以创建国家全域旅游示范区为抓手，推进全域旅游建设。

三、绿色治理

（一）生态文明制度建设

从2004年至今，安徽省出台了《安徽生态省建设总体规划纲要》《生态强省建设实施纲要》《关于扎实推进绿色发展着力打造生态文明建设安徽样板实施方案》《安徽省生态保护红线》等文件。2018年安徽省生态环境厅正式挂牌，同年印发“三定”方案，明确职能配置、内设机构和人员编制等事项。安徽省不断推进生态环境机构垂管改革和生态环境保护综合行政执法改革，完善生态环境损害赔偿和环境监测质量保障制度，探索实施环境智慧监管新模式，推动实现污染源自动监控设备“安装、联网、监管”三个全覆盖。

宣城市也相继出台《关于全面推进生态市建设的决定》《宣城市创建国家生态市实施方案》《宣城市绿色发展行动方案》《宣城市创建国家生态文明建设示范市工作方案》等文件，并组织编制了《宣城市生态文明建设示范市规划（2016—2020年）实施方案》，明确创建的路线图、

---

① 大力度高位推动、大手笔建设项目、大配套提升品质、大整治净化环境、大营销擦亮名片、大格局全民共建。

时间表和责任清单。

宁国市在安徽省、宣城市的总体指导下，开展了一系列生态文明制度建设与生态文明体制改革行动。为促进本区域生态文明建设，宁国市成立了生态文明与环境保护委员会，同时，出台《关于推进生态文明建设在全省率先基本实现现代化的意见》《建设安徽（宁国）绿色发展创新实验区意见》《宁国市全面推行河长制工作方案》《宁国市环境保护督查方案》等文件，作为绿色发展的政策指导。

宁国市近年来建立和健全包括环保信用评价、信息强制性披露、严惩重罚等在内的制度体系，严格落实环境监管“双随机、一公开”制度，及时发现企业生产中暴露出来的环境问题，并探索推行“谁污染、谁付费”模式，建立第三方治理的治污新机制和“散乱污”企业专项整治长效机制。

宁国市在探索建立资源节约与环境保护的体制机制方面，推行“1+1+N”生态保护体制，其中第一个“1”为属地责任主体，第二个“1”为牵头部门责任主体，“N”为相关部门协同配合主体，根据不同的环境治理要求明确不同的责任主体。该市还组织实施“宁绩旌”绿三角“经济协作区”建设，加强区域间生态文明建设之间的协作模式创新，强化与浙江临安区、安吉县和绩溪县、旌德县区域之间的联防联控工作。

（二）污染防治与环境保护

宁国市为做好污染防治和环境保护工作，不断完善生态文明与环境保护委员会工作机制，制定了《宁国市环境保护督查方案》，在大气污染防治、水污染防治、土壤污染防治等方面采取了一系列举措。

2018年，在大气污染防治方面，宁国市制定了《宁国市2018年度大气污染防治行动计划》和《宁国市2018年蓝天行动实施方案》，采取实施了“控煤、控气、控车、控尘、控烧”等措施。在水污染防治方面，推进建设城市污水管网，对全市加油站（点）地下油罐进行防渗改造，并对县级饮用水水源地环境问题进行整治。在土壤污染防治方面，开展农用地土壤污染状况详查工作，并启动实施土壤污染治理与修复试点。此外，宁国市还对市内厂矿企业的排污许可证进行核发，开展减排工作。通过加大环保执法监管，对各类环境违法行为进行追究打击，督促重点企事业单位制定突发环境事件应急预案，按照预案开展应急演练等措施，推进本市的污染防治和环境保护工作。

宁国市还通过治理工业污染、生活污染和农业面源污染，推广应用新型节能农村住宅和清洁能源，集中整治本市省道和县乡公路沿线，建立并完善农村环境卫生整治长效机制等促进本市环境质量的提升。

（三）生态建设

宁国市依据上级政府的工作计划安排和本地区实际建设情况，在生态建设方面采取多项举措，做好各项规划和实施工作。

为做好生态建设工作，宁国市委托安徽省环境科学研究院编制了《宁国市生态环境保护“十三五”规划》，并率先在本省编制完成了生态环境功能区规划，将本市各区域划分为自然保护区、农业旅游区、高新产业区和商务文化区四类功能区。同时确定了功能区分类管理和激励约束原则，制定生态利益补偿措施，从动态和静态两方面分别设立生态公益林专项补助资金和生态利益绩效资金。

宁国市重视对生态工业、生态农业、生态林业、生态旅游、生态文化、生态人居和生态资源保护的建设，着力提升新常态下经济发展的质量和效益，并通过实施“绿景”“绿廊”“绿源”“绿荫”“绿水”“绿院”等“六绿”工程改善本市生态环境，提升城市品位，为建设生态宜居城市打造良好内外环境。

此外，宁国市对破坏生态环境的行为进行严厉打击，围绕“共抓大保护，不搞大开发”，在全市同步推进乱埋乱葬、乱种乱养、乱采乱挖、农民建房、“三线四边”、青龙湾综合环境、旅游市场秩序七大专项整治行动。

四、绿色发展

（一）优化国土空间布局

为解决土地供需、资源承载等难题，宁国市以节约集约促转型、助发展，加强对国土资源的节约集约利用，使国土空间布局得到优化。

对国土资源的利用进行统筹规划。编制完成《生态环境功能区规划》，将本市划分为四类生态环境功能区，并明确各区域的生态保护目标、污染物总量控制和产业开发要求。推进多规合一工作，修编完成本市土地利用总体规划。加强对国土资源“一张图”及综合监管平台的建设，同时成立城乡建设统筹办公室，严厉打击各类违法占用耕地事件。

围绕土地节约集约利用，宁国市采取各类“节地”举措。通过严格审核程序和提高用地标准等方式，严控用地准入。对企业进行政策上的支持帮扶，鼓励企业新建多层标准化厂房。同时，宁国市自 2012 年起设立“土地节约集约利用奖”，以亩均产出率、亩均税收为标准对园区企业进行考核，使土地资源得到最大化利用。此外，宁国市还注重对低效闲置地的处置，通过“以税控地、以税管地”对土地低效闲置利用的企业进行处置，出台《宁国市农村宅基地退出办法》，引导农民依法自愿有偿退出宅基地。

（二）加强资源节约，强化产业绿色转型

2012 年以来，宁国市以创建节约型公共机构示范单位和建设节水型单位为抓手，采取各种方式强化资源节约的宣传，编制实施了土地利用总体规划、矿产资源总体规划、土地整治总体规划等规划方案，加强对各类资源的节约集约化利用。

宁国市通过推进新型建筑“绿建”设计工程的落实，推广太阳能光伏光热、绿色照明等产品、技术，倡导公共机构采用合同能源管理、政府和社会资本合作等模式，在全市开展废旧商品回收、资源回收再利用活动，促进对其他各类资源的节约利用。在 2017 年的节能宣传周期间，宁国市还通过各类媒体平台、沿街商业荧屏、公交车、志愿者街头宣传等形式加强对节能环保生活方式的宣传。

在严格项目管理的同时，宁国市大力支持发展生态工业、生态农业、生态林业、生态旅游、生态文化、生态人居和生态资源保护，以“四换”（“腾笼换鸟”“空间换地”“机器换人”“电商换市”）促进企业转型升级，推广应用技能环保新技术、新工艺和新装备，构建起绿色产品、绿色工厂、绿色园区、绿色供应链“四位一体”的绿色制造体系。通过扶持循环产业和环保产业的发展，有效提高资源的利用率。通过实施高效节水灌溉工程，污水处理循环再利用等措施，不断促进对本市水资源的节约利用。大力发展特色经济林，推广“龙头企业＋基地＋专业合作社＋农户”等模式，加快发展各类林业专业合作组织，着力发展林下经济，提高林地的使用率和产出率，提升林下经济产值。

（三）立足生态优势，发展全域旅游

围绕《宁国市国民经济和社会发展第十三个五年规划纲要》中打造生态性休闲旅游目的地，加快绿色发展，构筑生态新优势的要求，素以工业见长的宁国市，立足自身生态优势，近些年将经济增长点逐渐转向旅游经济发展，不断推进本市全域旅游建设，打造生态新优势，助力经济发展。

为打造“山水田园、自在宁国”高品质的生态性休闲旅游目的地，宁国市围绕项目建设，在打造旅游产品上实现“新提速”。注重发挥重大文化旅游项目的龙头带动作用，突出青龙湾、“皖南川藏线”、红楼梦文化园、“真也天境”等一批重点文化旅游项目，坚持“招大商、大招商”，探索跨要素、跨行业、跨区域、跨时空的产业链延伸新模式。在具体行动上，宁国市组建了首期规模5亿元的文化旅游投资公司，整合全市旅游资源对外招商，市场化推进全市旅游项目开发。通过实施“内联外畅”的大交通建设，加强乡村环境专项整治，采用“传统＋互联网”相结合模式进行营销宣传，以及加大对民宿行业发展的资金扶持等措施为旅游经济发展创造有利条件。

五、主要经验

宁国市根据上级关于生态文明建设的要求和市情民情，坚持生态立市的发展定位，因地制宜地采取措施进行绿色治理和绿色发展，将环境整治与美丽乡村建设相结合，创新生态文明建设的体制机制，重视发挥“生态细胞”的作用，逐渐打造形成了生态文明建设的“宁国样板”。

（一）环境整治与美丽乡村建设相结合

宁国市将境内环境整治与美丽乡村建设相结合，推进农村生活污水、生活垃圾等基本公共服务和基础设施建设、“三线四边”综合整治，并以农村清洁工程和村旁屋边治理为重点，实行垃圾分类，打造一批示范性美丽村庄。为推动农村环境整治的常态化和规范化，宁国市建设了

36座农村生活污水集中式处理设施，并选聘任用了1330余名环卫人员。

为推进创建美丽乡村建设，宁国市在推进乡村旅游方面着力，将环境整治与乡村旅游开发相结合，投入大量资金用于乡村水景观工程建设及水环境治理。一方面对农村大小河、塘、沟、渠进行环境整治，另一方面推进河岸景观、沿河休闲游步道等农村水利景观工程的建设。

为推进乡村环境卫生的常态化管理，宁国市制定实施了《宁国市美丽乡村建设长效管护办法》和《宁国市农村环境卫生综合整治考核细则》，建立相关考核奖惩机制，安排专项奖励资金，并采取全年开展2次暗访、3次季度检查、1次年终总查的“2＋3＋1”方式进行考核，以此推进美丽乡村建设，助推整个宁国市的生态文明建设。

（二）创新建设新机制，发挥“生态细胞”作用

宁国市重视生态文明建设新机制的创新建立，不断推进有助于本市生态建设质量提升的各项制度机制，并注重凝聚各社会主体的力量，发挥“生态细胞”的作用。

在生态文明建设的过程中，宁国市创新运行管理的体制机制，发挥乡镇和村等“生态细胞”的作用，推进生态文明建设。从事后监管、末端治理向源头控制、过程监管、综合治理方向转变，建立同步指导服务、同步跟踪促效、同步指导验收的建设项目“三同步”服务制度，促进环境保护和经济的协调发展。同时，宁国市建立和完善乡镇环境监管员、村级环境信息员制度，构建起市、乡、村三级环保队伍，在全市推行环境监管网格化管理，与综治网格无缝对接，探索全社会成员广泛参与生态文明建设的新途径。

宁国市还通过推进优美乡镇和生态村创建活动，建成了一批“全国环境优美乡镇”（生态乡镇）、“国家级生态村”、“安徽省生态村”，“绿色学校”“省级绿色社区”“宁国市级绿色社区”和一批“绿色家庭”，使普通群众的生态意识不断得到提升。

第三节　吉林省集安市

一、市情简介

集安市位于吉林省东南部，地处长白山麓，中朝边境，鸭绿江畔，是吉林省主要林区之一，同时又被确定为国家级生态示范区、中国优秀旅游城市、全国休闲农业与乡村旅游示范县、国家园林城市，森林资源丰富，生态区位重要。全市总经营面积 3341 平方公里，森林覆盖率超过 80%。多年来，集安市紧紧围绕“发展生态林业，建设秀美集安”的工作目标和“三大效益并举，生态效益优先”的原则，积极培育、有效保护、合理开发、科学利用森林资源，实现了森林资源面积和蓄积的同步增长，特别是实施国家重点生态工程以来，森林质量、生态环境得以进一步改善，森林生态系统服务功能得到进一步加强，在集安经济社会可持续发展中发挥了无与伦比的生态保障作用。

集安市整体属北温带大陆性气候，岭南具有明显的半大陆海洋性季风气候。四季分明，春风早至，秋霜晚至。境内老岭山脉自东北向西南横贯全市，形成一道天然屏障，抵御北来寒风，使温暖湿润的海洋气流，沿鸭绿江溯源而来，造就了集安市岭南、岭北两个小气候区（岭南属半大陆半海洋性气候，岭北属温带大陆性季风气候），气候条件在全省有“四最”，即平均降雨量最多（年降雨量 800～1000 毫米）、积温最高（年积温 3650℃）、无霜期最长（150 天左右）、风速最低（年平均风速为 1.6 米/秒）。

二、发展历程

（一）“生态立市”不动摇

集安始终坚持“生态立市”战略不动摇，高度重视生态文明建设。完成《集安市国家生态文明建设示范市建设规划》《集安市“十三五”畜禽养殖污染防治规划》编制，7 个省级生态镇、14 个省级生态村通过验收；持续加强绿化造林和森林保护，连续 64 年无重大森林火灾；加大国家级自然保护区治理力度，全面推行河长制，完成永久基本农田划定，新开河流域人工影响天气基地投入使用。坚决落实中央环保督察部署要求，接受办理信访案件 36 批次 51 件，一批群众反映强烈的生态环保突出问题得到解决。

集安作为国家级生态示范区、国家级自然保护区和国家重点生态功能区，始终坚持把生态立市贯穿于经济社会发展的各方面、全过程，特别是将生态环境保护纳入人大一号议案，深入开展打击非法毁林种参、超标排放、违法排污及湿地、水源地保护等专项行动，有力地保护了生态环境。

（二）深度发展生态旅游

生态文明旅游示范区是指以可持续发展为理念，以保护生态环境为前提，依托良好的自然生态环境和独特的人文生态系统，采取生态友好方式，有计划并有序开展生态体验、生态教育、生态认知的生态旅游地。通过创建生态文明旅游示范区，可以加强旅游者对自然、生态资源的深入了解，提高参与者对生态旅游资源保护与发展的责任感，形成可持续发展的生态旅游区域。加大推广生态文明旅游示范区的力度，扩大生态文明旅游示范区的带动作用，进一步加快推进生态文明建设。

集安率先在全省开展数字旅游建设，旅游云数据中心、公共服务平台上线运营，基本实现“一部手机在手、畅游集安无忧”。强化旅游宣传营销，举办首届“集安·高丽火盆美食大赛”等活动，开通北京至集安“参”呼吸旅游专列，集安旅游吸引力和影响力不断增强。实行旅游惠民政策，高句丽文物古迹景区免费接待市民及游客 6 万余人（次）。集安立足“名城、边境、生态、江南”四大特点和资源优势，坚持“生态立市”发展战略，把生态文明建设融入全市经济、政治、文化、社会建设全过程，逐步形成了“村庄鸟语花香、道路园林美景、小区开窗见绿、远郊青山绿水、城郊绿色长廊、城区绿地花园”的城乡一体生态新格局。生态文明旅游示范区创建活动专家组通过对集安市进行实地考察调研，认为集安市生态资源基础丰富，生态保护及生态教育特征明显，生态旅游开发成效显著，一致同意集安市成为“生态文明旅游示范区”。

集安荣膺“生态文明旅游示范区”，将对集安树立生态旅游品牌、打开目标旅游市场、树立旅游新形象、进一步加快推进生态文明建设起到巨大的推动作用。

集安市全力发展旅游产业，坚持把全域旅游作为推进绿色转型发展的重要引擎，科学有序开发冰雪旅游、红色旅游、乡村旅游等资源，逐步补齐产业短板，力争进入国家全域旅游示范区行列。逐步深化集旅集团治理结构改革，加强与知名旅游企业合作，探索引进社会资本建立旅游基金，增强自身造血功能。加强旅游产品开发，推进太极湾、国东大穴、青石风情小镇、高句丽古墓葬露天博物馆等项目建设，完成高句丽文物古迹景区 AAAAA 级、雅罗酒庄和鸭江谷酒庄 AAA 级景区创建；加大地方特色旅游商品研发力度，不断丰富“集安味道”等商品种类。做精旅游宣传营销，适时举办火盆大赛、鸭绿江河谷冰葡萄酒节等节事活动，提升集安旅游影响力，深度发展生态旅游。

（三）部门联动，强化监管责任

按照管行业必须管环保、管业务必须管环保、管生产经营必须管环保和分级负责、属地管理的原则，严格履行生态文明建设职责，努力构建环境保护主管部门统一协调监管、有关部门各负其责的环境保护工作格局。要加强环境保护部门综合监管队伍建设，不断提升监管素质和工作效率。要不断加强水质、大气自动监测站建设，切实提高环境监测能力和监测水平。全面落实“河长制”，水环境得到有效保护。着力加强生态建设，荣获国家生态文明建设示范市称号，是东北三省唯一入选城市。启动国家森林城市创建，完成各类造林 4.4 万亩，新增省级生态乡镇 3 个、生态村 4 个、绿美示范村屯 1 个，连续 60 多年无重大森林火灾。全力打好防范化解重大风险攻坚战，积极妥善处置存量债务，综合债务率降至 36.38%。

（四）积极引导，增强社会责任

集安充分利用广播、电视、报刊、网络等新闻媒体，广泛开展多层次、多形式的生态文明建设宣传，营造良好的社会氛围。广泛开展节约型机关和绿色家庭、绿色学校、绿色社区、绿色出行等创建行动，大力倡导健康文明的生活方式和消费模式，增强全民节约意识、环保意识、生态意识，形成爱护生态环境的良好风气。积极引导企业及经营者树立科学理性的致富观，进一步提高投身生态文明建设的责任意识和参与意识，特别是要用“集安最美·因为有你”的价值理念，持续凝聚建设美丽集安、健康集安的思想共识和行动自觉，形成推进生态文明建设的强大合力。必须坚持绿色发展不动摇。党的十九大报告指出，必须树立和践行绿水青山就是金山银山的发展理念，坚持节约资源和保护环境的基本国策，坚持走生产发展、生活富裕、生态良好的文明发展道路。

（五）依法治理是保障

党的十九大报告指出，要坚持节约资源和保护环境的基本国策，像对待生命一样对待生态环境，统筹山水林田湖草系统治理，实行最严格的生态环境保护制度。为了能够更好地满足当前人民不断增长的对“优质生态产品”和“优美生态环境”的需要，必须要把保护生态环境作为自觉的责任，转化到理念上，贯穿到要求上，体现到路径上，落实到实践中。就集安来讲，经过多年的生态建设保护、依法严格治理，特别是将生态环境保护列入人大一号议案，深入开展打击破坏生态环境的系列专项行动，有力地保护了集安的绿水青山。

集安市人民正享受着习近平总书记关于“环境就是民生、青山就是美丽，蓝天也是幸福”重要论断带来的深刻变化。目前，全市森林覆盖率达到 82.16%，高于全国平均水平 60 多个百分点；空气环境质量保持在国家二级标准，空气质量优良天数超过 330 天，城区 $PM_{2.5}$ 保持在 2—15 之间；饮用水源地水质达到国家二类水质标准，地表水优于国家三类水质标准；城市绿化覆盖率达到 37.6%，人均公园绿地面积达到 10.24 平方米；全市 127 个行政村全部达到省级绿化先进村标准。但垃圾污水处理、农村面源污染、个别村屯环境不优等问题仍然存在。这就要求必须清醒认识保护生态环境、治理环境污染的紧迫性和艰巨性，必须清醒认识加强生态文明建设的重要性和必要性，着力树立生态观念、完善生态制度、维护生态安全、优化生态环境，全面保护和建设好集安人的美好家园。

三、绿色治理

生态环境部公布第二批国家生态文明建设示范市县名单，集安市作为吉林省唯一上榜城市，为吉林省再添一张“国字号”品牌。近年来，集安市深入践行习近平生态文明思想，立足长远谋发展，强化举措抓落实，推动生态文明建设水平逐步提升。目前，全市森林覆盖率达到82.16%，空气质量年优良天数超过330天，水源地水质符合国家二类标准，生态保护红线比例接近70%，生态文明建设公众满意度超过95%。

（一）坚持规划先行

深入实施“生态立市”发展战略，高标准编制《集安市国家生态文明建设示范市建设规划》《集安市农村环境综合整治规划》《集安市“十三五”畜禽养殖污染防治规划》等7个规划，切实将生态文明建设贯穿于经济社会发展全过程。坚持高位推动。成立由市委书记和市长任组长、相关市级领导任副组长，各乡镇（街）、各部门“一把手”为成员的创建工作领导小组，构建了党委领导、政府负责、环保统筹、部门协作、社会参与的大工作格局。组织召开市委常委会会议、政府常务会议、环保委会议和专题会议23次，推动各类环保问题彻底解决。坚持压实责任。制定《集安市生态环境保护职责规定》《集安市党政领导干部生态环境损害责任追究实施细则》等制度办法8个，严格落实“党政同责”“岗双责”，构建了管发展必须管环保、管生产必须管环保的职责体系和工作机制。坚持全面整治。累计投资13.9亿元，实施城乡环境综合整治、“水气土”污染防治、生态修复等“百项工程”，完成城市垃圾填埋场、污水处理厂、地下管网和老旧小区改造、农村垃圾裂解式焚烧炉等项目建设，城市垃圾处理率达到92%、污水集中处理率达到90%，127个行政村全部完成环境综合整治。大力发展生态农业。人参种植面积17.62万亩、葡萄2.1万亩、五味子8100亩、食用菌1000万袋、优质果业2.1万亩，拥有绿色食品、有机农产品等认证22个，成功申报集安人参国家现代农业产业园，是全国山葡萄绿色食品原料标准化生产基地。培育壮大绿色工业。人参加工企业达到126户，开发人参医药、食品和保健品、化妆品600余种，拥有葡萄加工企业20户，开发冰酒、甜酒、干酒3大类16种产品。做精做强生态旅游业，全力推进全域旅游发展，来集安游客人数和旅游综合收入每年以30%的速度递增，全市70%以上的乡镇都走上了旅游路、吃上了旅游饭。

（二）持续加强生态建设保护

围绕创建国家级生态文明建设示范区、国家级森林城市和国家级生态建设示范市，深入实施重大生态修复工程，高标准抓好城区河湖水系连通、“两江九河”防护工程、湿地公园恢复等工作，不断增强生态产品生产能力。开展饮用水源生态环境保护。编制《集安市通沟河生活饮用水水源保护区划技术报告》并得到省政府批复等。2016年被列入沿边重点地区名录。省委、省政府确定集安为全省加快开放发展试点市，明确要将集安打造成为吉林省南部对外开放的重要门户和窗口，并赋予了地级市经济社会管理权限。继续高标准编制出台《城市总体规划》《历史文化名城保护规划》《边贸新区控制性详细规划》《绿地系统规划》等系列规划，城市建成区面积达到8.7平方公里。

加强城市建设，五年累计投资47.6亿元，实施了10万吨净水厂、污水处理厂等项目，升级改造城市主次干路28条，建设和改造供热、供水、排水管网56.5万米，建设封闭式垃圾中转站21座，对41个老旧小区进行环境综合整治，高标准实施城市亮化绿化美化工程，新增绿化面积9.8万平方米，绿化覆盖率37.6%。强化城市管理，国家卫生城市创建取得阶段性成果，全国文明城市评选获得提名资格。2017年《集安市东部新区控制性详细规划》等4个规划完成编制，滨江音乐广场改建、阅莲河丽污分流、小区环境整治提升等工程完工，光荣路等竣工通车，“集安味道”和“火盆”2条特色街路完成提升改造，新建地下综合管廊1.59公里；有序推进城市管理执法体制改革，在全省县级市中率先出台规范城区养犬、烟花爆竹燃放等相关管理办法，拆除违法建筑2.56万平方米；深入推进全国文明城市创建，“集安最美·因为有你”的城市精神深入人心。

2018年产业发展实现新突破。大力发展旅游产业，高标准编制《全域旅游发展总体规划》，实施夹皮沟“果·宿”等项目，国家全域旅游示范区创建工作顺利通过省级验收，荣获中国气候旅游市称号，成功入选第四批全国旅游标准化试点单位。着力提升旅游服务能力，香洲花园酒店等投入使用，新建游客服务中心3个，改建旅游厕所9座，全域旅游服务中心投入运营。

（三）不断强化生态依法治理

习近平总书记指出，只有实行最严格的制度、最严密的法治，才能为生态文明建设提供可靠保障。对此，要全面实施最严格的环境综合整治，推动“气十条”“水十条”“土十条”落实到位，让集安的天更蓝、山更绿、水更清。特别是要持续深入开展打击非法毁林种参、滥砍盗伐，打击非法采砂、乱渔乱捕，打击超标排放、违法排污及湿地、水源地破坏等专项行动，从严从重从快处理破坏生态环境问题，切实提高违法成本，真正让环境破坏者“无利可图”“无路可走”。

近年来，集安牢固树立“绿水青山就是金山银山”发展理念，以打造人参全产业链条为重点，探索发展出“生态＋绿色农业”“生态＋绿色加工业”“生态＋旅游业”等新业态新模式新路径，推动一、二、三产业融合发展。目前，集安变“伐林种参”为农田种参、林下种参，人参种植面积达到17.3万亩，鲜参年产量4000吨，开发出人参医药、食品保健品、化妆品等600余种产品，实现了根、茎、叶、花、果全株开发利用。打造国家和省级人参特色小镇各1个、乡村旅游景区25个，发展家庭旅馆、乡村民宿近千家，农民收入的27％来源于人参业和旅游业。通过生态保护、生态转化，集安实现了因“绿”转化、因“绿”转型、因“绿”转身。依托生态优势、区位优势，集安正在加快建设边境经济合作区、跨境旅游合作区等平台，以生态资源转化推动沿边开放、经济发展，牢牢守住国家边境绿色走廊，为边境地区、东北三省乃至东北亚提供“绿水青山就是金山银山”的典范与标杆。

四、绿色发展

集安市牢固树立“绿水青山就是金山银山”的理念，在全力抓好国家生态文明建设示范市、国家森林城市创建，完善国家重点生态功能区、国家级自然保护区建设的同时，不断提升生态环境保护水平，认真贯彻中央环保督察组反馈意见和部署要求，持续推进环保问题整改，建立健全生态环境保护长效机制。新建 4 个水环境、2 个大气环境监测站，完成第二次全国污染源普查，补植抚育林木 6000 公顷，启动城区河湖水系连通工程。全面落实好河长制，切实保护好水生态环境。始终坚持旅游即城市、城市即旅游的建设理念，统筹城乡协调发展，实现以城带乡、城美乡秀、城乡共融的发展目标。在城市，要大力实施引水入城、引林入城、引文化入城，持续提升水在城中、城在绿中、人在景中的优美城市环境，着力塑造旅游名城形象。在农村，要深入实施乡村振兴战略，以完善环保基础设施建设、提升垃圾污水处理能力、加强面源污染防治和创建精品乡镇、美丽庭院、示范村屯为重点，加快推进新农村建设整市推进工作，着力打造"看得见山、望得见水、记得住乡愁"的美丽乡村。

五、主要经验

"八山一水半分田，半分道路和庄园"生动描绘了集安的自然环境，而集安人不仅保护好了生态环境，还在其中聚了人气、得了效益、谋了发展，将绿水青山变为建设幸福集安的金山银山。

（一）生态建设是重点

制定《集安市创建国家级生态市工作方案》并下发全市，明确了各部门、各乡镇街道职责；编制《集安市生态市建设规划》，并通过省专家组论证。完成台上、青石 2 个乡镇的国家级生态镇创建工作，大路、清河 2 个乡镇和秋皮、上围、望江等 8 个村的省级生态镇村创建工作；地沟、红星等 102 个村达到市级生态村标准。2015 年 10 月，集安市的生态市创建工作通过了省级验收，并被省环保厅正式命名为"吉林省生态市"。

（二）发展理念是定位

全市有人参加工企业 126 家，葡萄加工企业 20 家，五味子、蜂蜜、山野菜、食用菌等食品加工企业 60 家，特产总产值达 65 亿元。目前，集安已开发出人参医药、食品、保健品、化妆品 4 类 600 多种产品；葡萄产业涵盖冰酒、甜酒、干酒、白兰地 4 大类 24 个品种；五味子产业覆盖饮品、茶叶、红酒等系列。集安积极联合科研单位，开展技术攻关，取得非林地栽参技术、农田栽参综合技术及“复式棚”技术、人参专用肥研制等科技成果，率先突破伐林栽参与长白山林地保护的矛盾，从根本上改变原有的种植方式，在平地上种出品质优良的人参。在集旅集团的引领和带动下，集安实施青石风情小镇、五女峰国家森林公园扩建、万亩油菜花海等项目，重点打造乡村旅游项目，发展乡村民宿。全市70%以上的乡镇都走上了“旅游路”，吃上了“旅游饭”，直接带动1.2万人、间接带动6万人从事旅游相关产业，全市农民收入的27%来源于旅游业，走出了一条生态建设与经济发展双赢的融合之路，努力打造出天更蓝、地更绿、山更青、水更净的幸福集安。

（三）环境整治是前提

环境质量的持续改善离不开集安市的不懈努力。近年来，集安市先后完成投资逾3亿元，筹划建设了集安污水处理厂、垃圾无害化处理场，益胜药业、博祥药业等一批重点企业分别建设了污水处理站等污水处理设施。污水处理厂全面达到了国标一级B处理工艺要求。目前正在规划实施再生水回用工程项目。建设4座乡镇污水处理站和2处人工湿地，30%以上的农村生活污水得到集中治理。设立覆盖全市11个乡镇和3个街道办事处的环保兼职助理及村环境管理员，形成市、乡、村三级齐抓共管的环境管理模式。在巩固好水污染防治成果的基础上，集安市委、市政府正以更大力度向大气污染宣战，对污染因素下猛药，力争在较短时间内使鸭江路等市区主干道空气质量得到明显改善。制定《集安市大气污染防治工作方案》，将影响大气质量的工业企业大气污染、城市扬尘污染、机动车污染防治、城市绿化建设等4个方面，细化成具体的实施方案，坚持齐抓共管、上下联动，既各负其责又共同协作的大气污染防治工作机制，集中做好城市拆迁、建筑施工、道路保洁、交通运输等扬尘治理和工业企业、燃煤锅炉、秸秆禁烧、机动车排气等大气污染防治工作。

（四）生态立市是灵魂

近年来，集安把环境保护工作放在战略位置：在环保投入上舍得花本钱，舍得投资金；在新上投资项目时，优先考虑环境影响；在增加公共财政支出时，优先增加环保开支；在建设公共设施时，优先安排环保设施。集安立足“名城、边境、生态、江南”四大特点和资源优势，坚持“生态立市”发展战略，把生态文明建设融入全市经济、政治、文化、社会建设全过程，逐步形成了“村庄鸟语花香、道路园林美景、小区开窗见绿、远郊青山绿水、城郊绿色长廊、城区绿地花园”的城乡一体生态新格局。

第四节　四川省阆中市

一、市情简介

阆中市位于四川省东北部，嘉陵江中上游，幅员1878平方公里，是全国历史文化名城、中国优秀旅游城市、四川省首批扩权强县试点县。自秦置阆中县起，迄今已有2300多年建县史。嘉陵江自北由广元进入阆中境内，以太极之势迂曲于千年古城，盘龙山、锦屏山、灵山和西山于江水之外环抱古城，“山”“水”“城”融为一体，层次分明，景观独特，国内罕见。阆中旧城与新城正好位于嘉陵江“∽”形河道两岸弧线环内，形成天然太极图案；其“山”“水”“城”恰如中国古代风水学中的“龙”“砂”“水”“穴”意象，构成了阆中古城完美的风水形胜格局。

阆中境内有“一江四河”（嘉陵江、东河、构溪河、西河、白溪濠），有自然保护区1个，面积达31375公顷，占国土面积的16.7%。经过多年发展，已形成“阆中古城、天宫风水、构溪湿地”三大核心景区以及多个森林公园。

二、发展历程

2016年10月召开的中国共产党阆中市第十三次代表大会确定了未来5年“坚持绿色发展、特色发展，为建设世界古城旅游目的地，同步实现全面小康而努力奋斗”的目标。为完成既定发展任务，市委提出实施“四大战略”，其中绿色引领战略是核心理念，是阆中未来发展的主要抓手和推动目标。

（一）局部控制：控制污染与重点整治（2014**年以前**）

随着城市化进程和工业发展，早期阆中市环境污染严重。环保局先后多次接到群众反映环境污染问题，并采取局部控制和整改措施。如阆中市长安小区巴都大道对面的一个厂房严重污染小区空气被群众多次举报，环保局于2011年6月15日已向该企业发出立即停止生产，并限期于2011年7月5日前搬迁的通知。

局部污染控制还包括重点整治排污不达标企业，开展保障群众健康环保专项行动，集中整治并严密督办饮用水源保护区；整治垃圾处理厂环境违法问题，特别处理好市垃圾处理厂的垃圾分类、规范填埋和直排渗滤液与渗滤液超标排放对周围环境造成严重污染事件；关闭污染严重养殖场，采取土地流转、控制规模、搞种养结合，促使排污达标；要求污水处理厂增加设备，确保污水处理到位；对嘉陵江餐饮船的排污情况进行定期排查，进行24小时监控，对乱倒乱排严管重罚，不达标的坚决取缔。

（二）生态立市：全面推进省级生态市建设（2014—2018**年**）

2014年以来，阆中市全力推进古城城市湿地公园、国家园林城市“两园”和省级生态市创建。古城城市湿地公园环绕老城区，紧邻新城区。古城有10公里滨江生态文化景观走廊贯穿公园，新区依托新区滨江路，建设20公里生态景观带，顺江延伸、相映成趣的两条城市绿廊，轮廓尽显。

国家园林城市体现着地方生态良性循环、社会和谐发展，是在已经取得的省级园林城市基础上的再提升，是丰富阆中旅游内涵、提升宜居水平的有效途径。创建国家级生态市是撬动阆中生态文明建设再上台阶的有力支点。2014年以来，阆中市生态市创建稳步推进、成效初显，“生态细胞”建设不断加强，创建省级河楼、北门等生态乡镇11个，一批生态村、生态小区如雨后春笋般涌现。围绕着“建设中国最具吸引力的国际休闲旅游城市”目标，阆中立足“生态休闲、宜居宜游”定位，沿着“绿色发展、循环发展、低碳发展”的可持续发展之路阔步向前。

（三）城市治理：全面推进城市环境治理（2018年至今）

阆中市在2018年初确定了未来生态文明建设的工作基调，把高压整治环境污染、改善城乡生态环境作为推动优质发展的重要举措，把实施“绿色引领”战略、打造生态宜居福地作为推动优质发展的重要抓手，走出了一条绿色崛起之路。

2018年6月20日，阆中市政府制定《关于进一步做好全市“散乱污”企业整治工作的通知》，对辖区内的“散乱污”企业进行了分类梳理，制定了整治方案，并将整治任务进行了分解，明确牵头部门、配合部门、属地乡镇（街道）和完成时限。全市已整治“散乱污”企业100余家、整体关闭33家。

近年来，阆中市强力开展大气污染防治，先后关停并拆除17家污染砖厂，恢复植被绿化；督促100家餐饮店安装油烟净化设施，取缔露天烧烤摊点，整治重点环境污染问题。其中，秸秆禁烧和综合利用政策的实施，可谓是民心之举。

三、绿色治理

（一）全面推行河（湖）长制，推动水环境综合治理

阆中市境内现有纳入河长制管理范围的河流（水库）71条。长期以来，阆中市坚持把全面推行河（湖）长制作为生态文明建设的重中之重，紧紧围绕保护嘉陵江水系、渠江水系上项目、抓发展，扎实推动水环境综合治理，推行生态绿色发展。经过治理，水环境得到明显改善，嘉陵江干流水质常年保持在Ⅱ类，部分支流水质由过去的Ⅳ、Ⅴ类提升到现在的Ⅱ、Ⅲ类。

坚持挂帅出征，全面建立市、乡、村三级“河长”体系。阆中市委书记、市长分别担任第一总河长和总河长，24位县级领导担任“县级河（库）长”，河流水库所在乡镇（街道）的77位乡镇（街道）党政主要负责人担任“乡级河（库）长”，所在村（居）的420位书记或主任担任“村级河（段）长”，明确市级联络单位27个，实现三级“河（段）长”全覆盖。坚持挂图作战，印发河长制工作实施方案和工作方案，对全市河长制工作进行细化安排，并按照南充市要求将河长制“六

大任务”具体为“二十项专项行动”，确保各级“河长”职责清、任务明。坚持挂责问效，组建“河长制”工作督查组，聘请“记者河长”“校园河长”等，不定期检查各级“河长”工作落实情况，实行重点督办、限期整改、验收反馈，对工作落实不尽力、履职不到位、考核不合格的严肃问责。

清河治标，全面清理河面漂浮物。打捞河道垃圾杂物2000余吨，实施七里马家河、江南空树溪等河道环境综合治理项目，关闭（搬迁）禁、限养区内养殖场68家。投资2600余万元，对老城区13个沿江排水口及二道沟污水管网进行整治。护河治本，全面取缔非法水上建筑；清理整治嘉陵江、东河砂石码头堆料场60余处；规划建设农村垃圾热解站、中转站20处，进一步提高该市农村垃圾收集、转运、处理能力；启动畜禽粪污资源化利用整县推进项目，不断提高综合利用能力；实行招商引资项目环保联审制，将有环境污染风险、环评不过关的项目拒于门外。

强化基础设施。实施沿河绿化、道路绿化、场镇绿化，进一步提高水涵养能力，在湿地保护区构溪河、长滩河流域新增临时污水处理设施12台，规划新（扩）建乡镇（聚居点）污水处理站63处。强化日常管理，实行购买第三方服务保护城区河道，农村建立乡、村专人负责的河道保洁机制，落实相关经费1000余万元。强化监管执法，积极组织开展执法巡查、专项执法检查和集中整治行动，打击涉河（湖）违法行为30余起；充分发挥记者河长作用，暗访曝光问题6处。

（二）创建省级生态文明示范区，重点发展生态旅游

阆中以生态旅游发展为龙头，先后成功创建古城AAAAA级景区、省级园林城市、国家级森林公园、国家级湿地公园等。“生态细胞”工程中已获得省级命名生态乡镇5个，11个乡镇已通过市级技术核查；省级生态村3个，市级生态村174个，省级绿色社区1个，省级自然生态小区2个，南充市级绿色学校72所，南充市级绿色社区2个。

围绕“加强生态管护，提升旅游品质”的目标，紧抓“森林康养”发展机遇，充分利用现有生态资源，适度开发旅游业。着力打造湿地公园和森林公园旅游两大品牌，使阆中生态康养旅游业在“十三五”期间成长为全市旅游产业发展的主导产业和优势产业。加强重点景区旅游开发和基础设施建设，依托两大公园建设为重点，在有效保护生态系统的前提下，科学规划、适度开发。加强旅游景点的开发和基础设施建设，成熟一个推出一个，争取“十三五”期间每年都有新景区推出。

（三）**提升城市运营水平，倡导低碳节能生活**

阆中市倡导节能减排，提升城市运营水平。第一，打破传统，建设旅游公路。摒弃水泥路，采用沥青混凝土铺装，不设置路缘石，弱化公路与周边环境的边界，同时留足空间，在道路两旁配套建设步行道、自行车道等慢行系统。第二，大力推进建设自然积存、自然渗透、自然净化的“海绵城市”，节约水资源，保护和改善城市生态环境，促进生态文明建设，提高城市防洪排涝减灾能力，构建城市低影响开发雨水系统。第三，坚持推进地下管廊建设，作为省级地下综合管廊试点城市，完善城市基础设施，降低城市建设投资成本，提升城市形象品位，提高城市综合防灾抗灾能力。第四，编制完成全市重点行业清洁生产推行方案，重点行业30%以上的企业须完成清洁生产审核，推进重点行业企业实施清洁生产技术改造工程。第五，切实强化能源清洁利用。加大能源结构调整力度，降低煤炭消费比重，提高天然气消费比重，控制煤炭消费总量。大力发展清洁能源，增加清洁能源供应，扩大天然气利用规模。全面供应达标油品，认真执行国家合格油品保护方案。第六，加快推进环保基础能力建设。完善全市空气自动监测网络建设，形成统一布局、覆盖全面的环境空气质量监测和环境气象监测一体化大气环境监测站网。加强国控重点污染源在线监控能力建设。积极推进机动车排污监控能力建设。

低碳生活，转变农村运营状态。一是在农村地区摒弃旱厕、提倡水厕，改储粪装置敞口为密封，在农村推广沼气池，改善农村卫生面貌。二是在农村人口集中的居住区设置垃圾收集点，定期清运。三是乡镇垃圾收集转运设施的设置做到联建共享、区域共享、城乡共享，实现环境卫生重大基础设施的优化配置。四是乡村的垃圾处理借鉴“组保洁、村收集、镇转运、县处理”的城乡垃圾一体化处理模式，逐步实现生活垃圾的分类收集、分类运输、分类处理和分类处置。五是乡村居住点的生活垃圾采用袋装处理的方式，调整垃圾收集点分布。对于农民散户，结合地形，设置便于收集的简易垃圾点。

（四）扩容生态景观系统，优化绿色空间体系

建设百家生态公园。阆中市充分依托江河、山林、田园、湖泊、湿地等生态资源，打造全域百家公园，涵盖湿地公园、山地公园、湖泊公园、乡村公园、郊野公园等多种类型，融入城市、城镇和乡村的绿地系统建设和道路景观绿化建设中，以百家公园建设工程为抓手，落实到每个乡镇、街道，扎实推进全域景观提升。

优化山地生态景观。一是对全部山丘进行绿化建设，丰富植被种类，作好生态恢复工作，重现原有的生态环境特征。二是严格保护水库周边生态环境，在其汇水区域内的山地种植水源涵养保护林。三是保护好风景区、自然保护区等大型自然斑块，主要包括蟠龙山森林公园、玉台山景区、锦屏山风景区、东山大佛寺景区、构溪河湿地风景区、西山白溪濠景区、东河灵城岩景区等。加强保护和控制，按照禁止开发管制要求，严格控制景区核心区内开发建设，严禁建设与风景无关的设施，适度开发旅游项目，使阆中市域形成整体性较好的结构性生态控制区，从而形成环绕城市的自然生态保护环，增加城市的环境承载力，使市域生物多样性及动植物资源得到有力的保护和扩展，保持城市可持续发展。

提升水网绿地系统。对市域重要河流水系加以保护，采取“绝对生态控制区”和“建设控制区”两级保护措施：在绝对生态控制区，尽量以植被缓坡代替人工砌岸，主要布置生态绿地和园林绿地，不进行其他性质的建设；在建设控制区，对各类建设活动进行严格审批，对容积率、绿地率、建筑高度、密度等进行控制。重点加强嘉陵江及其支流汇水区域的绿化建设，多种植涵养水源能力强的植被，改善嘉陵江水量逐年减少的局面，在沿岸的城市建设中均要留出绿化保护带，以河网水系、滨河绿化带、带状公园、水源涵养林、滩涂湿地等为构架，形成青山绿谷、碧水萦绕的生态环境格局。

优化城镇绿地景观。建设区域包括阆中市区、双龙镇、彭城镇、文成镇、飞凤镇等 21 个镇以及垭口乡、治平乡、东兴乡、清泉乡等 25 个乡的城区。依据城镇性质的不同，因地制宜，结合城市地形、地貌特征，重点塑造人性化的空间秩序和营造宜人的人居环境，并充分结合当地历史文化及休闲旅游加以发展。

四、绿色发展

（一）积极发展“智慧农业”

大力发展农业农村信息化，将信息化技术更广泛地应用于农业生产、农村建设、农民生活。一是加大投入力度，加快农村互联网建设步伐，扩大光纤网、宽带网在农村的有效覆盖。二是探索农业农村信息服务的长效机制，全面实施信息进村入户工程。三是建成运营益农信息社，培训农村信息员，提供公益服务，开展便民服务，提升农民信息技术驾驭能力。四是大力推进物联网在生产经营中的应用，促使信息技术加快从实验室走进田间地头，走到圈舍鱼塘。学习引进节本增效农业物联网软硬件产品、技术和模式，有力推进农业节本增效和生产智能化管理。五是按照“电商平台＋合作社＋贫困户”的电商脱贫模式，将特色农产品放到网上销售提高利润，配套建设农村电商服务站点，覆盖所有乡镇，辐射贫困村。六是借助“互联网＋”创新农业服务方式，如积极引入互联网元素，探索信息时代农村产权交易的新形式。“网上一站式服务”让“信息多跑路，群众少跑腿”，“互联网＋”职业培训按农业生产的需求培养新农人、产品经纪人等专业型人才等，为每一个农民就业创业提供机会，培育农业农村新业态、新经济和新的商业模式。

（二）大力发展“绿色工业”

一是进一步提高能耗、环保等准入门槛，严格控制高耗能行业产能扩张。培育壮大食品加工、新材料、节能环保三大主导产业，大力推进工业能源消费结构绿色低碳转型，鼓励企业开发利用可再生能源。二是围绕中小工业企业节能管理，搭建公共服务平台，组织开展节能服务公司进企业活动，全面提升中小企业能源管理意识和能力。三是开展风能、太阳能等分布式能源和园区智能微电网建设，提高园区可再生能源使用比例。实施园区绿色照明改造，建设园区能源管理中心，加强园区余热余压梯级利用，推广集中供热和制冷。四是推动电子商务企业直销或与实体企业合作经营绿色产品和服务，鼓励企业利用网络销售绿色产品，满足不同主体多样化的绿色消费需求。利用线上线下融合等模式推动绿色消费习惯形成，增进民众绿色消费获得感。

（三）全面创新旅游模式

一是推进“重点产业＋旅游”。将农业、工业、文化产业等重点产业与旅游融合发展，结合现代旅游市场需求，创意创新，延伸产业价值，提升产业附加值，提升需求消费层次，促进产业优化发展。二是推进“新型城镇化＋旅游”。坚持旅游催生城镇、城镇成就旅游，旅游做大城镇、城镇壮大旅游的思路，以旅游倒逼城镇功能提升，完善城镇的基础设施、公共服务体系和特色商业业态，以特色城镇为全域旅游发展的重要服务基地和节点，形成一批特色小镇、风情小镇，构建新的旅游产业增长点。三是推进“美丽乡村建设＋旅游”。以美丽乡村建设为抓手，通过对村寨环境卫生整治、村容立面改造和旅游服务功能配套完善，按照“一村一品、一寨一色”的思路，建设一批乡村养老、田园休闲、生态养生旅游产品，推进旅游与美丽乡村建设融合，提高旅游扶贫致富奔小康的带动功能。四是推进“市政建设＋旅游”。以旅游发展需求为导向，旅游化配套和改造交通服务体系、娱乐设施、休闲广场、购物街区、景观小品、停车场、加油站、厕所等公共服务设施，充分考虑旅游产业发展需要，配套给排水、垃圾处理、通信网络、消费救援等基础设施，全领域融入旅游功能。五是推进“大数据＋旅游”。充分发挥旅游业的综合优势和带动作用，借用“大数据”最新技术，推进“旅游＋大数据”融合发展，促进旅游业提质增效。

阆中市将生态治理与生态旅游相结合，坚持“景城一体、休闲宜游”，依托阆中古城风水文化及山水田园自然资源，打造集水上娱乐、文化体验、湿地观光、休闲农业、康养度假于一体的国际主题文化旅游度假目的地，着力塑造城市品牌，并改善生态环境，坚持绿色发展。如通过建设金沙湖水上运动区、天堂岛浪漫度假区、天瀑水城主题体验区、漂浮水镇生态度假区、湿地水村休闲区等旅游项目，减少污染，保护嘉陵江两岸的生态植被资源，实现嘉陵江生态绿色发展，带动阆中旅游产业可持续发展，推动阆中实现“世界古城旅游目的地”的宏大目标。

（四）重点突出风水文化

阆中历史悠久，文化厚重，具有积淀多年的多元历史文化优势，组合俱佳的生态山水田园环境，风水文化资源世界一流。数千年来，历史的变迁和复杂的族群迁入，造就并遗存了大量丰富多彩的物质文化遗产和非物质文化遗产。阆中拥有200多处自然人文景观，8处全国重点文物保护单位（汉桓侯祠、永安寺、五龙庙、玉台山石塔、川北道贡院、巴巴寺、大像山摩崖造像、观音寺），18处省级重点文物保护单位。王皮影、阆中丝毯等被列入国家级非物质文化遗产名录，巴象鼓舞、保宁醋、阆州醋、盐叶子牛肉、保宁压酒、老观灯戏、阆中情歌等被列入四川省非物质文化遗产名录。

五、主要经验

（一）多规合一，绿色引领

《阆中市城市总体规划（2012—2030）》《南充市阆中市土地利用总体规划（2006—2020年）》《阆中市经济社会发展战略规划》《阆中全域乡村旅游规划》《阆中国家森林公园总体规划（2014—2025年）》等资源与可持续发展规划的贯彻落实，促进阆中实践中高效利用资源，提升了环境承载力；《阆中市国民经济和社会发展第十三个五年规划纲要》总规划与《阆中市林业发展“十三五”规划》等部门专项规划的统一贯彻落实，真正实现了“一张蓝图”绘到底。通过对一地整体发展思路和空间布局的“融合归一”，为各个规划的编制提供一个顶层设计。充分发挥了阆中独特的生态优势，以生态立县为主线实现经济、政治、文化、社会与生态的协调发展，促进新型城镇化、工业化、信息化、农业现代化和绿色化的协同发展。

2020年《阆中生态文明建设示范市规划》已通过专家评审，规划结合阆中实际，从生态制度、生态安全、生态空间、生态经济、生态生活、生态文化等六大领域规划建设指标，提出了健全生态制度、强化生态安全、管控生态空间、发展生态经济、倡导生态生活、弘扬生态文化等六大重点任务，并相应确立了一批重点工程项目。

（二）城乡绿化，美化城市

阆中市以城市为重点，加强现有绿地管护工作，完善管护队伍建设，巩固绿化成果，进一步提高绿化品位和档次，抓好软件资料的收集和规范管理，适时推行城市公共绿地认养制度；积极开展创建“绿色社区”“绿色学校”“绿色宾馆”等绿色创建活动；至2020年，阆中建成区绿地率不低于35%，城市绿化覆盖率不低于40%，城市道路绿化率达95%以上，人均公共绿地10平方米以上。

抓好城乡绿化建设。阆中市加强对古城建成区绿化上档升级，对重要街道实施“精品绿化”工程，在交通节点高标准打造绿化景观；鼓励支持居民户实施阳台绿化、房顶绿化和垂直绿化，提升城市建成区绿化品位；结合新农村建设，大力发展城乡绿化建设，开展乡村道路、庭院、房前屋后绿化，改善人居环境，推进立体绿化和农田林网建设，为乡村群众提供游憩和林荫空间。积极组织开展“生态示范镇”“绿化模范单位”“绿化示范村”“生态家园”等绿色创建活动。2020年基本实现全市70%以上的村达到“绿化示范村”标准。

阆中市抓好绿色通道建设，公路通道绿化与退耕还林和天保工程结合，2020年市级以上公路绿化率基本达到98%以上，填方边坡的植被覆盖率达到70%以上。河流水系绿化与退耕还林和天保工程结合，开展嘉陵江绿色通道建设，2020年河流、渠道绿化林草植被恢复率达到95%以上，以保持水土和涵养水源为目的，做到乔灌混交、绿化与美化结合。

（三）生态建设，全民参与

阆中市开展生态文化进机关、学校、企事业单位、社区、家庭活动，广泛普及生态文明知识，不断增强公众的生态忧患意识、参与意识和责任意识，使其牢固树立生态文明观。以阆中国家森林公园、构溪河湿地公园、阆中城区国家级园林城市、古城国家级城市湿地公园为依托，创建省级生态文明教育基地，建立省级或国家级生态文学创作基地。

第八章　全国十县“两山”发展之路

第一节　浙江省安吉县

一、县情简介

安吉县隶属浙江省湖州市，地处长三角的几何中心，是上海黄浦江的源头、杭州都市经济圈重要的西北节点，属于两大经济圈中的紧密型城市。安吉县域面积1886平方公里，是习近平总书记“绿水青山就是金山银山”理念诞生地、中国美丽乡村发源地、全国首个生态县、联合国人居奖唯一获得县。

安吉县境内“七山一水两分田”，拥有108万亩毛竹林、海拔1587米的浙北第一高峰龙王山、总面积1244公顷的安吉小鲵国家级自然保护区，同时拥有超过千条的河道以及各类水库山塘。多年来，全县森林覆盖率、植被覆盖率均保持在70%以上，空气质量优良率保持在90%以上，地表水、饮用水、出境水达标率均为100%。

安吉县坚持绿色生态、产业融合的发展导向，发展生态农业、生态工业、生态旅游业，初步形成并布局了具有地方特色、符合县域实际的“1+2+3”生态产业体系，“1”即健康休闲一大优势产业，“2”即绿色家居、高端装备制造两大主导产业，“3”即信息经济、通用航空、现代物流三大新兴产业，三次产业比为7.2∶44.3∶48.5。

作为中国美丽乡村建设的发源地，安吉坚持“美丽乡村、风情小镇、优雅竹城”联动共建，美丽乡村创建实现187个行政村全覆盖。以安吉县为第一起草单位的《美丽乡村建设指南》（GB/T32000—2015）

经国家标准委员会发布施行，成为美丽乡村建设国家标准。坚持共建共治共享，创新建立幸福指数评价体系，勇夺全省首批平安金鼎，获评全国平安建设先进县和首批全国农村幸福社区建设示范县。

二、发展历程

安吉的发展，是整个湖州发展的缩影。2016 年 4 月 28 日，有较强可行性、操作性的《湖州市生态文明先行示范区建设条例》获得通过，于当年 7 月 1 日起正式施行。这是全国首部就生态文明示范区建设的专门立法。在此基础上，湖州确定了“1＋N”的立法计划。“1”就是《湖州市生态文明先行示范区建设条例》，对践行“绿水青山就是金山银山”、推进生态文明建设做出总体规定，将其纳入法治化轨道。“N”即制定一批生态文明领域专项地方性法规，结合实际，在环境保护、生态文化、城乡建设、生态产业发展、资源节约利用等方面分批、逐步构建地方性法规体系。基于此，安吉县聚焦加快赶超，致力高水平发展，进一步推动全域美起来、富起来。

湖州市的美丽乡村标准体系，包含各项法律法规及标准、规范 700 余项。《湖州市生态文明先行示范区标准化建设方案》细化明确了 7 个子体系、25 个方面、116 个子类别及 4858 项标准。另外，城乡一体、循环经济、绿色矿山、美丽公路、绿色制造等领域的标准化建设，走在全省、全国前列。

自 2008 年起，安吉以“两山”理念为指引，开始实施以“中国美丽乡村”为载体的生态文明建设，围绕“村村优美、家家创业、处处和谐、人人幸福”的目标，实施环境提升、产业提升、服务提升、素质提升“四大工程”，从规划、建设、管理、经营四方面持续推进美丽乡村建设，创新体制机制，激发建设内在动力。

2008 年 2 月，安吉县委、县政府作出决策，印发《建设“中国美丽乡村”行动纲要》，邀请浙江大学高标准编制《“中国美丽乡村”总体规划》，按照全县一盘棋的“大乡村”理念，形成“一体两翼两环四带”的美丽乡村总体格局，拉开了中国美丽乡村建设的序幕。尔后，安吉县又修订出台《“中国美丽乡村”建设实施意见》，并相继推出《“中国美丽乡村”考核验收办法》《安吉美丽乡村长效管理办法》《安吉县经营乡村行动计划（2010—2012)》等一系列重要政策文件，指导建设。由安吉县为第一起草单位的《美丽乡村建设指南》经国家标准委员会于2015年6月发布施行，成为美丽乡村建设国家标准。经过十余年努力，安吉县实现了生态保护和经济发展的双赢，获得“联合国人居奖”，成为中国美丽乡村建设的成功样板。

三、绿色治理

安吉县作为全国首批生态文明建设试点，积极探索生态文明建设路径，2008年提出把建设“中国美丽乡村”作为生态文明建设主载体，并在发展的过程中坚持建管并重，机制体制突出“刚性保障”示范效应，使机制体制建设逐步完善。

一是坚持建管并重，着重体系建设。编制《安吉县生态文明建设纲要》，并通过环境保护部评审；完善提升《生态县建设总体规划》及六大专项规划，制定矿产开发、水资源利用等控制性详规，所有乡镇和100个行政村编制了生态乡镇、村建设规划，实现规划覆盖城乡；编写《“中国美丽乡村”村民守则》《中国第一生态县县民手册》，培养高素质的生态市民；在中小学开设水土保持、森林资源保护等生态课程，会同省环科院起草制定浙江省农村生活污水处理技术标准。

《关于推进安吉县再生资源回收利用体系建设的实施意见》指出，到2020年，全县要实现主要城镇社区和中心村再生资源回收网络全覆盖，建成2个县级再生资源废旧商品分拣交易回收中心，11个乡镇（街道）回收中转站，以及180个村（社区）回收点，培育1家以上管理规范且具有一定规模和良好发展前景的废旧商品回收利用龙头企业，主要废旧商品回收率达到75%以上，流动收购人员实现规范化管理。基于此，安吉县将制定再生资源回收利用体系建设布点规划，建设废旧商品分拣交易回收中心和乡镇（街道）回收中转站和中心村（社区）回收站，规范流动收购管理，创新运作模式，培育项目承接企业。

二是坚持考核推进，着重绿色评价。推行以绿色GDP为主导的生态文明建设考核体系，建立考核评价标准，设置四大类36项指标。推行乡镇分类考核，划分工业、休闲和综合三大类，设置个性化指标，对生态功能区淡化工业考核，强化生态保护职责，实行税收全额返还，加大财政转移支付力度，增强综合考核的引导力。建立政府环境保护重大决策监督与责任追究制度，建设“绿色政府”，引导和促进干部转变政绩观和发展观。

三是坚持以奖代补，着重政策支撑。县财政每年安排1亿元“中国美丽乡村”创建资金，同步安排2000万元生态建设专项资金对生活垃圾、生活污水处理等方面均安排了相应的补助资金，每年落实美丽乡村长效管理资金4000多万元，积极探索投融资机制，集聚社会各类资本。

四、绿色发展

安吉县在不断的实践探索中，走出了一条生态经济化、经济生态化的道路，三次产业实现了融合发展，积累了生态文明建设的有益经验。

充分利用安吉的资源优势，发展适合当地的生态产业。每个地方都有其独特的生态资源优势，应该准确定位，选择符合自身特点的发展道路。只有着力拓展生态系统的生态与文化的功能，充分利用生态资源优势，向生态产业和文化产业等方面转移，才能不断拓展生态系统的多种服务功能，实现生态环境根本好转和长期保持。安吉的实践告诉我们，山区县的资源在山水，潜力在山水，山区县的发展完全可以摒弃常规模式，走出一条通过优化生态环境带动经济发展的全新道路。

安吉县通过功能区划，逐步建成了西苕溪源头区、中部丘陵区、平原区三大农业功能区和以白茶、蚕桑、休闲农业、毛竹等为主要经营内容的4个万亩农业园区，并赋予现代农业园区更多休闲的元素，实现“园区变景区、产品变礼品、农民变股民”。同时，第二产业加快转型升级，以省级经济开发区为龙头、以天子湖园区和梅溪临港经济区为两翼的工业“金三角”已经成型。省际承接产业转移示范区的挂牌成立，为承载大、好、高项目拓展了更多的空间。装备制造、健康医药、电子信息等新产业迅速发展壮大，第三产业加速提升。

安吉县作为国家林下经济示范基地，坚持政府引导、龙头带动、因地制宜、科技创新的原则，积极探索出了“一亩山万元钱”的创新技术，大力推进竹林分类经营和林下经济的经营模式，在充分利用林地资源的同时建设林业现代园区，发展林下经济，将“绿水青山”做大做强。安吉县已形成林中培植、竹林养殖、林下休闲三大模式，建立林下套种杨桐、林下铁皮石斛种植、竹笋培育三大产业导向，发展林下经济，林下经济的产业产值使林农亩均经济效益明显提升。依托竹木资源优势，安吉林业走出了一条“精心培育一产、开放壮大二产、加快发展三产”的竹产业发展新路，利用全国2%的竹资源创造出全国近20%的竹业总值。安吉县已经形成了一批竹产品及配套企业，全县形成竹地板、竹纤维、生物医药等八大系列几千个品种，形成由原竹加工到产成品的一条完整竹材加工产业链。

安吉县全力打造全省首批旅游经济综合改革试点示范县、长三角首选乡村休闲旅游目的地。灵峰旅游度假区全面建设，25公里休闲产业带加快推进，一批旅游综合体和高端休闲项目初显雏形，形成了天文观象、高山滑雪、竹海熊猫、生态影视等特色景点。安吉县还依托优良山水资源，围绕“体验山水、亲近自然”主题，打响了“中国美丽乡村”品牌，结合现代林业综合园区建设，建设森林生态旅游，发展森林休闲养生产业。2015年，安吉县被浙江省林业厅列为省“森林休闲养生建设试点县”。积极打造安吉冬笋、竹林鸡养殖等特色品牌，着力推进笋竹制品、山核桃等乡土特色产品走向市场。秉持着“绿水青山就是金山银山”重要思想，依托竹子拉动当地经济发展，安吉走出一条属于自己的特色林产之路，用林业带动经济，改善生态环境，实现了林业的生态价值、社会价值和文化功能。

2019年，基于对环境保护与经济发展之间关系的正确把握，安吉县加大力度进行“两山”转化综合改革试验区建设，力争项目尽早落地以释放更多政策红利。2019年4月27日，安吉县域“两山”转化综合改革试验区总体方案在北京通过了专家评审。同时，做大做强金融产业，为实体经济注入更多源头活水。安吉县全面推进绿色金融改革创新试验区建设，在增加绿色专营机构数量、绿色债券直接融资上等做出了积极探索。

五、主要经验

（一）环境保护与生态建设

20世纪80年代开始，安吉县为了摘掉贫困县的帽子，引进了一批环境污染型产业，严重污染了环境，付出了沉重的环境代价。2008年以来，围绕着“村村优美，家家创业，处处和谐，人人幸福”的总体目标，依照“尊重自然美，侧重现代美，注重个性美，构建整体美”的原则，安吉率先开展了“中国美丽乡村建设”。

县域生态文明建设必须准确把握自身发展的阶段性特征，立足于生态特色基础谋篇布局。在生态文明理念的指引下，安吉县确立了大力推进生态县建设的总体思路，以“中国美丽乡村”建设为总载体，以县域大景区为共同愿景，以“环境保护”和“资源永续利用”为生态文明建设指标体系的核心，经过环境资源化、资源经济化、经济生态化三大步骤，坚持城乡协同并进，初步建立了环境优美、人与自然和谐、产业协调、发展潜力强劲、生态文化活跃的生态文明建设示范模式，塑造了以环境优美、生活甜美、社会和美的“中国美丽乡村”为代表的生态文明建设县域综合品牌，成功打造了长三角特色制造业集聚区、新农村建设示范区、休闲经济先行区、山区新型城市化样板区和创业与人居优选地。

进入2019年，安吉县着重在以下几方面深化环境治理。保持高压治违：完善违章建筑智能化防控体系，构建不能违、不敢违的长效机制，实现县级河道“无违建”全覆盖。深化“五水共治”：深化河（湖）长制，完成6个乡镇“污水零直排区”创建，新增水环境优美村5个，美丽生态河道15条。治理农业面源污染和畜禽养殖，完成绿色防控2万亩。提标改造梅溪、城北污水厂，新增污水管网27公里。完成西苕溪流域生态修复工程。积极推进县域节水型社会创建。加快城乡一体化管网供水全覆盖，实施农村饮用水安全提升项目3个，新增受益人口1.34万，确保赋石和老石坎水厂建成通水，启动县域北部供水主管网建设。改善大气质量：启用工业挥发性有机物空气自动在线监测系统，加强4个清新空气站运维。规范餐饮油烟管理，实现油烟净化装置

100%安装。确保空气优良率达到85%以上，全力夺取“蓝天杯”。抓实净土清废：实施全域土地综合整治和生态修复项目3个。建设工业固废处置中心。深化矿资行业整改提升，新增生态型标杆企业15家。

（二）大力弘扬生态文化

首先，通过各种社会活动营造良好的生态建设氛围，提升全民生态文明意识，普及生态文化理念，实现从“山上有生态”向“心中有生态”的提升。其次，加大文化保护力度，加强优秀民族、民间文化资源的发掘、整理和保护。再次，营造共建共享的氛围，突出生态文明建设的全民性，形成全民共建共创生态文明的生动局面；全面改善民生，着力构建完善的保障体系、均衡的公共服务、舒适的富裕生活、祥和的人居环境，开创民生发展的新局面。最后，增强人才保障，吸引、培育各类人才，为生态文明建设提供智力支持。安吉县鄣吴镇历史文化资源丰富，人文荟萃，光耀古今。小镇发展中最大限度保留原生态系统，注重森林资源与生物多样性保护和文化遗产的保护，重视群众文化教育，凸显森林文化优势，优化产业结构调整，加快生态产业发展，推动全镇可持续发展。

（三）发挥广大村民的主体作用和政府部门的主导作用

安吉通过建立长效机制发挥农民的主体作用，加大宣传教育力度，加快引导农民转变观念，尤其是增强农民服从规划管理的自觉性，以及参与农村生态环境保护与建设的积极性，充分发挥广大农民的聪明才智，为农村生态环境保护作出最大贡献。

发挥政府部门的主导作用，通过加快健全规划体系，形成城乡一体、相辅相成、互促共进的建设思路。以政府资金带动大量社会资金投入生态环境保护与建设，以政府资金实行“以奖代补”，调动生态环境保护与建设的积极性，以政府资金解决前期启动资金问题。农村生态环境保护与建设不仅要立足于短期的村容村貌改善，更要致力于建立相应的管理机制。真正有效的管理机制必须做到以村民为主。政府应该通过加强指导和考核来督促激励村民开展自我管理，实现生态环境保护。

第二节 浙江省开化县

一、县情简介

开化县位于浙江省西部，衢州市西北部，钱塘江源头，是浙皖赣三省七县交界处，县域面积 2230.77 平方公里。开化是国家生态县，县域的 85%为山地，是重要的生态功能保护区，素有“九山半水半分田”之称。全县森林覆盖率超过 80%，林木蓄积量 1105 万立方米，拥有大片的原始森林，生物丰度、植被覆盖、大气质量、水体质量均居全国前 10 位，是全国 9 个生态良好地区之一；平均水资源量 27.2 亿立方米，人均水资源占有量为全国的 4.38 倍、全省的 5.03 倍，出境水质常年保持在Ⅰ、Ⅱ类标准，是浙江的优质“大水缸”；空气质量常年为优，$PM_{2.5}$≤30 微克/立方米，县城负氧离子浓度 3770 个/立方厘米，钱江源国家森林公园、古田山国家级自然保护区负氧离子浓度最高达 40 万个/立方厘米，被誉为“华东绿肺”，是“中国天然氧吧”。通过实行“多规合一”，2015 年，开化县出境水全年在Ⅰ、Ⅱ类左右，森林覆盖率 80.7%，优良空气率 99.7%，$PM_{2.5}$浓度均值在 26 微克/立方米以下，均为浙江全省最好。绿水青山，让世界认识了开化。开化是全国 9 个生态良好地区之一、全国 17 个具有全球意义的生物多样性保护关键地区之一。2018 年 1 月至 11 月，开化出境水Ⅰ、Ⅱ类水质以上占 99.7%，Ⅰ类水天数达 140 天，环境空气质量指数（AQI）优良率达 98.1%，县城 $PM_{2.5}$浓度均值为 22 微克/立方米，水空气质量均居全省前列。这一组令人振奋的数据，无疑是开化绿色发展的最好佐证。

开化县是钱塘江的发源地，是国家级生态县、国家级生态旅游示范区，县域内钱江源国家公园是全国 10 个国家公园建设试点单位之一。2018 年 12 月，开化荣获第二批国家生态文明建设示范市县称号。

二、发展历程

1. 起步阶段。1997 年，开化人摒弃了“靠山吃山靠水吃水”的传统发展老路子，在全国率先确立并全面实施“生态立县”发展战略，在保护好开化的“天生丽质”中谋求长远利益和永续发展。

2. 坚定发展阶段。时任浙江省委书记习近平到开化调研时勉励干部群众一定要把钱江源头生态环境保护好。铭记嘱托，开化坚定不移地走绿色发展之路，十年来共否决化工及有污染项目 65 个，总投资近 100 亿元。

3. 全面发展阶段。近年来，开化深入践行“两山”重要理念，积极开展国家、省级重点改革试点，“多规合一”、国家主体功能区建设、国家级生态保护与建设示范区、钱江源国家公园体制试点区等试点相继在开化“落地开花”。做好“生态＋”文章，以建设“三区三园”“好地方”为目标，大力发展生态旅游业、生态工业、生态农业“三大生态产业”，走出了一条从生态“自发”到生态“自觉”，再到生态“自信”的绿色发展之路。特别是开化旅游实现了“从无到有”，从“全域景区”到“全域旅游”。游客人数、游客人次连续 14 年实现双位增长，2017 年人次突破千万大关。2015—2017 年，开化地区生产总值从 103.6 亿元增长到 123.85 亿元，2017 年首次跻身浙江省县（市、区）经济发展潜力 30 强，实现了绿水青山到金山银山的转变。

三、绿色治理

（一）多规合一

2014 年，开化县被确定为全国 28 个“多规合一”试点市县之一。开化县“多规合一”的总体思路是生态优先、全域美化、资源整合、城乡统筹。在规划体系上，开化县统筹构建“1＋3＋X”规划体系。为了能让这套体系有效运转，开化县改革规划管理机制，成立了县规划委员会进行统筹协调，不仅统一了包括人口、城镇化水平、环境容量、经济规模等基础数据，还统一了各类规划期限、功能分区和土地分类等技术指标，更以“提升已有、创建未有、链接所有”的要求构建了统一的规划信息管理平台，进行信息共享，促进全流程联合办公。

“1”是制定一本总规。编制《开化县发展总体规划》，解决了现有各类规划自成体系、内容冲突、缺乏衔接等问题，破解了城市发展中，经济、社会、生态建设相互掣肘的难题。开化县实施“多规合一”后，所有部门的规划都集中在一张图纸上，能清晰判断边界、用途。据悉，在编制《开化县发展总体规划》时，针对内容交叉、定位不清等问题，开化精减了60%的专项规划，倒逼审批流程再造，审批时效提升了70%以上。

“3”是布局三大空间。开化县将总体规划分成三大空间来布局：绿色区域为生态保护区，占50.81%；黄色区域为农业生产区，占41.12%；红色区域为城镇发展区，占8.07%。区域划定后，所有不符合定位的，都会严格调整。这不仅使空间分区的矛盾得到了解决，而且县域用地存量也得以盘活。在此基础上，开化又划定生态保护红线、基本农田红线、城市开发边界控制线，淘汰搬迁企业123家，生态移民1万人。

“X”是编制专项规划。有效缩减专项规划数量，避免专项规划内容重复、空间重叠，原则上一个领域编制一个规划，一般行业考虑编制操作性强的实施方案或行动计划。针对规划期限、功能分区、用地分类等不一致问题，开化将总规期设为2030年，并将相关部门的数据进行统一，建立城乡用地分类和土地分类的对接指引。结合“数字开化”建设，建成地理信息公共服务平台，为各部门的专业规划应用提供权威的地理信息数据基础，实现了规划编制审批、项目用地管理、环境影响评估等空间信息跨部门共建共享共用。

（二）多措并举还原生态本色

建设“国家公园”，是开化生态文明建设的主抓手，是“生态立县”发展战略的升级版。于是，开化打响了一场声势浩大的绿色战役——绘制一纸蓝图，统筹发展，通过“五四三”组合拳，推动水岸同治、造景同行、转型同进，让天更蓝、地更绿、水更清，让这里焕发出绿色盎然生机。现在开化县的生态绝对是一张“金名片”——出境水Ⅰ类、Ⅱ类水质占比98.3%，地表水水质常年在Ⅱ类以上，$PM_{2.5}$平均26微克/立方米以下，森林覆盖率达到80.7%。这些成就得益于政府主导的综合治理，坚定地走好每一步，让开化还原生态本色，越发绿意盎然。

“五水共治”，硕果累累。据了解，开化农村生活污水治理三年任务两年完成，受益农户4.31万户，实现行政村全覆盖。2018年集镇污水治理完成8个，新的城市污水处理厂PPP项目开工建设。整治拆除养猪场（户）1200多个，超额完成3年减量任务，生猪年饲养量控制在14万头以内。农村垃圾源头分类实现全覆盖，推行机器制肥、阳光房堆肥、“垃圾兑换超市”等终端处理模式，农村垃圾减量2/3以上。开展工业企业污染提升整治，累计关闭污染企业210家，完成71家企业污染整治，对22家重点企业实行在线监测。

“四边三化”，因地制宜。实施国家公园锦绣行动，开展“珍贵树种进乡村”活动，完成黄衢南高速、205国道两侧山体景观提升工程，绿化彩化3.05万亩，建成华埠彩云、林山流霞等百个森林景观带。建成省级以上生态公益林131.2万亩，公路沿线划定限伐区38.35万亩，削减林木采伐指标45.17万方。启动“一县一带”建设，“钱江源百里水岸风情带”已经建成景观点12个，县城至华埠15公里慢道系统正在建设。

“三改一拆”，重拳出击。发力“无违建县”创建，念好“拆、治、归”三字经，注重拆用整体推进，以拆助治，以拆促归。3年累计拆除违法建筑170万平方米，完成“三改”184万平方米，建成“无违建村”201个。出台《规范农村居民建房强化空间管控若干意见》等一系列规章制度，形成空间管控“1＋X”管理体系，严防违法建设卷土重来。坚持拆归联动，引进的投资15亿元的旅游商业综合体，投资10亿元的钱江源水湖枫楼旅游景区、投资6亿元的裸心源度假区和投资5亿元的白石尖景区等项目相继开工。全县拆后土地综合利用率达到77.1%。近年来，开化借助物联网和大数据，沉下心编织一张网，打造一双环保“天眼”，紧紧盯着污染源，筑牢钱江源头生态屏障。在开化县城高速出口、钱江源景区、古田山景区、齐溪龙门村景区、花牵谷景区、根宫佛国景区等6个重要节点建设户外LED大屏，在大屏幕上实时更新当前县城、古田山和钱江源等地方的空气指数、负氧离子含量、空气的温度、湿度和$PM_{2.5}$等情况，同时还显示龙潭水源地的水质类别、PH 值和溶解氧等。

四、绿色发展

开化县坚持绿色发展，深化“打造整洁田园、建设美丽农业”行动，加快农业绿化、美化。全市率先推进限用农药县域内全面退市工作，共推广测土配方施肥 32 万亩，减少不合理施肥 140 吨，推广病虫害统防统治 10.2 万亩，减少农药使用量 3.5 吨；回收农药包装物 28 吨，无害化处置 20.24 吨，并在全市美丽田园推进会上作典型发言。为确保农产品餐桌安全，开化县对于质量安全长抓不懈。全力实施“质量兴农”十大行动，推行农业标准化生产，加快农产品质量安全追溯体系建设，督促经营主体按标准生产、上市、营销。加强县质量监测体系建设，持续开展“绿剑”集中执法和专项整治行动，继续开展农产品“三品”认证，共开展各类农产品检测 632 批次，合格率达到 100%。

1. 围绕着“百姓富”，大力推行“生态＋”。绿水青山就是金山银山。齐溪镇充分发挥生态优势，做足“生态＋”的文章，化“小山村”为“聚宝盆”。大力推行“生态＋旅游”“生态＋农业”“生态＋服务业”“生态＋体育”“生态＋文化”，积极开发农事体验、山地运动、夏令营、纳凉戏水、养生养老等体验类、竞技类、养心类新业态，系统谋划民俗旅游节庆等活动，成功举办第三届油菜花节和第三届龙门亲水节，吸引游客来钱江源头第一镇、第一村休闲养生，让游客心甘情愿为农户掏口袋。大力推行龙门农家乐经营模式，鼓励现有 AAA 景区村成立旅游开发公司，实行客源统一分配、服务统一标准、菜价统一指导，推行“1＋X”业主带农户致富模式和“农户＋公司＋集体”的股份经营模式，实现共享发展，地瓜叶、玉米等曾经的猪饲料成了供不应求的“香饽饽”。

与时俱进，积极适应“互联网＋”，鼓励农户在携程、美团、去哪儿等旅游平台开设网店，推进“云上农家乐”建设。农户从“卖生态”中尝到了甜头，涌现了“张百万”等致富大户，齐溪农民外出就业呈现“返乡潮”，农户收入实现大翻番。

2. 围绕着“环境美”，推进综合整治。产业强、百姓富，环境是基础。齐溪镇积极响应县委、县政府的号召，强打“五四三”组合拳。

“五水共治”交出了漂亮成绩单，Ⅰ、Ⅱ类出境水、空气优良率等主要环境指标几近100%；“四边三化”化出了“最美公路”，通往钱江源的西里线已然成为一道风情线；“三改一拆”拆出了新空间，拆后利用率达96%。联动推进国家全域旅游示范区、省美丽乡村示范县、省级文明镇和卫生镇、省级森林城镇创建。

借力钱江源国家公园核心区建设、小城镇环境综合整治等，实现沿205国道景观绿化改造30多公里，齐溪田、厅后人家、环莲花湖等主要水系旁绿化、彩化、亮化率达100%，实现“十里茶道”一村一品一景要求。该镇还因地制宜进行房屋立面改造，投资890万元，对10个行政村进行景观改造，江南水乡、小桥流水、怀旧徽风古镇的风貌凸显。

3. 大力发展绿色农业。把农业绿色发展纳入领导干部任期生态文明建设责任制考核，以刚性约束保障实施；狠抓项目建设，重点打造红高粱小镇1个，建设市级以上美丽生态牧场49家，培育蜂旅融合休闲牧场1个，创建中蜂养殖示范基地30个，建设中药材基地1.5万亩；提升粮食生产功能区面积7万亩，打造区域循环农业示范区2个；完成高标准农田建设3.5万亩；培育“三品”114个，“农创客”60名，加快生态资源优势向经济优势转化，使农业绿色发展的“绿色”变成了开化农业的“底色”。全县基本形成与资源环境承载力相匹配、生产生活生态相协调的农业绿色发展新格局，建立健全“绿色＋智慧”的长效机制，努力实现耕地数量不减少、耕地质量不降低、耕地环境不污染，着力完善农业绿色发展的产业体系、生产体系和经营体系，绿色产品更加丰富、绿色环境更加宜居、绿色制度更加健全，促进了农业产业兴旺、乡村环境宜居、农民生活富裕。

五、主要经验

（一）巩固创建成果，深入推进生态文明建设

依靠制度优势加强生态文明。完成《开化县环境功能区划》编制，配合县政府做好多规合一试点工作。根据《开化生态文明县建设实施方案》实施细则，督促各责任单位对照细则和相关指标，制定详细可行的

工作计划，牵头组织协调各责任单位扎实推进，确保落实到位。进一步深入“生态文明细胞”创建，继续创建一批全国生态文明示范村镇、绿色学校、绿色企业以及生态文明教育示范基地等。

加强农村环境综合整治。突出水系景观建设，重点抓好农村生活污水治理、矿尾水治理、农村畜禽养殖集中整治等工程，打造重点水系、芹华沿线各具特色的精品村庄，落实已经到位项目工作的实施。

加强监督与宣传。完善水源保护的公众参与机制和人大监督机制。确保各项建设能够落到实处。充分利用各种媒介，加大饮用水水源地保护宣传力度，引导公众参与，共同保护，让群众在自我保护的过程中受益。

积极争取上级政策资金支持。主动探索推进国家公园建设试点相关工作，积极争取上级环保部门在试点政策、项目资金、人才、机制等方面支持倾斜，在产业转型方面按照“限制发展给予补偿、转型发展给予扶持”的思路，进一步争取生态补偿机制的完善。

（二）突出工作重点，大力推进治水治气工作

推进企业污染整治提升工作。认真落实行业整治、大气复合污染防治、工业污染治理专项行动等工作内容，按计划进度完成各项工作任务。强化大气污染防治，综合治理秸秆焚烧等农作物废弃物，加快改造和淘汰燃煤锅炉，加快淘汰“黄标车”。对列入整治的工业行业强化整治要求，严格按照时间节点和整治要求，适时开展“零点”行动，倒逼企业加大整治力度。对到期未整治完成的企业，一律采取停电停水等强制措施，予以关停。同时，对完成整治的工业企业实行“回头看”，进一步巩固提升。

推进乡镇生活污水治理工程。按照原定计划，在2017年底全面完成集镇污水处理设施建设并验收通过后，落实运维人员、经费等保障工作，探索和完善污水处理设施后期管理长效机制，实现有效运营。

建立健全出境水保障体系。根据省级重点生态功能区示范区建设试点的要求，进一步落实河长制工作要求，推进流域整治力度，建立出境水质保障应急预案和监测预警制度，完善水质监测体系，着力提升Ⅰ类、Ⅱ类水水质占比。

（三）加强环境监管，切实维护环境安全

强化工业企业危废管理。按照危废全过程监管要求，推进县内企业建设危废产生、转移全过程智能化监测监控体系。加强企业危废管理指导，开展企业危险废弃物管理双达标创建，规范危废物贮存场所、设置危废物标志标签，强化利用安全性、处置合法性管理，建立健全长效管理机制，全面完成危废企业的双达标创建。加强对危险废物产生的日常监管，强化危废规范收集处置工作及运行台账记录。同时，推动一般工业固废处置场建设。

依靠科技推进生态建设。按照“智慧环保”建设要求，2017 年继续推进重点废水排放企业污染源在线监控设施安装工作，推进重点流域水质自动监测站建设和空气自动监测站，进一步完善监控设施平台整合升级，强化监测结果分析运用。建立智慧环保管理平台工作运行制度。

加强环境应急能力建设。继续深入开展环境安全隐患排查，健全县环境突发事故应急预案体系，修编全县突发环境污染事故应急预案。实施企业执行突发环境事件应急预案备案制度，加强日常巡查频率，监督、指导企业落实综合防范和处置措施。组建环境应急专业应急救援队伍，提高应急抢险救援能力。

完善环境执法机制。探索建立环保与公检法联合执法和案件审查交接机制，进一步完善市县环境监察联动机制，继续保持环境执法高压态势，开展环保专项行动，打击环境违法行为。充分运用执法处罚结果，探索建立环保诚信档案、绿色信贷、环保违法案件通报曝光、违法企业公开道歉和环境违法行为举报奖励制度，综合解决环境违法问题。

（四）加强能源节约，推进节约型机关建设

扩大示范效应。持续推进节约型公共机构示范单位创建工作，根据国家机关事务管理局、国家发展和改革委员会、财政部等三部门文件要求，启动 2019—2020 年节约型公共机构示范单位创建工作，确认创建名单。鼓励创建单位以能源审计为入口，依据创建标准，采取合同能源管理等社会化服务模式，有序开展节能改造工作。根据国管局的统一安排，开展国家级节约型公共机构示范单位复核工作。

落实分类改造。根据省“十三五”节能规划要求，以生态文明建设为统领，以改革创新为动力，以开展“六项绿色行动”和“六项节能工程”为重点，统筹四大领域节能工作，抓实六项任务，推进绿色建筑改造，引导可再生能源开发与利用，开展重点用能公共机构能源审计工作，鼓励公共机构采用合同能源管理方式完成一批节能改造项目。

依托平台加强建设。推进公共机构能源资源监控平台建设工作，将公共机构能源资源监控平台建设纳入国家新型智慧示范城市建设工作同步推进，实现能耗数据信息资源共享共用，不断提高公共机构节能信息化水平。保证已建平台正常运行，扩大覆盖面，将能耗数据与管理职能紧密结合，为节能政策的制定提供可靠依据。抓紧时间研究方案，利用先进无线传输技术，保证数据实时准确传输，为全省能耗监控平台的互联互通做出努力。

第三节　江西省婺源县

一、县情简介

婺源县，位于江西省东北部，与皖、浙两省交界，东邻浙江开化，西毗景德镇，北枕黄山，南接德兴铜矿，全县属丘陵地貌，地势大致由东北向西南倾斜，境内山峦重叠，溪涧纵横，是一个典型的山区县。

全县土地面积 2967 平方公里，其中林地 378 万亩，耕地 32 万亩。婺源的空气、地表水达国家一级标准，有草、木本物种 5000 余种，国家一、二级重点保护动植物共 80 余种，森林覆盖率达 82.6%，负氧离子浓度高达 7 万～13 万个/立方米，是个天然大氧吧。县境地处中亚热带，具有东亚季风区的特色，气候温和、雨量充沛、四季分明，因生态环境优美和文化底蕴深厚，被誉为“中国最美的乡村”。

婺源县深入贯彻落实习近平总书记关于打造美丽中国“江西样板”的重要指示，把生态文明理念转变为全县上下的共同意志、共同行动，围绕“建设最美乡村”，以体制创新、制度供给和模式探索为重点，着力探索绿色发展新路径。近年来，婺源县荣获“国家生态文明建设示范区”“国家生态保护与建设示范区”“国家生态文明工程试点县”“国家级生态示范区”“国家生态县”“国家重点生态功能区”“中国国际生态乡村旅游目的地”等多项荣誉称号，2018 年 12 月被生态环境部命名为“绿水青山就是金山银山”实践创新基地，在具体实践中探索婺源生态文明建设的有效模式，走上一条具有婺源特色的生态文明建设新路子。

二、发展历程

（一）立足生态，始终坚持建设生态文明

生态是婺源第一资源，婺源县立足良好的生态环境本源，在加大生态保护力度，打牢绿色发展基础的同时，始终走生态立县、绿色发展之路，遵循人、生态环境、社会和谐发展客观规律，树立尊重自然、顺应自然和保护自然的全县发展理念，走生产发展、生活富裕、生态良好的文明发展道路。在 2017 年党的十九大后，婺源县加大投入，强化举措，扬优成势，发挥“绿水青山就是金山银山”的生态效应，把生态文明建设化为婺源人民的自觉行动，继续在生态文明示范县建设上不断探索新的经验、拓展新的成果，争当全国生态文明建设的排头兵。

（二）多规合一，优化国土空间开发格局

早在 2014 年，婺源县以生态环境现状、土地利用方向及经济社会发展规划为基础，突出生态文明建设理念，完成“多规合一”规划，建立“多规合一”数据中心，优化城镇化布局和形态，合理确定城镇、农业、生态空间结构，推进一张蓝图统筹管理全域。以以人为本、四化同步、互促发展的原则，构建了“133”即“1 个中心城区、3 个中心镇、30 个特色风情旅游乡村”的新型城镇化格局，新规划布局层次分明、布局合理、功能协调、城乡一体，形成了“县城组团、中心镇组团、行政村组团”三级“组团式、田园类、点状型”的山区新型城镇化空间体系新格局。

（三）生态共享，共建共享绿色生态家园

婺源县发展经济的同时为人民群众建设美丽生态家园，统筹城乡发展，扮靓城区、美化乡村，2017 年来以“最美”的标准开启一批民生项目，为人民群众打造宜居的生活家园，使绿色发展成果全民共享。完

善城市基础配套设施，打造城市绿化景观，对城区进行全面美化，建设了一批公园、体育馆、政务中心、博物馆、图书馆等便民福利项目。保护好水口、溪流、山塘等景观，保护好人与自然和谐相处、青山绿水和粉墙黛瓦交相辉映的乡村美景，高标准推进400多个秀美乡村建设，行政村活动场所建设全覆盖。

将生态脱贫纳入经济社会发展总体规划和生态保护与建设整体部署，做好减贫脱贫和生态文明建设的双赢。将生态保护建设与生态脱贫有机结合，引导贫困户积极融入生态旅游、生态工业、生态农业的发展中，推进生态产业扶贫。探索形成具有婺源特色的“回购返租”“五统一分”“公司＋基地＋贫困户”“国营林场＋基地＋农户”等产业扶贫模式。鼓励城乡居民以参与经营、参与服务、土地流转入股、组建乡村旅游合作社等方式发展经济、获得收益，实现全民共享旅游发展红利，让群众真正成为生态文明的主导者、建设者，共享生态文明成果。

三、绿色治理

婺源县在加强绿色治理过程中注重“制度推进”，围绕“建设最美乡村”目标，进一步完善绿色治理的体制机制，着力构建制度推进体系，强化生态环境准入、执法、考核、监督“四位一体”的制度体系建设，逐步形成了建设生态文明的“婺源方案”。

2018年，婺源县召开全县生态文明建设领导小组会议，调整婺源县国家生态文明试验区建设领导小组，制定并出台《2018年婺源县国家生态文明试验区（生态文明先行示范县）建设工作要点》《婺源县贯彻落实〈江西省长江经济带“共抓大保护”攻坚行动工作方案〉的任务分工方案》《婺源县农村人居环境整治三年行动实施方案》《婺源县林长制实施方案》《关于全面加强生态环境保护坚决打好污染防治攻坚战的实施方案》《关于积极稳妥推进林地流转进一步深化集体林权制度改革的实施意见》《婺源县林地经营权流转证管理办法（试行）》《婺源县林地流转服务平台建设和管理指导意见》等系列文件，为全县的生态文明建设工作确定了目标、提出了要求、细化了措施。

围绕“建设最美乡村”，绿色规划婺源。2015年至今，婺源逐步编制《关于贯彻落实〈国家生态文明试验区（江西）实施方案〉的实施意见》《婺源县生态文明先行示范区建设实施方案》《婺源县生态文明先行示范区暨国家生态文明示范工程试点建设工作方案》《婺源县国家生态文明建设示范县建设工作方案》《婺源县领导干部自然资源资产离任审计实施办法》《婺源县重点生态功能区产业准入负面清单》《婺源县城乡总体规划暨“多规合一”规划》《婺源县水土保持规划（2016—2030年）》等强化规划约束；同时在执行中严格落实《婺源县重点生态功能区产业准入负面清单》《婺源县古村落、历史文化名村、古建筑保护管理暂行办法》《婺源县村镇农民建房审批办法》等，科学规划、绿色发展。

完善生态红线管理制度，做好源头保护。以自然地理条件、生态系统特征和生态服务功能为基础，守护好五河及东江源保护区、重点生态功能区等区域的生态保护红线、水资源红线和永久基本农田红线，2015年制定《婺源县生态保护红线区划和管理办法》，确定生态保护红线管理机制，设立自然保护小区，守住生态红线。2019年探索制定《婺源县主要自然资源实物量核算实施办法》《婺源县严守生态保护红线的实施意见》等，全县1617.5平方公里面积划入生态保护红线范围，占全县面积一半以上。

健全自然资源资产产权制度和用途管制制度，对自然生态空间进行统一确权登记，形成归属清晰、权责明确、监管有效的自然资源资产产权制度。严格执行环境影响评价制度，开展规划环评与项目环评联动，制定产业发展负面清单。建立空间规划体系，划定生产、生活、生态空间开发管制界限，落实用途管制。建立污染减排的倒逼机制，逐步实现由结合环境质量现状的任务目标导向的污染减排模式向以环境质量目标为导向的控制模式转变。

完善生态文明考评机制，保障环境权益。完善生态考评机制，加强节能减排的绩效管理，将考核评估统一到生态文明建设框架下，建立统一的考评制度，提高管理的层级，设立部门联动机制；把资源消耗、环境损害、生态效益纳入经济社会发展评价机制，建立分类目标考核办法。实现重大决策生态环保“一票否决制”，完善领导干部自然资源资产离任审计制度和党政领导干部生态环境损害责任追究制度，实行环保目标管理责任制，健全生态环境保护责任追究制度。完善环境保护制度，建立健全生态监测预警评估制度、企业环境行为信用评价制度，健全生态环境保护责任追究制度和环境损害赔偿制度。创新环境公益诉讼制度，提高生态环境案件处理效能，保障公众的环境权益。

创新环境管理保护制度，严抓过程管理。2015 年制定《婺源县实施“河长制”工作方案》《婺源县加快推进河长制工作实施方案》《婺源县河长制县级会议制度》等。2019 年全面落实“林长制”，天然阔叶林长期禁伐工作被列入全省生态文明地方特色改革计划，在全省率先实施“森林四化”工程。[①] 实行资源有偿使用制度和生态补偿制度，进一步明确补偿范围、补偿内容、补偿资金，探索在县域范围内“资金横向转移”的补偿模式。推行节能量、碳排放权、排污权、水权交易制度，建立吸引社会资本投入生态环境保护的市场化机制，推行环境污染第三方治理。完善污染物排放许可证制度，开展固定源排污许可证核发工作。建设企事业单位环境信息公开平台，依法公开环境信息。形成“县乡村全覆盖、河库全纳入、区域流域相结合”的三级河长制组织体系。建设城区空气自动监测站、农村空气自动监测站，聘请第三方检测机构对全县水质进行监测。实施“天保工程”，将禁伐天然阔叶林纳入国家公益林补偿范围。同时开展环保大检查“回头看”行动、农村面源污染“十大整治”活动。

建立生态保护与建设协调机制，理顺环保、国土、水利等部门管理权限，打破资源分割和重复建设，实施数据共享，建设联防联控联治体系。启动生态项目多方参与机制，建立生态环保项目筛选和协同推进机制。

严格制定环境经济政策，确保生态安全。加大财政资金投入政策，实行投资主体多元化、融资渠道多样化；完善资源有偿、生态补偿、损害赔偿的“三偿”机制，做到使用资源要有偿，作出贡献要补偿，损害生态要赔偿；建立多元化的生态赔偿机制、公开化的界定评估机制以及网格化的环境监管机制，积极推进生态赔偿；健全环境信用评价与绿色

① 森林四化，即森林绿化、美化、彩化、珍贵化建设工作。

信贷，推动环境污染责任保险试点，构建环境污染责任保险与绿色信贷的联动机制。

健全生态文明投入机制，吸引社会资金政策体系，推行绿色信贷政策，设立“绿色基金”，探索运用 PPP 等模式，发挥政府资金引导作用，撬动社会资本合力推进生态文明。开展国际合作与经验交流，吸引国外资金的投入。制定生态文明准入机制，建立落后产能退出机制，探索建立环境责任保险制度。

严格生态监管执法管理，落实问责追究。实行严格的环境保护管理制度，探索统一监管所有污染物排放的环境管理制度。开展环境损害鉴定评估能力建设，开展环境损害司法鉴定，对造成生态环境损害的责任制严格实行赔偿制度，依法追究刑事责任。加强环境执法能力建设，完善环境举报投诉受理处置机制，制定突发环境事件调查处理办法。创新环境公益诉讼制度，健全法律援助机制，推进环保法庭建设，鼓励公众参与环境违法监督。健全环境保护执法协调机制，加大生态巡查、环境执法能力建设，实行环保执法监管和问责机制。2019 年，抓好中央环保督察“回头看”6 大类 27 个问题的整改，举一反三建立长效机制，成立“环保警察”队伍，创新开展“环保 360”行动，实现环保监管执法全天候全覆盖。

建立生态文明建设考核办法，将生态保护红线管控纳入考核指标；建立健全领导干部离任生态审计制度，探索离任审计与任中审计、领导干部经济责任审计以及其他专业审计相结合；建立环境污染责任赔偿制度，开展生态环境损害责任追究制度。

在工业污染治理方面严格源头把关，探索制定招商引资项目环境生态“一票否决”制，强化社会监督，加快建立企业环境监测和排放数据公开制度，接受社会各界及媒体监督，强化环境污染责任追究制度，使企业的违法成本远远高于治理成本，促使企业自觉治理。

四、绿色发展

旅游业是婺源县第一产业，全县以“发展全域旅游，建设最美乡村”为发展目标，2016 年编制《婺源县旅游产业总体规划》《国家乡村旅游度假实验区总体规划》，实施“旅游+”战略，发展以旅游业为核心的现代服务业。游客人次连续10年全省第一。入选国家旅游局“中国国际生态乡村旅游目的地”创建名单，为江西省唯一。2018年全年接待游客2100万人次，门票收入5.1亿元，旅游综合收入160亿元，旅游业蓬勃发展带动餐饮、住宿、商贸、物流、文化、金融等服务业。2019年，推出“优质旅游让婺源更美丽”的口号，赢得了良好口碑。

“旅游+生态”：婺源对优势生态资源充分保护和深度开发，开发了全季节全时段旅游产品。现有1个国家AAAAA级景区，14个国家AAAA级景区，继续保持全国县级第一。打造“中国十大古道”“最美乡村、梦里老家”等旅游品牌。全国首创设立旅游诚信退赔中心，率先推行旅游购物30天无理由退货。婺源被美国有线电视新闻网评为“40个中国最美的地方”之一，成为独具特色的文化旅游品牌。

“旅游+农业”：推动农业由传统的种养业态向休闲农业领域深度拓展，发展乡村度假旅游。培育建设农业综合园区、特色精品园区，建设一批有机茶产业基地、油菜花基地、粮食功能区，创立园区特色品牌，采用农旅结合的发展模式发展循环经济。油菜种植11万亩，年均吸引赏花游客475.2万人次，在纽约时代广场推出了油菜花、红枫广告，游客量位居全国四大油菜花海之首。现代农业示范园、松风翠等一批项目丰富了“旅游+农业”，皇菊、山茶油等特色产业蓬勃发展。“婺源绿茶”连续20年通过国际有机食品认证，品牌价值15.86亿元，在全省“四绿一红”品牌整合绩效考核中位列第一。

“旅游+工业”：以旅游业为核心，增加旅游便利化设施，配套发展生态工业，建设了绿色低碳、集约高效、加工与旅游一体的现代化特色生态工业园区。截至2016年，园区建成面积5.72平方公里，拥有入园企业130余家，安置就业1.3万人。开展省级旅游商品产业基地、婺商回归创业园项目建设，引进国内外知名休闲食品企业，发展纯净水、果汁、蔬菜汁、茶叶、竹笋等有机绿色食品和休闲食品加工业，开展食品工业观光与体验旅游。依托已有的户外休闲帐篷产业基础，引进帐篷、太阳伞、沙滩椅、园艺用品等旅游休闲用品加工业态。开展“降成本、优环境”专项行动，发展旅游商品、有机食品、机械电子、鞋服家纺等一批生态工业。

“旅游＋体育”：每年承办国际马拉松、法国 PBP 中国区婺源 200 公里挑战赛、环秀水湖国际越野赛、全国气排球邀请赛等国家、省级重大体育赛事 40 余项，吸引包括参赛选手在内的各方面人员超过 20 万。“旅游＋体育”得到社会各界和国家体育总局认可，并以此拓宽了港澳台，以及韩国等旅游市场。2019 年全年接待游客 2370 万人次，在全国 17 个旅游强县中排名第一，综合收入 220 亿元，在全国 17 个旅游强县中排名第二，两项指标连续 12 年排名全省第一。

“旅游＋文化”：将文化资源优势转化为经济优势，通过文化创意产业的培育，来实现徽文化的复兴。传承徽派建筑，制定古城保护规划，实施城区景观提升和农村房屋外立面“徽改”工程。建设物元艺术文博馆、华星电影城等多个文化景点。追溯朱熹等婺源历史名人，编写了《朱子文化研究》《婺源历史科技人物》等乡土文化图书。相继举办纪念朱子诞辰 888 周年活动、朱子文化学术高峰论坛等一系列活动，以及中国“六月六”晒秋文化节、歙砚制作技艺传承人大赛等文化赛事。婺源已成为知名的摄影基地、写生基地、文创基地。婺源县拥有中国历史文化名村 7 个、中国传统村落 28 个，分别位列全江西省第一、第二。

五、主要经验

一是规划引领，支撑绿色发展。婺源县以生态环境现状、土地利用方向及经济社会发展规划为基础，突出生态文明建设理念，发挥市场机制作用，加强政策引导为手段，制定“多规合一”规划，构建规划引领体系。制定机制保障规划的连续性，严格规划管控，强化规划约束，严格落实“多规合一”和城市立面设计，彰显婺源特色，推进一张蓝图统筹管理全域。

二是精准发力，建设最美乡村。婺源“中国最美乡村”在建设生态文明先行示范县中，以“发展全域旅游，建设最美乡村”为目标，深入开展试点示范，以点带线、以线促面，致力于打造一批在全省、全国有影响的精品样板工程，建设可复制、可推广的国家生态文明建设示范县典型模式。多年来，婺源县始终立足“旅游是婺源最大的品牌，生态是婺源最靓的底色，乡村是婺源最美的风景”的理念，深入实施“发展全域旅游，建设最美乡村”战略，立足“中国最美乡村、世界文化生态大公园”发展目标，持续擦亮“中国最美乡村”品牌，巩固和提升“中国最美乡村”品牌形势。

三是先行先试，扬优势创特色。2014年国家发改委等六部委批复《江西省生态文明先行示范区建设实施方案》，江西省全面实施国家生态文明试验区（江西）实施方案。2015年婺源县成为全省16个生态文明先行示范县之一。据不完全统计，婺源县曾荣获“国家生态文明建设示范区”“国家生态保护与建设示范区”“国家生态文明工程试点县”“国家级生态示范区”“国家生态县”“国家重点生态功能区”“中国国际生态乡村旅游目的地”等多项称号。婺源县通过示范工程、试点工程、品牌工程等一系列高标准的生态文明发展建设措施形成“婺源方案”，打造生态文明发展的“婺源样板”。

目前，婺源县生态文明理念更加深入人心，生态工程扎实推进，生态优势不断凸显，生态经济日趋繁荣，生态红利持续释放，“中国最美乡村”的美誉度、影响力不断提升，走出了一条具有婺源特色的经济社会发展与生态环境相协调的绿色发展之路，走上了一条具有婺源特色的生态文明建设新路子。

第四节　山东省微山县

一、县情简介

微山县位于山东省南部，截至2017年，全县辖3个街道、11个镇、1个乡、1个经济开发区。截至2018年底，微山县常住人口64.56万人。京杭运河（三级航道）纵贯全县南北，千吨级货轮直抵苏杭，为我国重要的南北水上“黄金通道”，也是国家南水北调东线工程的重要通道和调蓄水库。

微山县总面积1780平方公里，其中微山湖面积1266平方公里，占全县总面积的三分之二，占全省淡水量的45%，是我国北方最大的淡水湖，被誉为“鲁南明珠”“齐鲁灵秀”。微山湖水质肥沃，物产丰富，属富营养型湖泊，资源量居全国同类大型湖泊之首，素有“日出斗金”之盛誉。微山湖区水生动植物众多，作为山东省鸟类自然保护区，诸多鸟类栖息于此。

微山县煤炭资源丰富，湖区煤炭探明储量127亿吨，占山东省煤炭储量的1/4，境内有大中型煤矿16座，年开采煤炭达3000多万吨。被誉为“工业味精”的稀土资源，探明储量1275万吨，居全国第二位。

微山县按照“全省经济强县、全国旅游胜地、国家级生态示范区”的战略定位，确立了“奋力争先进位，冲刺第一方阵”的奋斗目标，经济社会保持快速发展。微山县是山东省重要的煤电化工基地、渔湖产品加工基地、内河船舶制造基地。

微山县于1987年被批准为省级风景名胜区，2009年成功创建国家AAAA级景区，被评为山东省旅游强县。顺航公园、七彩霓虹大堤、新薛河等景观工程相继建成，新增绿化面积180余万平方米，成功创建省级园林县城、省级卫生县城。微山县从过去“一条小路两盏灯，一把花生逛全城”的湖区小镇，正在成为一座生态宜居、功能完备的现代化滨湖新城。

二、发展历程

山东省早在2003年就做出了建设生态省的战略决策。同年，山东省下发《关于加强生态山东建设宣传教育工作的意见》，成立生态省教育宣传办公室，并召开专题会议研究生态省建设的相关问题工作。山东省把生态文明建设融入经济文化强省建设各方面和全过程，逐步启动了生态山东、美丽山东建设工作。2008年，济宁市启动环南四湖大生态带建设。2012年以来，济宁市开展国家生态保护与建设示范区创建工作，推进南四湖自然保护区整改工作，并开启国家森林城市创建工作。2017年，山东省开展“绿满齐鲁·美丽山东”国土绿化行动。省、市级政府生态文明建设方面的工作部署对微山县的生态文明建设产生了深刻的影响。

微山县根据上级党委政府关于生态文明建设和环境保护的各项决策部署，确立了“以湖富民、以工强县、旅游兴县、生态立县”的发展战略，将环境保护、生态建设、循环经济作为三大重点，建立健全环境保护长效机制，提升生态文明水平。

为实施城乡环境综合整治，微山县成立了县城乡环境综合整治领导小组，实行指挥部作战体制，推进城乡环卫一体化和美丽乡村建设。

从2014年开始，微山县以生态环境治理为重点，进行生态微山建设三年大会战，将环保工作纳入经济社会发展总体规划。通过实施“治水当示范”碧水行动、“治气当先行”蓝天行动、“生态创建”增绿行动、“总量减排促发展”行动以及保障环境安全的严格执法监管行动，解决影响人民生产生活的突出环境问题，不断改善生态环境质量，建设美丽生态微山。

经过多年不懈努力，微山县生态文明建设成效显著。县域生态环境状况总体持续改善，环南四湖大生态带建设扎实推进，生物多样性得到全面恢复。南四湖流域水质连续15年得到改善，成为全国14个水质良好湖泊之一。2011年8月，微山县成为济宁市第一个国家级生态示范区，并于2018年成功创建省级生态县。由于受自然生态先天条件、产业结构等方面的影响和制约，微山县在生态文明建设工作中，仍存在县域环境质量改善成果脆弱，面源污染防治任务依然艰巨，南四湖省级自然保护区规划亟待调整，生态补偿机制政策支持力度还有待提升等问题和不足。

三、绿色治理

（一）生态文明制度及其体制机制

近年来，微山县为加强“生态微山”建设，依据自身县情，不断推进生态文明制度建设和生态文明体制机制改革，县区生态文明制度不断健全，生态治理体系不断健全，治理能力不断提升。

《山东省南水北调工程沿线区域水污染防治条例》将微山县全部划为核心保护区和重点保护区。该条例为微山湖的生态保护工作提供了制度依据。2015年3月，微山县制定了《生态微山建设2015年度攻坚实施方案》，为生态微山建设工作的全面展开提供了行动指南。2016 年，微山县根据有关法律、法规和相关政策规定，并结合工作实际，制定了《环境信访有奖举报实施细则》，创新生态文明建设的体制机制，鼓励公众参与环境保护监督管理，进一步推进生态微山县建设工作。2017 年，微山县印发《微山县全面实行河长制工作方案》，公布各级河长名单，并明确河长职责。

为促进微山县的社会经济全面可持续发展，微山县制定了《微山县城市总体规划（2009—2030)》，指出微山县城市建设的功能定位为全国生态经济建设示范区、淮海经济区新型城镇化实验区、运河旅游、航运、文化带枢纽节点以及鲁南经济带崛起的战略空间，坚持生态优先的原则，把环境保护放在战略位置，将城市发展规模严格控制在合理的资源和环境容量内，尤其注重水环境的承载能力，并明确提出建设成为充满经济活力、富有文化特色和优美人居环境的湖滨生态宜居城市的目标。

为推动生态文明建设深入发展，微山县成立了以县委、县政府主要负责同志任组长的生态微山建设领导小组，分管县长任指挥的大气和水污染防治指挥部，将生态县建设纳入年度财政预算并逐年递增投入额度，并出台实施了《生态微山建设三年行动计划》等系列文件，保障了生态环保工作顺利推进。各部门按照分工进行配合，并动员广大群众举报环境违法行为，构建了联动高效的工作体系。将生态环保指标完成情况列入年度科学发展考核体系，明确“一票否决”的硬措施，从严实行跟踪问效、挂牌督办、责任追究等制度，年终考核排名向社会公布，把生态环保工作落到实处。

（二）污染防治与环境保护

微山县依据国家《水污染防治行动计划》，推进微山湖水污染防治工作。坚持“治、用、保”并举的流域治污策略，规范执行企业污水排放标准，先后实施了 28 个南水北调重点治污工程项目，推进湖泊渔业养殖污染、畜禽养殖污染、航运污染治理及非法小码头、经营性餐饮船只、河道垃圾清理等面源污染集中整治工作。

微山县集中开展了煤尘粉尘、工业废气、城市扬尘、机动车尾气等污染综合治理和城区大气环境质量综合整治，城区空气质量明显好转。取缔污染严重的储煤场、采石场。微山县于 2011 年、2012 年连续 2 年实施了涉及 15 个乡镇街道、1 处省级开发区的总投资 8100 万元、直接受益人口 16.1 万人的农村环境连片整治示范工程。改善农村生活污水和垃圾收集处理等基础设施条件，相继建成农村小型污水处理站 24 座，潜流湿地 2 处，垃圾中转站 29 座。

从 2018 年初开始，微山县就对微山湖旅游区旅游厕所建设与管理工作进行调研，发现湖区部分无地下管网系统和污水处理设施的景区厕所存在着二次污染。为解决这一问题，微山县旅游局深化改革，贯彻落实《济宁市旅游厕所建设管理新三年行动计划（2018—2020)》，引导位于微山县开发区的济宁鑫科环境有限公司，将其 8 项专利技术成果转化为“专利型智慧无害化生态旅游厕所”建设技术，在微山湖国家湿地公园、爱湖旅游码头共建设了 3 处样板，并探索“以商养厕”的管理模式。

（三）生态建设

微山县结合环南四湖大生态带建设，推进沿湖生态景观带建设，实施人工湿地水质净化、退耕还湿以及城乡环境容貌提升工程，保护修复湿地，治理矿山地质环境，推进生态创建工作。

2017 年以来，微山县按照市委、市政府建设国家森林城市的决策部署，先后筹措 1200 余万元购置绿化苗木开展造林绿化工作，组织成立专业荒山造林队伍，进行荒山绿化，并开展镇村绿化美化及环城水系绿化工作。结合生态园林城市创建，微山县实施封山育林、苗木花卉基地、经济林基地、速生丰产用材林基地、绿色通道建设和南四湖自然保护区等林业六大工程。

微山县通过实施矿山环境治理与生态修复工程，加强对水土流失、破损山体等生态受损区域的治理修复，恢复区域自然生态功能。对破损山体，采取危岩卸载、边坡放缓等措施消除地质灾害隐患；运用客土回填，修筑水沟、挡土墙，覆土绿化等破损山体修复术，治理恢复破损山体立面、平面，消除视觉污染，并使之与周围景区景色相协调。为改善微山湖水域自然生态，实施“退耕还湿、退渔还湖、退池还湖”行动，并通过全面清理网箱网围，恢复湖区和谐生态。

四、绿色发展

（一）国土空间布局

近年来，微山县推进“多规合一”工作，建立相关规划衔接协调机制，编修了《微山县城市总体规划（2009—2030）》，为微山县城市建设提供了依据，同时也有助于优化微山县国土空间布局，促进微山县社会经济全面可持续发展。城市总体规划加快完善，县域美丽乡村建设规划、城市双修专项规划编制完成。突出本区特有之生态湿地特色，以旅游服务为主导，开发微山县丰富的观光资源，努力将微山县建设成为富有文化特色和人居环境优美的滨湖生态养生旅游城市。保护微山湖环线和古运河沿线的生态环境和地形地貌，使该地区的生态环境保持完整。

规划提出微山县建设的城镇空间组——“一城五镇”，四轴串联。“一城”是指由老城区、南部新城区、经济开发区及旅游度假区构成的中等城市；“五镇”包括欢城、留庄、韩庄、鲁桥、西平5个重点乡镇；“四轴”指104省道和104国道衔接组成的湖东陆上联系通道，由京杭运河、沿湖及湖中水路组成的水上联系通道，进行等级提升后的二级坝联系通道和西大堤联系通道。

（二）推进资源节约，提高资源综合利用率

为推进国土资源节约，微山县以国土资源节约集约模范县创建活动为契机，制定了《微山县国土资源节约集约模范县创建活动实施方案》，并成立了县国土资源节约集约模范县创建工作领导小组。通过开展活动、强化宣传、严格管理、开发增地等方面的举措促进自身国土资源节约。

2017年，微山县围绕服务新旧动能转换重大工程，依法促进批而未供土地的有效利用，组织开展闲置低效用地盘活利用专项行动，促进县域的土地有效开发和集约节约利用。2018年，微山县通过对接大企业、大集团，利用闲置土地资源，新上天虹纺织、蓝海钧华大饭店等6个项目，利用闲置土地1200余亩、厂房30多万平方米。

微山县在产业转型中不断拉长煤炭产业链条，推进焦电、热电、机

制焦和煤化工项目建设，引导企业搞好余热余压利用、能量系统优化、热电联产、煤矸石综合利用等重点节能工程。尤其是微山湖矿业集团“煤—焦—电—钢”和“煤—热—电—材”循环经济链条不断延伸，年可节约标准煤 2 万余吨。方正墙材、傅村煤矸石电厂等一批资源综合利用企业，年综合利用煤矸石 200 多万吨。

（三）调整升级产业结构，发展绿色产业

微山县依据自身独特的生态条件，对经济产业结构进行调整升级，把绿色发展理念融入产业结构调整的全过程。针对微山湖丰富的生物资源，微山县以微山湖四鼻鲤鱼、乌鳢、大闸蟹等特色产品养殖为重点，推进生态化养殖改造试点，提升渔业养殖的生态化和精品化水平，打造生态高效品牌渔业。

加快工业提档升级。微山县重视发展光伏新能源、木塑新材料、生物医药等新兴产业，并对传统产业进行升级改造工作。通过关停微矿集团焦点厂等传统产业部门与企业，引导煤炭企业发展非煤产业，推进采煤沉陷区光伏领跑技术基地、稀土产业园建设，加强稀土新材料产业基地、内河船艇修造基地建设。培育独具微山湖区特色的食品工业体系，促进本县新能源产业集聚，使本县产业结构得到优化升级。

另外，微山县还依托微山湖湿地风景，整合县域旅游资源，组建微山湖旅游集团，推进县域文化旅游行业发展。以旅游业为突破口，带动港航、物流、商贸等现代服务业的发展，使绿色产业成为自身社会经济发展的新动力。

五、主要经验

作为依微山湖而兴起的县域，微山县生态文明建设的成功与否首先在于能否妥善处理好微山湖生态环境保护与资源开发、经济发展之间的关系。微山县依靠落实环保责任，打造环保大格局，探索“智慧环保”的监管模式，将生态修复与绿色发展相结合，将其“绿水青山”的生态优势有效转化为“金山银山”的经济效益，推进生态经济化和经济生态化的不断发展。

（一）落实环保责任，打造环保大格局

微山县坚持铁腕治污、科学治湖，认真落实环境保护“党政同责、一岗双责”，着力实施生态微山建设三年行动计划，将环保工作纳入经济社会发展总体规划。成立以县委、县政府主要负责同志任组长的生态微山建设领导小组，将生态建设纳入年度财政预算并逐年递增，并把生态环保指标完成情况列入年度科学发展考核体系，实行“一票否决”等措施，推进生态文明建设。县委常委会多次听取相关部门环保工作汇报，相关部门印发突出环境问题专项整治、环保执法百日集中行动、环境突出问题整改“百日攻坚”等工作方案，制订各级党委、政府及有关部门环境保护工作职责。2016 年 5 月起，实行所有县级领导带队督查和暗查，连续 7 个月不间断进行督查、夜查。《今日微山》、微山电视台等加大宣传力度，公开曝光环保违法行为。县人大、政协定期开展生态文明建设视察调研，形成党委领导、政府负责、人大政协监督、部门齐抓共管、社会各界广泛参与的环保大格局。

（二）积极探索“智慧环保”监管模式

微山县探索“互联网＋环保”新型环境监管体系，投资 400 余万元建设全县环保智慧监管平台，配套开发 APP 手机终端，建设 15 个空气自动站，推动网格化环境监管与在线实时监控网络的有机融合。全县共设立三级网格 16 个，配备环保专职网格员 110 名；将排查出的 4155 个污染点源全部纳入县环境监管平台系统，实行台账式管理，实现“线上监控、线下联动”。同时，微山县加强跨区域执法联勤联动，2016 年以来，依托《苏、鲁、皖边界跨界污染纠纷处置和应急联动工作机制协议》和《边界“土小”企业清理取缔联防联动工作机制协议》，多次联合徐州铜山区、沛县和滕州市开展环境执法行动，严厉打击环境违法行为，对边界区域几十家“散乱污”企业进行清理取缔。建立健全风险评估、隐患排查、事故预警和应急处置工作机制，落实“超标即应急”零容忍机制和“快速溯源法”程序，保证各类突发环保事故在第一时间得到有效控制。

（三）生态修复与绿色发展相结合

微山县在生态文明建设的过程中，将生态修复与绿色发展相结合，在改善县域生态环境状况的同时推进经济产业结构的绿色转型。对于大片因采煤导致的塌陷地，微山县根据采煤塌陷地现状、类型、分布及环境条件状况，实行农业复垦、生态复垦、产业复垦三类模式进行分类治理。对轻度塌陷区，采取“划方整平法”，通过削高填洼、配套水利设施等措施恢复农业耕种。对中度塌陷区，采取“挖深垫浅法”，通过挖鱼池筑台田，形成上粮下渔生产格局。对常年积水的重度塌陷区，采取“生态治理法”，通过围湖造岸、植树种草、建设生态湿地或平原水库等方式，恢复生态环境。对面积较大、包含轻度、中度、重度各种类型的复合型塌陷区，采取“产业治理法”，综合运用上述治理方法，发展种植、养殖、农产品加工、光伏发电、旅游观光等适宜产业，打造多元化的高效生态产业园区，在进行生态修复的基础上推进绿色发展。

第五节　河南省鄢陵县

一、县情简介

许昌市鄢陵县位于河南省中部，总面积869.7平方公里。鄢陵地理位置优越，北距新郑国际机场70公里，西距新郑机场异地航空枢纽港、京广铁路、京港澳高速、京广高铁20公里，处于全省“米”字形高速公路网核心区、中原城市群经济隆起带。鄢陵县被誉为“平原林海”“天然氧吧”，是许昌乃至中原的重要生态安全屏障，是中部战略崛起生态文明建设的重点地区之一，是保障森林河南生态建设的平原生态涵养区。

鄢陵县90万亩耕地，花木种植面积75万亩，花木品种2400多个，花木年销售额达71亿元，被授予“中国花木之乡”“中国蜡梅文化之乡”“中国花木之都”“中国长寿之乡”。鄢陵是“全国花卉生产示范基地”“全国生态文明先进县”“全国休闲农业与乡村旅游示范县”“中国生态魅力县”“国家森林康养基地试点县”，以及许昌市首家“省级生态县”。在县域经济中，如何因地制宜开发利用资源，准确定位以花木产业为引领的林业县域经济发展的现状和优势，尤为重要。鄢陵县以林业产业为基础的县域经济发展要持续下去，生态环境是保障，而鄢陵生态文明建设成果的取得，正是靠人民群众发展花木产业创造出来的，反过来生态文明建设成果又为花木产业打下基础并反哺产业。鄢陵县生态文明建设成效显著、绿色治理体系健全，为县域生态文明建设探索出新路径、新经验。

二、发展历程

河南省鄢陵县的生态文明建设形成过程大概可以分为“四个阶段”。第一个阶段为自发阶段（1978—1998 年）。鄢陵种植苗木已有千年历史，且享有“鄢陵蜡梅冠天下”的盛名。姚家村一带很多村民都是种植花木的能工巧匠，这一带农民种植苗木是一种自发的文化传承和经济营生。第二个阶段为自主阶段（1999—2009 年）。随着农村改革的深化，县委、县政府发现，发展苗木经济既顺应了农民富起来的要求，又传承了苗木栽培的传统文化，于是组织乡镇干部带头赴北京林业大学、中国农业大学进行苗木栽培技术学习，要求他们学会苗木技术带动村民致富，推动产业结构调整。第三个阶段为自觉阶段（2010—2014 年）。乡镇干部通过种植苗木快速致富，看到希望的农民们纷纷开始跟进，整个鄢陵县苗木种植迅速铺开并形成高潮，几年间从几千亩发展到几十万亩。以姚家村和陈化店镇为中心的苗木集聚片区形成，并沿国道辐射成为连接许昌的花卉苗木经济带。鄢陵成为长江以北最大的中原苗木之乡。第四个阶段为自动阶段（2015 年至今）。靠种植苗木，鄢陵县的农民不光自己富了，也把传统的苗木栽培和管护文化，通过外出承揽园林绿化工程等途径扩散出去，提高了鄢陵花木产业和文化的影响力。花卉苗木经济的发展引来了河南建业、鸿宝集团、中国北方集团等企业前来投资，形成了由文化到经济、由经济到生态、由生态到文明的自动发展跃升阶段。

通过对以上四个发展阶段的溯源梳理，不难发现，四个阶段呈几何形跳跃发展，分别是 20 年、10 年和 5 年，产业从成形到转型、从生态到文化、从生态经济到生态文明发展脉络清晰，进展十分迅速。党的十八大在四个文明建设的基础上，又提出了生态文明建设，形成了“五位一体”的新发展格局，对生态文明从制度层面予以固化，这种固化也给鄢陵生态文明发展注入新的推动力。至此，鄢陵经历了由苗木培育到生态建设，再由生态建设到生态文明的嬗变，区域经济发展跨上了新台阶，进入了新阶段，拓展了一个新境界。

三、绿色治理

郡县治，天下安。县域是经济、政治、文化、社会、生态的综合体，只有发挥绿色治理体系的保障与支撑作用，才能取得最佳效果。全国生态文明大会强调了生态文明“五大体系”，体系的构建是检验县域生态文明建设，以及地方绿色治理能力的有效工具。因生态文明建设起步早、脚步稳，鄢陵县生态文明“五大体系”建设初步成型，为地方绿色治理提供有力支撑。河南省、许昌市以及鄢陵县生态文明建设相关政策和法规日益完善，基于生态文明理念的绿色治理体系逐步健全、自然资源循环体系初步确立、生态补偿制度得到确立、绿色治理能力与体系逐渐增强。

（一）生态文化体系建设

在生态文化建设方面，许昌市委、市政府提出了“建设以鄢陵为中心的生态文化示范区”的科学规划。同时，发掘和传承地方历史，加强对鄢陵特色历史文化的研究，努力打造花卉栽培文化、特色蜡梅文化、养生长寿文化、温泉休闲度假文化等知名特色生态文化名牌。同时，鄢陵县以花木为基础，做强做大花木文化，打造中原花木交易博览会，形成了一张独具特色的地方名片，2019 年第十九届博览会更是以“生态振兴、盛世祖国”为年度主题召开。

鄢陵文化底蕴丰厚，花木栽培历史悠久，始于唐，兴于宋，盛于明清，更享有“鄢陵蜡梅冠天下”之盛誉。鄢陵境内有许由墓、曹操议事台、乾明寺塔、甘罗古柏、尹宙碑等名胜古迹。鄢陵土壤肥沃，四季分明，优越的地理位置和鲜明的气候特征，不仅适宜南北不同气候条件下的各种植物生长，也成就了鄢陵“花都”之美称，造就了“南花北移、北花南迁”的天然驯化基地。新中国成立后，北京林学院（今北京林业大学）派出师生104人，在陈俊愉院士的带领下，到鄢陵姚家花园考察6个月，将鄢陵老匠人传承的种植手艺结合学科理论写成《鄢陵园林植物栽培》与《鄢陵苗木栽培技巧》。至此，鄢陵的花木文化得到认可与发扬，基于花木文化的花木经济便应运而生。

（二）生态经济体系建设

在生态经济方面，鄢陵县以生态经济体系建设作为突破口，早年间便以科技创新提升发展支撑力、花木产业带动农民致富、森林生态景观拉动绿色效益，走出了一条以花木产业为主线的区域特色发展之路，造就了独树一帜的绿色经济模式——“鄢陵模式”。2013年，鄢陵县政府坚定“生态立县”的理念，夯实花木经济的基础，县委出台《关于加快建设花木强县的实施方案》，本着“政府支持、规划引领、市场引导、企业带动、群众参与”的原则，以花木产业供给侧结构性改革为指导，以科技创新为动力，以提升花木产品档次为重点，进一步巩固花木产业优势、不断扩大花木生产规模、优化花木生产结构、增强科技支撑能力、完善信息网络系统、提升产业融合水平。

鄢陵县以“花木经济”为基础的绿色产业稳步发展、粗具规模。鄢陵围绕“国家全域旅游示范区”目标，认真借鉴云南大理、浙江莫干山、四川成都等地民宿发展先进经验，编制特色乡村民宿发展规划，整合花木产业、陈化店地下水、鹤鸣湖等优势旅游资源，积极引进和建设一批重大旅游项目，强化旅游宣传营销手段，全力打造“一花一世界、一水润千年、一木赢天下”3张旅游名片，推出“全域花海、长寿鄢陵、养生福地、休闲天堂”特色旅游品牌。

为促进鄢陵县花木经济转向生态经济，鄢陵县充分利用自身优势，发展森林康养产业，并出台《鄢陵森林康养产业发展规划》。规划依托花木资源优势，以生态保护优先为前提，立足地域分布情况，发展布局温泉度假区提升型、现有景点完善型、湿地公园改造型、储备林基地复合型等多型项目。政府立足苗木强县的优势，加强对森林康养产业的引导扶持，推动森林康养产业集聚发展，提高森林康养产业与支柱产业、旅游产业发展的融合度，增强生态产品的市场竞争力，促进统筹三产协调发展。至此，鄢陵已形成农业结构调整合理、林业资源布局完善、农民收入提升、三产融合度相对较高的绿色生态产业。

（三）生态目标责任体系建设

在生态目标责任体系建设方面，鄢陵县制定并实施生态文明建设评价方法，建立和完善离任审计制度，将生态目标责任落实情况，纳入乡镇和机关发展综合评价体系中，落实领导干部任期内生态文明资源环境追究制度。同时，鄢陵积极打响污染防治攻坚战，大气污染防治上强力推进“三治标三治本”，强化“五控”措施，加强“一长三员”网格化建设；水污染防治上全面落实“河长制”，严守水资源管理“三条红线”，彻底消除建成区黑臭水体，确保出境断面水质和集中饮用水源地水质达到市定目标；全面推进土壤污染防治，认真澄清土壤污染状况底数，精准编制实施土壤污染防治与修复规划，全面开展土壤污染治理与修复。

鄢陵县在创建国家生态文明示范县时，出台《鄢陵县创建国家生态文明建设示范县目标责任考核办法》，按照《国家生态文明建设示范区管理规程（试行）》和《国家生态文明建设示范市县指标（修订）》《中共鄢陵县委、鄢陵县人民政府关于创建国家生态文明建设示范县工作的实施方案》等要求，结合鄢陵实际情况，科学制订生态目标考核办法。在考核办法中，为确保如期完成鄢陵县国家级生态文明建设示范县的各项指标任务，明确了考核对象为各镇人民政府、产业集聚区管委会、花木产业集聚区管委会及鄢陵县创建国家生态文明建设示范县指挥部成员单位。考核办法多样，采取自查和考评相结合、明察和暗访相结合的办法进行。其中，由镇、区及县委有关部门、县直有关单位形成自查报告于当年的12月上旬报县创建国家生态文明建设示范县指挥部办公室，再由县生态办实施考核，对照考核细则逐项评比打分。考评工作原则上在当年12月底前完成，考核结果分优秀、良好、合格和不合格四个等次。考核结果作为被考核单位党政领导班子政绩和相关领导干部任用、奖惩的重要依据，以及被考核单位评先评优的依据。对未按期完成考核目标的，实行年度考核一票否决制。

（四）生态文明制度体系建设

在生态文明制度体系建设方面，坚持创新驱动，完善经济社会政策，推动生态文明建设法治化，深化生态文明体制改革。鄢陵县作为中原地区的一块绿色生态屏障，围绕花木种植积极构建既符合县情又促进苗木经济向生态经济转型的生态补偿机制。对于花木园区景观道路两侧各 50 米以内的大规格树木和景观林，经过有关部门登记、认定，5 年以上不出售的，予以适当补贴；10 年以上不出售的，予以重奖，以奖代补，有效促进了生态补偿机制的可行性和延续性。

鄢陵县推行河湖长制，要求各镇党委和人民政府、县直有关单位认真履行职责，切实加强河湖管护；结合三清一改，提升河湖周边环境；保持高压态势，严厉打击非法采矿；加快划界确权，划定河湖管理规范；压实工作职责，积极治理河湖四乱。

鄢陵县推行“3＋1 模式”林长制，明确各级各部门生态建设保护管理责任，建立林木管护机制。在全县全面推行林长制，建立县、乡、村三级林长体系，构建责任明确、协调有序、监管严格、保护有力的林业生态制度体系。“3＋1”模式以县、镇、村三级林长加群众林长为体系，除三级党政干部外，各村村民选举村民代表为“护林长”，即群众林长，发动人民群众积极参与到林业建设当中。

（五）生态安全体系建设

在生态安全体系建设方面，鄢陵县提出建设“生态强县”，部署了类型多样的生态保育工程，包括主体防护林体系建设、天然林资源保护、退耕还林还草、水土流失治理和湿地保护修复等，开展了生态林业建设、水系连接绿化、平原农田保护林体系建设等生态保护工程来保障生态安全体系的承载力。

林业生态建设历来就是生态文明建设的主要抓手。1980 年 3 月 5 日《中共中央、国务院关于大力开展植树造林的指示》中对绿化造林模范县河南省鄢陵县给予肯定和表扬。2018 年 11 月，省领导在实施国土绿化提速行动建设森林河南动员大会的讲话中也提出，要深刻认识到抓国土绿化就是抓生态文明建设，并肯定了鄢陵在林业建设中的成绩。林业生态建设在河南省生态建设中不仅发挥着主体作用，更保障山、水、林、田、湖、草生命共同健康发展。

许昌是一座缺水的城市，人均水资源量一度只有全国的十分之一，不足河南省人均水资源占有量的一半，曾被列为全国 40 个严重缺水的城市之一。近年来，许昌实施小流域生态综合治理、农耕地水土流失综合整治等水生态保护工程，构筑了“五湖四海畔三川、两环一水润莲城”的水环境格局。鄢陵县贯彻山、水、林、田、湖、草系统治理的理念，实施河湖水系连通工程，对河渠进行了清淤疏浚、绿化美化，初步形成了以鹤鸣湖为心，三带润城、五区多景、蓝绿交融的水生态格局，构建了科学的水生态系统。同时，加大生态林业工程建设、国家储备林工程建设、防沙固林工程建设、长寿山绿化建设，生态系统退化趋势得到控制，生物多样性持续恢复，生态保育作用突出，生态安全保障体系建设成果显著。

四、绿色发展

鄢陵县以生态经济体系建设作为突破口，走出一条以花木产业为主线的区域绿色发展之路，造就了独树一帜的绿色经济模式——“花木+”模式。近年来，鄢陵县一张蓝图绘到底，一如既往坚持生态优先，绿色发展理念，牢牢守住发展和生态两条底线，环境质量持续提升，城乡面貌明显改善，生态建设取得明显成效，绿色发展再上新台阶。

(一)“花木+协同创新”

经济的发展离不开模式的创新，县域经济可持续发展的命脉在于绿色科技的支撑。2013 年 11 月，鄢陵县与北京林业大学签订战略合作框架协议，围绕构建“政、产、学、研、用”的创新体系目标，实施“11122”工程，着力在科研、教育、人员培训、产业提升等方面开展全方位的合作，成功创出了校地合作、协同创新的“鄢陵模式”，被教育部评为“2012—2014 中国高校产学研合作科技创新十大推荐案例”之一。

发展花卉产业离不开先进的技术，优秀的科研，鄢陵县加强与北京林业大学等高校的联系，充分利用高校智囊团队，依托高校科研成果从根源上稳固该县花木产业。北京林业大学把鄢陵名优花木园区建成教学科研实习基地，并建立北京林业大学鄢陵科研中心，组建中原林木新技术试验示范推广中心、国家花卉工程技术研发中心中原景观植物研究学院等，围绕鄢陵乃至我国中部地区花卉、园林树木的新品种、新技术、新应用，开展系列研究开发，为企业发展提供有力的技术支撑。在人才培养方面，北京林业大学结合地方干部教育培训计划和企业需要，协助鄢陵做好所需人才的引进和培训工作，组建北京林业大学继续教育学院鄢陵分院，并重点推荐优秀毕业生到鄢陵就业、创业。

2019 年，围绕“全域花海、全域旅游、全域水系、全域康养”建设，北京林业大学多位专家教授到鄢陵调研指导，在森林康养、生态文明、绿色发展、低碳结构、生物机肥等方面提出了很多宝贵的意见和建议，对该县正在开启的转型发展、融合发展之路具有重大推动作用。

（二）**“花木＋乡村振兴”**

党的十九大提出乡村振兴战略，明确指出乡村振兴产业是基础，生态文明是关键。鄢陵县把花木产业作为乡村振兴的主要途径，让生态文明发展促进乡村振兴，使“花木＋乡村振兴”成为“鄢陵模式”的支系。

1. 发展特色花木产业，确保产业兴旺

鄢陵县坚持特色花木产业为基础，大力发展二、三产业，确保产业兴旺。实施国土绿化提速行动建设森林河南动员大会指出，鄢陵县把花木优势做足，打造中国北方最大的花卉苗木生产基地，以建设现代名优花木科技园区来推动花木产业提质提档，转变发展方式，以举办花木交易博览会为契机，带动相关产业的发展，衍生产业链条，全域旅游产业和养生养老产业得到快速发展，正在走出一条依靠特色林业带动县域经济迈向高质量发展的新路径，对鄢陵县大力发展花木产业给予了充分肯定。2019 年，鄢陵县结合“全域花海规划”建设，谋划实施了总任务 13.16 万亩的全域生态美化工程，激活花木产业的生态力，拉动乡村旅游，推出生态产品，巩固支柱产业。

2. 美化城镇，促进生态宜居和乡风文明

鄢陵县以“四旁”绿化美化为抓手，扎实推进“果树进村”，见缝插绿、见空增绿，大力建设镇村绿化带、果树带及小游园、小公园，形成四季瓜果飘香的绿化格局。除此之外，县委、县政府利用老区整改和村容提升的契机，利用乡村广场、村镇房屋外立面大力宣传鄢陵县“长寿文化”“孝道文化”，推进行风文明建设。

3. 改善村容村貌，确保治理有效、带动生活富裕

鄢陵县在完成“三清一改”规定动作的基础上，有针对性地实施清除无保护价值的残垣断壁、开展村庄绿化美化等工作，将农村人居环境整治与发展乡村休闲旅游等有机结合，确保环境治理有效，并建成一批幸福家园和美丽乡村。同时，鄢陵县乡村振兴战略主动适应消费市场，以国际化的视野对标全球 1.5 万多种花木产品种类，制订新品种年度新增计划。政府牵头强化与国内外企业、科研机构的合作，不断引进新品种、新技术、新产品，建立覆盖所有“界、门、纲、目、科、属、种”的花木产品体系，满足消费市场日益增长的多层次、多样化需求，确保花木产品的先进性与市场接受率，带动农民生活富裕。

（三）“花木＋产展融合”

近年来，鄢陵县发挥自身优势，坚持以市场为产业导向，以科技为创新依托，以展会为宣传策略大力发展花木产业，形成了生产布局区域化、种植规模化、管理集约化、产品标准化和销售信息化的发展格局。其中，产业发展中有展会的推进，展会举办中有产业的融合，基于“花木＋”模式的“产展融合”形式应运而生。

中原花木交易博览会已经成功举办了多届，主会场为中原花木交易博览园，分会场为花木集聚区优秀的花木企业，展会的展现面涵盖花木产业的布局、产品推介、相关科技讲座等。除此之外，春季的国际森林康养峰会、冬季的中国“二梅”展，都牢牢结合企业及苗木种植户，是生态产品的展览会，也是优质花木的推介会。“产展融合”模式不仅有效增加了农民收入，并且促进了三产融合，使鄢陵县的经济社会得到全面发展。

五、主要经验

党和政府高度重视生态文明建设。党的十八大以来，以习近平同志为核心的党中央，视建设生态文明为中华民族永续发展的根本大计，将生态文明建设与经济、政治、文化与社会建设一起纳入中国特色社会主义事业“五位一体”总体布局。河南省委、省政府高度重视各市生态文

明建设情况，许昌市生态文明建设更是走在了全省的前列。鄢陵县生态文明建设，对推动中原地区县域经济可持要发展、促进中部战略崛起、保障中原生态环境有着十分重要的样板作用。目前，鄢陵县生态文明制度逐步健全，生态保育能力逐渐增强，林业生态工程建设成效显著，环境质量稳定良好，绿色产业稳步发展，科技支撑体系基本建立，生态文明五大体系逐渐形成，绿色治理能力突出，生态文明建设示范作用正在逐步显现。

鄢陵县坚持生态优先，绿色发展理念，牢牢守住发展和生态两条底线，环境质量持续提升，城乡面貌明显改善，生态建设取得明显成效。鄢陵县切实践行"两山"理念，坚持以花木改善生态、以生态承载旅游、以旅游激活三产，使"产业生态化，生态产业化"，实现了经济社会和生态建设协调发展。早年间形成的经济发展的"鄢陵模式"，也在逐步变成绿色治理的"鄢陵模式"。

尽管鄢陵县在我国生态文明建设、绿色治理的道路上为我们探索了一套适合中国国情的县域生态文明建设道路，但是，其呈现出来的问题也应该得到相关学术界和决策者的重视。例如，县域生态文明建设通常以行政区域划分各自为政，因为目标、过程、时间很难统一，因此，如何打破行政格局，推进绿色网格化、协同化治理，是值得思考的。同时，在绿色治理体系和能力构建的过程中，要思考如何建立一套治理评估体系，打造一系列评估标准，使决策者能客观地去认识地方绿色治理状况，发现地方治理问题，比较治理优劣，明晰治理理想和治理现状的差距，从而更有效地推动生态文明、绿色治理体系与能力建设。

第六节　湖南省长沙县

一、县情简介

长沙县已有 2200 多年历史，县域总面积 1756 平方公里，辖 18 个镇（街），处于长株潭"两型社会"综合配套改革试验区的核心地带，是长沙市2020年310平方公里城市总体规划“一主两次”中的两个城市次中心之一和长沙市商业体系规划“一主两副”的两个商业副中心之一，是全国18个改革开放典型地区之一。

2016年2月，环保部授予22个市、县（市、区）“国家生态市、县（市、区）”称号，长沙县成为湖南首个获此称号的地区。2016年6月5日，在“中国生态文明奖”颁奖典礼上，长沙县生态文明建设办公室获大会颁发的“中国生态文明奖——先进集体”奖，成为全国19个获奖集体之一，也是湖南省唯一一个获该项荣誉的集体。长沙县还获评全国农村生活污水治理示范县、省级美丽乡村建设先进县、国家园林县城及全国绿化先进县。2019年长沙县跃居中国工业百强县（市）第8位，地区生产总值增长9%，入选中国县域旅游竞争力百强县榜单。

二、发展历程

（一）逐步树立“环境招商”理念（2007年前）

早在2004年，长沙县便入选第三批国家级生态示范区，此后长沙县加快了生态环境改善的步伐，从重视县域经济发展速度转向县域综合发展质量，尤其是逐步改善县城环境质量。2005年，全县在实现经济稳定高速增长的同时保持了良好的生态环境质量，城区绿化面积达118.9万平方米。在新农村建设领域，长沙县推进农村人居环境改造和生态农业建设，通过村庄整治、人畜饮水安全、改水改厕等改造工程，为农村经济社会发展提供了较好的环境基础。由过去的“政策招商”转向“环境招商”，增强了环境保护理念在经济社会发展中的分量，积极扶持建设种养加工和旅游休闲于一体的循环立体生态农业基地。

此外，长沙县在节约集约利用资源、污染治理和生态保护方面也着手较早，通过盘活存量土地和农村闲置自然资源，提高土地资源的利用率，推进城乡水域的污染防治，启动天然气入户工程，探索农村清洁能源建设。

（二）“两型社会”引领绿色发展（2007—2013年）

“分类考核”的战略定位。2007年，长沙县编制了《长沙县生态县建设规划》，2008年成立县生态建设办公室，提出“南工北农”“分类考核”的战略，而分类考核正是长沙县走“两型引领、绿色发展”路径的一大战略举措。随后，长沙县率先在全省建立了生态补偿机制，构建了“谁开发、谁保护，谁受益、谁补偿，谁污染、谁治理”的运行体系。

两型社会方案引领。2007 年 12 月，湖南省长株潭城市群获批成为全国资源节约型和环境友好型社会建设综合配套改革试验区。2009 年长沙县制定了《长沙县两型社会示范创建活动实施方案》，按照两型社会建设要求，以节能、节水、节地、节材、资源综合利用和保护环境为重点，以宣传动员、教育培训、制度标准、行为规范、设施建设和技术进步为手段，建立健全长效机制，广泛开展两型社会示范创建活动，在各个层面逐步形成与两型社会相适应的思想观念，形成节约环保、健康文明的行为方式。开展两型机关、两型学校、两型企业、两型社区、两型村庄的创建工作。

铁腕治理养殖污染。长沙县曾经是生猪养殖大县，年出栏量达 200 多万头，但也因此面临养殖污染问题等环境治理的顽疾。为推动科学养殖、生态养殖，根除养殖业污染，2007 年领县印发了《长沙县畜禽养殖污染防治管理办法》，从 2008 年起，全县原则上停建生猪规模养殖场，之后多次出台文件，对养殖规模在 200 平方米以上的养殖户进行摸底和清理。长沙县率先在全省实施生猪规模养殖退出机制，并组织环保、国土、公安等部门加大对非法排污养殖户的执法力度，极大地震慑了养殖直排，浏阳河、捞刀河等主要河流水质有了显著改善。

（三）生态治理模式不断创新（2014—2017 年）

“零碳”发展。2013 年底，零碳县创建工作启动。长沙县专门编制《长沙县零碳发展规划（2015—2035 年）》，并投资 3.5 亿元推进速生草种植基地和固碳加工中心建设。2015 年，长沙县同时形成速生草种植、碳产品加工、替代化石原料发电等碳产业链，并推动碳资源交易从虚拟走向实体，在全县开展零碳单位、零碳社区、零碳企业等的创建。

“造绿”提质。2014 年启动“三年造绿大行动”，此后 3 年累计投入造绿资金 25 亿元，铺排造绿复绿重点项目 53 个，义务植树 450 万株，创建省级森林公园 3 个，实现林地面积净增 8 万亩，森林覆盖率达

50%，成功创建国家生态县，连续3年蝉联中国十佳“两型”中小城市榜首。2016年，《星沙新城绿地系统专项规划》出台，整个规划立足生态安全，控制生物迁徙廊道，划定滨水绿带、水源生态涵养区，形成生态安全发展框架，融合人文生活网络，体现“绿脉融城”的城市空间特色。

“保水”红线。2015年《长沙县最严格水资源管理制度实施办法》出台，确立了全县水资源开发利用控制红线。4月，长沙县印发“海绵城市（镇）”建设工作会议纪要，要求全县在有效保护原有“海绵体”的同时，新建一定规模的“海绵体”。同年，长沙县设立生态环境保护委员会，每年用于生态环境建设的投资均占地区生产总值的3.8%。

（四）全面提高绿色发展质量（2017年以来）

全面落实环保监管。实施最严格的环境执法和网格化监管，同时实施“一河一策”，全面落实河长制，推动流域综合治理，探索建立长效生态运行机制，实行生态保护工程。

全力优化人居环境。其一，健全城市网格化管理体系，推行“城管+”的新社会治理模式，城市管理理念不断升级；其二，全面落实“城市双修十大工程”，更加注重城市发展的内涵特征；其三，全力推动农村“厕所革命”，推进垃圾分类和减量治理以及资源化利用；其四，美丽乡村建设全域化，实施“农村双改十大工程”，持续开展新三年造绿大行动。

长沙县始终坚持生态优先、绿色发展，取得了显著的生态县建设成效。通过全面推进河长制，有效改善了河湖环境和人居环境，探索乡村振兴新模式入围“2019中国改革年度案例”。城乡垃圾分类减量实现全覆盖，农村垃圾分类工作经验在全国推介，成为全国“开展人居环境整治成效明显的地方”，再获“国家卫生县城”称号。空气质量改善率居全市第一。严格落实“河长制”管理责任，松雅湖获评长江经济带美丽河流（湖泊）和全省最美河湖。县级以上集中式饮用水水源地水质达标率100%。新增绿化造林面积8000亩，7个村（社区）被评为国家森林乡村。

三、绿色治理

（一）创新治理结构

长沙县创新模式，提出“党建＋”的模式，启动党建＋经济、党建＋治理、党建＋民生、党建＋生态、党建＋文化等全方位的党建创新。“党建＋治理”有效促进了自主组织、监督组织在农村治理体系中的功能发挥，促成“一核多元共治”的基层治理体系不断成熟。“党建＋生态”则通过“负面清单”的引入，借助差异化考核模式，有效推动了对生态系统和生态资源的保护。在基层治理层面，推出“党建＋‘五零’村（社区）”模式，“五零”是指建设零违章、环境零污染、安全零事故、治安零发案、村民零上访，实现小事不出组、大事不出村。突出建设、环境、安全、治安、信访等五大板块联动治理，打通条块壁垒、干群阻碍和渠道瓶颈，实现职能部门与镇街及社区的融合联动。建立村级党组织为领导核心，自治组织、监督组织为主体，群团组织、经济组织、社会组织为补充的“1＋5”村级治理组织体系，采取“一会两述三评”方式，在18个镇（街道）全面推行村级组织向党组织报告工作制度。

（二）绿色治理创新亮点丰富

率先开展农村环境综合治理，率先建立河流常态保洁体系，率先成立农村环保合作社，率先实现农村中心集镇生活污水处理全覆盖。果园镇率先在全国成立首家农村环保合作社，以镇环保总社和各村成立环保分社为平台，逐步探索出“分户收集、分类处理、政府补贴、村民自治、合作社运营”的垃圾处理模式。县城管局建设“蓝色体系”推进城乡垃圾分类工作，将工作任务清单化，垃圾分类宣传全覆盖，在农村配备专职保洁队伍，垃圾分类效果显著，村民观念由被动转为主动。2017年，长沙县将环委办、爱卫办、生态办“三办合一”，工作人员增加至15名，统筹、协调、指导、考核、督办力度进一步加大。推行更加严格的督查考核制度。

（三）绿色监管坚守“红线”

长沙县在绿色监管方面坚持“三条红线”，即生态保护红线、永久基本农田保护红线、城镇开发边界红线，着重加大环境执法力度，通过部门协调和督促落实环保职责。一方面，在项目引入和建设运营全过程中加强监管，建立健全24小时巡查与执法制度，对所有项目工地全部实行在线监测，对违法违规行为“零容忍”；另一方面，在全县构建畜禽养殖污染防治网格化监管模式，将养殖区域进行划分后明确责任归属，镇街采用动物防疫专业人员包片和包村到户的网格化监督模式，提高巡查报告效率和频次，督促整改违法违规行为。

（四）率先建设“零碳县”

2013年长沙县提出“二氧化碳是放错地方的资源，驾驭高碳是赢家”的生态建设新理念，并编制《长沙县零碳发展规划（2015—2035年）》，在全国率先提出创建“零碳县”的战略目标，致力于通过植物储碳、固碳，综合应用减源增汇、绿色能源替代等方法抵消碳源，使全城范围内的碳排放量与回收量平衡，从而实现新增二氧化碳量为零。在具体实施过程中，长沙县确定零碳机关、零碳乡村、零碳社区、零碳企业、零碳学校等5个类别共8个单位作为先期“零碳”示范创建单位。根据碳普查数据、各单位碳排量，申请将碳排放交易纳入排污权交易范畴，激活“碳交易”市场。长沙县通过3个途径平衡年度约550万吨碳排放，其一是节能减排，实现减碳比例21%，其二是依靠非化石能源替代消耗掉20%，其三是通过速生草制成碳的碳汇抵消4%。其余55%二氧化碳排放被生态系统吸收，进而实现万元GDP碳排放零增长。

（五）全面推行“路长制”

2017年8月开始，长沙县启动“路长制”相关工作，由县委副书记、县长担任总路长，副县长担任干线公路路长，县公路管理局、交警大队、行政执法局四分局班子成员担任副路长，沿线镇（街）行政正职担任分路长。乡道路长由沿线镇（街道）行政正职担任，村道路长由村（社区）书记担任。将交警、交通、执法、公路以及镇街联合起来，形成多元共治、齐抓共管的工作机制。上线“长沙县路长制工作平台APP”，利用信息化条件及时掌握和处理公路养护情况，也为职责履行提供了量化依据。

（六）建立指标体系，创新治污模式

创新农村生活垃圾处理模式。在全国较早建立两型指标体系，率先成立农村环保合作社，全面推进农村保洁员队伍职业化，在全县范围内实施有毒有害垃圾“统一收集、统一运营、统一处置”的流程，探索“户分类减量、村主导消化、镇监管支持、县以奖代投”的新模式。

创新污水联合治理模式。自2011年起，探索采用BOT等模式打捆建设全县乡镇污水处理厂。该模式被称为集镇污水处理“长沙模式”，呈现出集约运行和区域联治的特点，缓解了资金压力和人才、技术缺乏等困境，经过多年成熟运行，目前已经成为生态环境考核的重要内容。

四、绿色发展

（一）大力发展绿色农业，做强“农业＋”

调整农业产业结构。深入推进农业供给侧结构性改革，推动农业从增产向提质转变，通过打造北部现代粮食核心示范基地，探索发展农业产业化联合体，推动农村三产融合。在农村大力发展现代农业产业园，比如茶叶、食用菌、特色水果产业等。农业产业结构调整坚持“规模调大、品种调优、效益调高”原则。在特色农产品推广和营销方面进行创新，注重发展绿色农业品牌，积极申报农业农村部农产品地理标志登记，并已经在品牌农业中获益。

做强“农业＋”重点项目建设。2019年，高桥镇签约稻生谷田园综合体建设项目、溪清休闲茶园建设项目、紫竹山富堂花海生态园建设项目、黄竹园康养种酒文化园项目4个项目。项目均立足于现代农业科技，是“农业＋观光＋旅游＋康养＋科普”等多产业融合的特色农业产业。项目通过“企业＋村集体＋农户”的合作模式，突出企业与农户、村集体的利益联结，农户通过土地流转、保底分红、务工收益等方式，年均收入可增加2万元；通过项目合作，2019年村集体经济收入均突破15万元。其中稻生谷田园综合体建设项目依托高桥镇范林村桐仁桥周边优质的生态环境与人文资源，规划建成特种功能水稻与特色果蔬新品种种植、院士科研成果转换展示、智慧农业展示、高科技农业示范、农产品精深加工与物联网、休闲康养和科普教育等为一体的现代农业综合体。该镇农业年产值销量近4.2亿元，在镇域现代休闲农旅融合产业发展方面已经形成了样板效应。还打造了慧润·农科新城科普基地等现代农业产研学游示范基地。同时，1000余亩的稻虾共养基地，500余亩的芦笋、秋葵种植基地，300余亩的荷花种植基地也开启了“农业＋”发展的新模式。

（二）坚持市场合作、政策支持，形成“慧润模式”

慧润公司是长沙县重点引进的农业企业，已驻县发展10年以上。长沙县坚持探索政府引导、企业带动、群众广泛参与的特色民宿发展模式。慧润创新“农户＋企业＋村集体”的民宿发展“631”模式，实现了企业、村集体和农户的合作共赢。目前，长沙县已经形成民宿示范片3个，单体民宿50多户。近两年，仅锡福村的21家乡村民宿累计经营收入约300万元，村集体分享收入30万元，经营民宿的村民人均年收入达到5万元，实现综合产业总收入2600余万元。2019年，长沙县开慧镇慧润民宿获评“2018中国旅游影响力乡村民宿TOP10”。依托优良独特的生态环境资源，长沙县乡村旅游发展呈现鲜明特色，民宿产业从无到有、异军突起。自2012年大力发展民宿以来，长沙县不断探索，以“民宿＋露营基地”为主题的板仓国际露营基地、“民宿＋产业基地”为主题的湘丰度假帐篷酒店、“民宿＋亲子＋高科技”为主题的浔龙河云田民宿和地球仓已粗具规模，其民宿发展模式被称为“慧润模式”。这种模式区别于另一著名模式“莫干山民宿”，不同于将民宅完全出租给企业运营的传统模式，它以村民为经营主体，将农民闲置住房改造成民宿，带动了农民就业和外出务工农民返乡创业，有效拉动了农村一、二、三产业融合发展，被称为长沙县全域旅游发展的“新路子”。

2019年，长沙县出台《长沙县旅游发展专项资金管理办法》《长沙县旅游民宿发展三年行动计划》等专项政策文件，对民宿项目和经营企业进行政策支持与补贴，对单体民宿新建项目，每间补贴4000～8000元，对民宿建设经营企业，每个示范村一次性给予不超过投资额30%的奖励，最高给予100万元资金支持。将民宿业列为现代服务业专项支持政策的重点扶持对象，通过加大旅游基础设置建设力度为后续“民宿＋”产业集聚扩展空间。加快福临影珠山、路口温泉小镇等大型文旅项目招商，支持开慧教育研修学院、锡福民宿研学实践基地等建设，全力复制推广“慧润模式”，建设开慧数字民宿总部基地，提标慧润紫竹山景区，做实做强民宿产业以带动全域旅游。

（三）打造文旅品牌，做细生态旅游

2019年，长沙县果园镇获评“湖南省特色文旅小镇”称号，其民间文艺蓬勃发展，生态鱼、富硒米等农产品资源得以有效推广。该镇坚持以“弘扬国歌精神，建设大美果园”为目标，充分发挥交通区位、生态、人文、资源等各方优势，以“田汉故里、大美果园”为品牌，逐步形成了文化特色鲜明、主题内涵丰富、发展势头良好的文旅小镇，开发出“红色游、亲子游、研学游”等特色旅游产品，还引进了顶级文旅和康养产业资源，致力于打造旅游示范区和新名片。

重视在整体规划引领下推动生态旅游发展，丰富新业态，鼓励社会投资旅游产业，探索旅游综合管理模式，加大宣传推介，打造有特色、有影响力的节会品牌。比如开慧镇的鲸蛰农庄，巧妙融合了休闲养生和自然山水，打造了一个原生态“农村公园”，回头客超40%，成为乡村休闲和农业观光的升级版、农业旅游的高端形态。三面环山的农庄被规划为3个功能区：山坡中的静养区、山脚下的农耕体验区，以及原生态的丛林穿越和游乐场组成的活动区。

（四）优化营商环境，以绿色产业为“二次创业”增添新引擎

长沙县将推动形成绿色发展方式称为经济转型升级的“二次创业”，以临空经济为核心，依托航空运输和物流所创造的条件，大力发展高端现代服务业。以生态环保理念为前提，以更高的环保要求和更严的环保标准为准则，从基础配套、基础设施、产业定位等方面统筹考虑、统一规划、统一设计、统一施工，避免污染环境和重复建设以及资源浪费。

2019年6月，位于长沙经开区的中南源品干细胞科技园正式开园，在干细胞与再生医学全产业链发展上意义重大。推动科技产业深度融合，涌现出了三一集团、上汽大众、蓝思科技、博世汽车、铁建重工等一批智能制造和工业互联网先行企业。邀请信通院参与园区“三位一体”协同推进机制建设，出台智能制造中长期发展规划、智慧园区中长期发展规划等系列政策，构建了智能制造、智慧园区、工业互联网“三位一体”协同推进机制。同时，长沙县成立专门推进领导小组，坚持技术创新供给、结构改善供给、制度优化供给，实施领导联系帮促项目制度，努力改善营商环境，积极打造国家智能制造示范区，长沙临空经济示范区和长沙黄花综保区都成为长沙县发展的新引擎。

五、主要经验

（一）前置绿色发展理念

以“两型社会建设”为契机，实现生态文明建设的“早准入、高起点、强基础”，同步推动污染治理和生态修复，积极创建“全国生态县”，加强农村环境综合整治，大力发展绿色经济，为绿色发展不断迈上“新台阶”创造坚实的基础。长沙县“二次创业”的崭新理念塑造了绿色发展的成效，也印证了绿色发展理念对规划和产业体系的统领作用，反映了长沙县政府的发展理念由单纯的环境治理转变为从源头重视绿色发展，真正建立起绿色发展观。

（二）围绕生态效益制定战略规划

2009 年，长沙县领导班子在长远发展定位上做到了统一思想，从本地自然条件和生态禀赋出发，确定占总面积 99%的北部乡镇不搞工业，主要任务是发展现代农业、保护生态环境，占总面积 1%的南部几个乡镇的主要任务是在保护生态环境的前提下，发展战略性新兴产业。“南工北农”的发展战略由此成为长沙县绿色发展理念的精髓。南部乡镇侧重于经济创收，北部乡镇侧重于发展生态农业和保护生态环境，考核理念都是围绕绿色发展，但考核体系与任务完全不同。实践证明，这种科学的战略定位和规划成效显著。在此基础上持续实施“改革活县、产业强县、民生立县、生态美县、协调兴县、依法治县”六大发展战略，瞄准更高层次、更高水平的“第一县”“第一极”“第一城”目标，呈现出生态效益和经济社会效益共赢的局面。

（三）生态治理严格落实考核责任

在土地整治方面，长沙县认识到土地整治工作中应该更加注重质量和生态。一方面严把用地预审关，从源头控制占用耕地；另一方面实行目标责任制和年度绩效考核制，严格耕地占补平衡，落实占一补一、先补后占制度，强化土地综合整治。除了县政府层面大刀阔斧地改革和精细治理，乡镇在环境治理和绿色发展中也不可或缺、举足轻重。金井镇出台了《金井镇关于开展在污染防治攻坚战中不担当、不作为问题专项整治的工作方案》，对思想认识不到位，责任意识、规矩意识、纪律意识不够，作风不实，问题整改不到位，履职不力，甚至失职渎职等行为严格监督和惩处。

（四）先人一步坚持创新引领发展

长沙县具有“先人一步、大胆尝试”的勇气和信念，从污染治理到社会管理，从体制改革到群众参与，各个领域都争当示范、学习先进、探索创新，形成了坚定的发展信心和创新路径。经济发展上以追赶“三强”为目标；营商环境上采用“就近办”体系；社会治理上推行“党建＋‘五零’村（社区）”，健全“互联网＋群防群治”的工作机制；在食品安全领域探索“区块链＋食品安全监管”；执法工作探索大数据执法和简易执法，理顺执法运行机制；在农业发展上推行数字农业，争取国家各项试点工作政策支持，注重利用新媒体进行县域宣传和品牌传播，积极推广成功案例模式，不断总结反思发展空间。

第七节　海南省陵水黎族自治县

一、县情简介

陵水黎族自治县（简称陵水县）位于海南岛东南部，东北与万宁市交界，西南毗邻三亚市，西至西北与保亭黎族苗族自治县和琼中黎族苗族自治县接壤，东南濒临南海。全县东西宽 32 公里，南北长 40 公里，海岸线长 118.57 公里。全县陆地面积 1128 平方公里，境内有大小河流 150 多条，水资源、海洋资源、土地资源十分丰富，素有“鱼米之乡”之誉。陵水县下辖 11 个乡镇，此外，还有国营南平、岭门 2 个国营农场和省属吊罗山林业局。

陵水县属热带海洋季风气候，光热资源充足，是中国最早的南繁育种基地，是海南冬季瓜菜生产、海水养殖珍珠主要基地之一。陵水旅游资源十分丰富，其中最具优势的是热带海滨与热带森林，以及动物观赏与历史人文资源，还有温泉、岛屿、泻湖、人工湖、珊瑚礁、瀑布等。县域内组合了地文景观类、水域风光类、生物景观类、天象与气候景观类、遗址遗迹类、建筑与设施类、旅游商品类、人文活动类等 8 大类 65 个基本类型的旅游资源。2011 年以来，陵水县围绕国际旅游岛建设及文明大行动，组织生态文明创建工作，推进生态县建设；2017 年成功创建全省首个国家森林旅游示范县。

二、发展历程

1998 年海南提出生态省建设，是全国第一个提出生态省建设的省份，也是在全国率先开展文明生态村创建的省份。

2007 年开始，海南省逐步实施“生态立省”战略。海南省通过推进“绿化宝岛”行动，转变发展方式，进行绿色崛起，并以文明生态村创建为载体，推进社会主义新农村建设。

2010 年，《海南国际旅游岛建设发展规划纲要》正式出炉，建设全国生态文明建设示范区是海南国际旅游岛建设的六大战略定位之一。

2016 年，海南省在全省范围开展城镇内河（湖）水污染治理、林业与山体生态修复和湿地保护、违法建筑整治、城乡环境综合整治、大气污染防治、土壤环境综合治理等生态环境六大专项整治行动。

2018 年至 2020 年，海南省所有城市包括县城开展生态修复城市修补（简称“城市双修”）工作，并印发《海南省生态修复城市修补工作方案（2018—2020 年）》，通过有序实施城市修补和有机更新，解决老城区环境品质下降、空间秩序混乱、历史文化遗产损毁等问题，有计划、有步骤地修复被破坏的山体、河流、湿地、植被等。

陵水县根据省政府关于推进生态省和国际旅游岛建设的要求，在明确了自身“生态立县”的发展战略目标后，采取了一系列措施，进行县域生态文明建设。

为了保护地区生态平衡，海南省政府明令封山育林，严禁采伐。拥有约 100 万亩林地面积的陵水县在罗吊山脉开发了总面积达 380 平方公里的罗吊山国家森林公园，以加强对林业资源的生态保护和合理利用。

2015 年陵水县开展城乡环境卫生整治大行动，推进美丽清洁乡村建设，使陵水县城乡脏乱差现象得到改变，为陵水社会经济发展奠定了基础。卫生整治成效显著，陵水城乡环境得到改善，到处整洁有序，焕然一新。

2016年陵水县创卫工作顺利通过省级考核鉴定。省创卫考核组成员签署了考核鉴定书，并向陵水颁发《陵水县创建省级卫生县城考核鉴定意见》。同年，陵水县吹响“双创”（创建省级文明城市和国家卫生县城）号角，建设美丽新家园。

为进一步整治城乡环境卫生，2018年陵水开展了环境卫生专项整治活动，各相关部门履行生态环境保护“党政同责，一岗双责”，做好统筹协调和督导工作，推进生态环境六大专项整治行动和城镇内河湖水污染治理三年行动。县领导带队投身环境卫生专项整治活动，清理整治积存垃圾和卫生死角，助推陵水“双创”工作。

陵水县在整治违法建筑、城乡环境、城镇内河（湖）水污染治理、防治大气污染、土壤环境综合治理、加强林区生态修复和湿地保护工作中取得了明显的成效。全县生态环境质量保持全省前列，生态环境保护持续强化。“绿化宝岛”工作得到深入推进，全县森林覆盖率不断提升，城乡环境持续美化，人居环境也得到持续优化。

三、绿色治理

（一）生态文明制度建设

党的十八大以来，陵水县贯彻落实海南省委、省政府关于生态文明建设的相关工作部署，守住生态底线，筑牢县域发展根基。为加快建立系统完整的生态文明制度体系，陵水县立足地区实际，不断推进本县生态文明制度与体制机制建设，建立起陆海统筹的生态系统保护修复和污染防治区域联动机制。

陵水县依据地区生态文明建设的现实需要，相继出台《陵水黎族自治县城乡容貌和环境卫生管理条例》《陵水黎族自治县生态环境保护和建设行动方案（2017—2020年）》《陵水黎族自治县创建国家生态文明建设示范县工作实施方案（2017—2018）》《陵水县海岸带保护暂行管理办法》《关于建立环境违法犯罪协作配合工作制度的通知》《陵水黎族自治县水环境监测网络建设规划（2016—2020)》等系列重要文件，为本县生态文明建设工作的开展提供制度保障。

为加强对地区生态环境保护问题的日常监管，改变平时疏于监管不作为、督察时简单粗暴乱作为等现象，推进本地区生态环境六大专项整治工作，陵水县成立了由县委、县政府领导为组长的督查组，深入全县11个乡镇（含农林场)，开展生态环境突出问题督查整治工作。同时，根据现实生态文明制度建设和管理工作中出现的新情况，陵水县研究制定《陵水县生态环境保护制度清单》《陵水县生态环境保护考核工作细则》等，进一步健全完善生态建设的规章制度，着力形成不想为的自律机制、不能为的防范机制、不敢为的惩戒机制。

2016年以来，陵水县进一步编制完善多层次多项涉及生态环境六大专项整治的规划、制度，使得严密的规划制度体系逐渐形成。在具体的生态环境六大专项整治方面，各项规划制度密集出台。例如，在违法建筑整治上，陵水制定了整治违建联席会议制度、长效管理机制暨责任追究制度、违法建筑分类处置暂行办法、违法建设举报“一张网”体系及奖励暂行办法等多项制度。同时，该县还出台城乡环境、内河（湖)、林业及湿地等多项具体方案、规定，形成治理机制。

（二）污染防治与环境保护

海南省在2016年开展城镇内河（湖）水污染治理、林业与山体生态修复和湿地保护、违法建筑整治、城乡环境综合整治、大气污染防治、土壤环境综合治理等生态环境六大专项整治行动。陵水县按照省委、省政府的工作部署，开展“六大专项整治”工作，并取得了显著的整治效果。

2017年，陵水县编制完成《陵水黎族自治县大气污染防治规划》，并严格落实大气污染防治“六个严禁两个推进”[①]。陵水县组织开展“双创”“双修”行动，推进生态环境六大专项整治，通过强化海洋环境

① 严禁秸秆、垃圾露天焚烧，严禁槟榔土法熏烤，严禁在禁燃区内燃放烟花爆竹，严禁在允许区外露天烧烤，严禁寺庙道观燃烧高香，严禁在城区公共场所祭祀烧纸焚香，推进气代柴薪工作，推进秸秆综合利用工作。

监测和保护，加快推进“蓝色海湾整治行动”，开展绿化宝岛大行动，继续植树绿化，全面推行河长制，建立湖长制、湾长制，实现治理和保护全覆盖等措施，促进县域生态环境质量保持全省前列。

陵水县还组织专家对全县未建设环保设施的60多家环保砖厂、搅拌站、泡沫加工厂等小作坊进行“问诊”，列出环保问题清单，督促其限期整改。同时，研究制定工作方案，对经整改后不存在环境违规问题的企业给予环保备案，促进其合法经营。

（三）生态建设

陵水县将生态文明建设和环境保护作为“多规合一”中的重要组成部分进行合理布局。不仅高质高效编制了《陵水黎族自治县总体规划(空间类2015—2030年)》，明确了生态红线要求，还完成了15个各类生态环境现状调查，编制19个生态文明建设各类规划，完成生态保护红线、永久基本农田、城镇开发边界三条控制线划定工作。

在林区生态的修复方面，陵水县一方面逐年加大人工造林力度，另一方面结合陵水县实际县情，发展庭院经济，利用农民庭院的有效空间，鼓励农民发展庭院特色种植业，在提高绿化率的同时，也增加了农民的经济收益。

陵水县通过强化对海洋生态环境的管控工作，全面落实河长制、湖长制和湾长制，开展河湖“清四乱”① 工作，开展退塘还林还湿行动，加强对县域湿地生态的恢复建设。高标准建设海防林带，对海防林带进行断带合拢、窄带加宽、疏带加密，修复海岸生态。结合国家森林城市创建工作，开展森林生态效益补偿试点，研究制定补偿标准动态调整机制，稳定和提高森林覆盖率，构筑起县域科学发展的绿色屏障。此外，陵水县还通过推广新能源出租车、公交车等新能源应用，建设生态系统良性循环的绿色生态公园、休闲绿地、景观廊道等改善县域生态环境。

（四）优化国土空间布局

“多规合一”是海南省委、省政府确定的重要改革任务。为统筹城乡协调发展，构建宜居适度生活空间，陵水县于2015年开始将经济社

---

① 清理乱占、乱采、乱堆、乱建。

会发展、土地、海洋、林业、旅游、交通等相关规划进行整合，实现国民经济社会发展规划、土地利用规划、城乡规划和生态环境保护等方面的“多规合一”，编制《陵水黎族自治县总体规划（空间类2015—2030年）》（简称《总体规划》），对全县的土地资源高效可持续地规划利用。

这一规划的通过，为陵水各项规划的实施开展提供了理论依据，促进了陵水县国土资源利用的集约化、高效化和可持续化，同时也使陵水县的社会经济发展空间布局得到进一步优化。

四、绿色发展

（一）加强资源节约，推进节能减排

《总体规划》指出实行严格的节约用地制度，实施建设用地总量和强度双控，建设用地总规模不超过136.15平方公里（占土地总面积的12.29％）。坚持严格的耕地保护制度，保护好永久基本农田，严格控制非农建设占用耕地，耕地保有量不得低于248.43平方公里（占土地总面积的22.43％），其中基本农田面积不得低于222.15平方公里（占土地总面积的20.06％）。统筹协调林地保护与利用，妥善处理好保护森林资源与经济社会发展的关系，全县林地保有量不得低于679.5平方公里（占土地总面积的61.35％）。

陵水县推进节能减排降耗工作，重视发挥生态环境“金饭碗”作用，进行绿色低碳产业体系的建设，与汉能集团合作推进新能源综合示范基地项目建设。投资650万元在分界洲岛和吊罗山建设环境空气质量自动监测站，确保生态环境质量保持全省一流。

另外，陵水县在绿色环保公共交通建设方面着力，投入大量财政，推广运用新能源公交车和出租车。同时，陵水县还通过推行绿色节能建筑，倡导环保节能办公理念，使全社会逐渐形成节约、绿色、循环、低碳的生活方式。

（二）海洋生态环境整治与海洋经济开发相结合

作为国家批复的首批“蓝色海湾”整治行动市县，陵水县以蓝色海湾整治为切入点，强化海洋生态环境保护和修复，探索生态保护与经济发展互促互进的有效路径。

2016年，《海南省陵水县蓝色海湾整治行动实施方案》获得国家批复。2017年，陵水县将整个“蓝色海湾”整治工作分解为陵水县新村镇污水处理厂及配套管网工程、口门浅滩和拦门沙整治工程、红树林补种、海湾环境监测预警能力建设、岸滩和海上垃圾的收集与清理、沿岸部分人工构筑物拆除与亲水平台建设、新村潟湖贝类底播增殖放流、土福湾赤岭渔村岸线修复整治等8个子项目。从源头治理、污染预防、生态修复、动态监测等方面入手治理这8个重点项目，推进蓝色海湾整治行动。

陵水在“蓝色海湾”整治项目规划中，注重置入科学发展海洋渔业、海洋旅游等产业内容，探索生态优势与经济效益的转化路径。一方面通过规划疍家文化风情小镇，挖掘疍家人独特文化资源，引导水上餐厅发展，另一方面开发新型海洋旅游方式，依托优越的地理位置和港口条件发展游艇邮轮旅游，依托本身已有的渔排、渔船发展休闲渔业，依托两潟湖的海草特别保护区发展潜水旅游。

（三）立足自身特色，统筹经济发展和生态建设

陵水县注重结合本县实际民族状况，统筹推进经济发展和生态建设。将陵水疍家文化与旅游融合建设纳入《海南省陵水黎族自治县旅游发展总体规划（2013—2020年）》，丰富AAAA级景区南湾猴岛的内涵，将新村渔港、疍家渔排、疍家调、疍家海鲜等疍家文化融入南湾猴岛的景区线路建设当中，建设新村疍家风情小镇和新村珍珠港旅游区。陵水县政府通过改造和升级民族乡镇的镇墟、乡间道路等基础设施，整治田地，恢复和改善灌溉农田，维修加固病险水库等措施，改善群众的生产生活条件。

同时，陵水县依据自身自然地理条件，推进绿色田园建设，以椰子、橡胶、槟榔“三棵树”为重点，发展热带特色作物，并推动“互联网＋农业＋旅游”产业融合发展，促进农业发展的绿色效益化，打造热带特色高效绿色农业。依托海南国际旅游岛先行试验区建设，合理发展近海海水养殖和海洋捕捞，建设规模化、标准化、科学化的海洋养殖绿色生产示范区，在保护生态环境的基础上实现生态效益和经济效益的双丰收。

2017年，陵水县建设了以润达农业示范基地为核心区，英州种业小镇、光坡休闲农业小镇、椰林南繁小镇为辐射区的国家现代农业示范区，创建省级现代农业示范基地，并编制实施《乡村旅游发展规划(2016—2025年)》《全域旅游发展规划》，促进全县生态旅游发展。

五、主要经验

陵水县立足生态，把生态环境保护工作作为重要的政治问题、民生问题来抓，取得了富民强县的成效，成为海南省县域经济发展的典范。针对国际旅游岛先行试验区建设，陵水县坚持环保先行，统筹规划，建立起高效统一的规划管理体系，并根据自身独特的自然地理条件和人文历史基础，坚持绿色发展，推进生态环境保护和经济社会发展之间的协调统一，使经济社会活力不断显现，生态环境更为宜居。

（一）旅游岛试验区建设，环保先行

为了加快国际旅游岛建设步伐，2011年11月，海南省委、省政府决定把陵水县黎安片区确定为国际旅游岛先行试验区的起步区，规划面积为65平方公里。国际旅游岛先行试验区落户陵水县，为陵水县的经济社会快速发展提供了先机。陵水县在开发建设先行试验区的同时，也重视对生态环境的保护工作，按照“三年成势、五年成形、十年成城”的总体要求稳步推进建设。

陵水县在建设先行试验区过程中坚持环保先行，为构建环保大格局，建设了一批生态环保项目。如陵水县在先行试验区建设中对于垃圾转运站的投入使用。垃圾转运站作为先行试验区市政综合配套基础设施之一，在2017年开始投入使用。占地面积为1万平方米的垃圾转运站为二层框架结构，主要服务于先行试验区及周边乡镇。

2012年，陵水已经制定出未来5年的“绿色宝岛”行动计划，并逐步开始实施海防林建设、河流水库绿化、通道绿化、城市森林建设、村庄绿化、生态经济兼用林建设、森林抚育、种苗繁育等“八项绿化工程”。新村、黎安两大潟湖是陵水重要的自然资源和生态景观，过去受污水乱排等影响，生态质量出现下滑。从2016年开始，在中央和海南省资金的支持下，陵水县配套10亿元地方资金对两湖的生态环境进行

综合整治行动。

（二）统筹规划，建立高效统一规划管理体系

党的十八大以来，陵水县牢固树立“绿水青山就是金山银山”的理念，将生态文明建设和环境保护作为“多规合一”中重要组成部分进行合理布局，统筹规划县域生态文明建设工作。

陵水县设立了规划委员会，对区域、城乡发展、国土资源、产业等进行统筹规划，构建起高效统一的规划管理体系。

2012 年以来，陵水县结合“多规合一”，编制了《陵水县环境承载力评估与可持续发展研究》《陵水县环境功能区划》等超过 10 项环境保护规划，同时完成 100 个行政村、635 个自然村的规划编制，实现全县乡镇村庄规划全覆盖，把谋发展置于守规矩的前提下。

另外，陵水县编制完成《陵水县总体规划（空间类）》以及各类生态环境现状调查，通过规划引领，构建起生态保护的长效机制。该县通过提取和统计矢量数据，并结合环境现状和环境规划，筛选生态环境重点区域和敏感区域，合理优化陆域生态保护红线布局。

2017 年，陵水出台《生态环境保护和建设行动方案（2017—2020）》，加强顶层设计和规划引领，梳理环保任务清单。通过明确环境空间准入和标准准入条件，为生态搭建“预警式”管理平台是方案的一大特点，这将从源头上防止产业发展和项目建设对生态环境的破坏。

第八节　宁夏回族自治区彭阳县

一、县情简介

彭阳县位于宁夏回族自治区东南部、六盘山东麓，隶属固原市，其农业人口占总人口比重超过 80%。由于地处闭塞的西北内陆地区，外界技术难以进入，工业起步较晚，彭阳县是一个典型的以农业为主的国家级贫困县。彭阳境内山多川少，沟壑纵横，土壤贫瘠，土地总面积 2533.49 平方公里，属全国重点水土流失区，资源型和工程型缺水并存的地区。

二、发展历程

彭阳县历届政府始终秉持“一任接着一任干，一代接着一代干，一张蓝图绘到底”的传统，历经30多年治理，使水土流失得到有效控制，环境不断改善。彭阳县的生态建设融入整个城乡建设发展中，并在此基础上形成多种优势特色产业，真正实现了“山变绿、水变清、地变平、人变富”的生态综合治理目标。彭阳县的生态治理历程可以划分为4个阶段：

（一）初期治理阶段（1983—1991年）

彭阳地区曾经是北方少数民族夺权易主时的必争之地，常年战乱、自然灾害和人为因素导致环境逐渐恶化。自1983年建县以来，彭阳群众的生产生活始终陷入垦荒——破坏植被——水土流失——产量降低——扩大垦荒的恶性循环中。在生态治理初期，由于缺乏技术指导、生态破坏严重，苗木成活率很低，植树造林的成效并不显著。当地流传着“头年终、二年拔、抱回家捣灌灌茶”的说法。

县政府意识到生态建设的紧迫性和必要性，从战略高度出发，研究顶层设计，确定“生态立县”总路线，制定生态建设规划，针对地区发展的整体性和生态建设的系统性部署工作。在此期间该县制定了《彭阳县退耕还林还草办法》，同时附有《彭阳县荒山造林基金管理办法》，明确了退耕还林还草的原则、政策、管理措施、责任追究机制及相关具体事宜。

（二）学习探索阶段（1992—2000年）

随着群众温饱问题的基本解决，县领导以改革开放的长远眼光重新审视彭阳县的发展，确立了发展果林经济的新路子。1992年时任彭阳县委书记柳富同志撰写的调查报告《绿色企业——彭阳希望之所在》引起自治区领导的关注，果林经济被提到了支柱产业的位置。为强化植树造林效益，领导干部多次前往区内外参观学习，通过对山西、河北等地的考察，技术人员探索出符合彭阳沟壑纵横特点的新技术，在甘肃农田建设的启发下，彭阳县也形成了符合自身发展的“宽、大、平”模式，在与福建省的对口扶贫工程中，菇农们改良其菌草种植技术为己所用。

（三）生态与经济统一发展阶段（2001—2010**年**）

这一阶段县城建设被纳入生态治理的新范畴。2000年彭阳县提出建设“生态型新农村”目标，将生态建设作为精神文明建设的重要部分，计划将彭阳打造成“生态经济强县、生态文化大县、生态人居名县”。按照县城总体规划搭建起以县城为中心，集镇、省界市场为两翼的城镇化发展骨架，带动周边相关产业的发展。完善基础设施和县城服务功能，建设茹河生态园二期、茹河花园一期、彭阳大街和彭阳会堂等重点工程。在《关于加快推进生态、经济、社会科学发展若干问题的决定》的指导下，农村生态建设依旧以推进设施种植业、特色果林业和草畜产业发展为重点，依托草畜、马铃薯、玉米和果品的优势资源，以山、水、林、田、路5项基础建设作为生态产业的有力保障，打开县城及周边市场。

（四）全面生态建设阶段（2011**年以来**）

彭阳县“十二五”规划纲要中，再次提出将生态建设作为工作重点和主要任务，加上国家“五位一体”战略指导，彭阳县将生态文明融入经济社会全方位建设，全面创建生态文明示范县，始终坚持“生态立县”方针不动摇。开展节能减排工作，大力开发风能、太阳能、生物质能等新能源，将太阳能热水器、沼气入户率作为创建“全国生态文明示范县”的重点考评指标。在发展原有草畜产业和特色林果业的基础上不断健全服务体系，为绿色产业打出响亮品牌，并借着“春风四月到彭阳”“彭阳秋韵”等赏花摄影品牌活动宣传治理成果，传播生态文化，真正将生态建设融入政治、经济、文化、社会建设之中。

三、绿色治理

历经30多年的探索，彭阳县在生态建设过程中已经形成了一套特有的治理模式，它不仅包含弥补先天性生态缺陷的技术手段，还包括科学的顶层设计。这种模式着眼于生态建设一体化，集中各方面、各层次、各要素统筹规划，共同致力于绿色彭阳建设。

（一）坚持“生态立县”的指导方针

建县初期，土壤贫瘠、干旱少雨的恶劣环境就引起了当地领导的高度重视。在胡耀邦同志“种草种树、发展畜牧、改造山河、治穷致富”思想指导下，第一任彭阳县委书记贾世昌提出“生态立县”发展思路，并将其置于彭阳建县方针之首，同时提出治县七字口诀，即“种、养、加、土、水、路、电”，其中三项涉及生态建设。随后出台的《关于彭阳县 1984 年以后以种草种树为重点经济建设安排建议》进一步明确了“以林草建设为中心，积极发挥各种经营，抓好六种、七养、十加工，大搞农田基本建设”的经济发展思路。在农田基础设施建设方面继续深化对“生态立县”方针的认识，先后制定出台《关于种植业结构改革的决定》《关于大规模开展农田水利建设的决定》《彭阳县红、茹河流域农田建设的实施方案》等政策规划，大力加强农业基础设施建设，在群众间掀起大搞农田基本建设高潮。1988 年提出“三个五”经济发展战略，其中首要任务是要加强以农田水利建设为重点的基础建设。

（二）发动全民参与生态治理

为落实“生态立县”方针，县里多次组织植树会战，领导干部与群众一起挖坑植树，吃在工地，住在工棚。1991 年《中华人民共和国水土保持法》的颁布对彭阳县的水土保持工作产生重大指导意义，为使广大群众能够积极配合并参与改土治水、植树造林工作，时任县长台维民亲自带领干部、职工在彭阳栖凤山植树。

（三）形成独特的生态治理模式

通过多年的发展，彭阳县探索出一套符合自身发展的生态治理模式，即“山顶林草戴帽子、山腰梯田系带子、沟头库坝穿靴子”的立体治理模式，以小流域为治理单元，按照山水林田路一体的规划思路，坚持环境工程与民生工程并进，对梁峁沟坡塬实施综合整治。该模式主要包括以下 5 个工程：(1) 以林草为主的生态工程，坚持退耕还林还草与荒山造林相结合；(2) 温饱工程，在流域治理的同时开垦梯田；(3) 淤地坝及集水工程，确保群众生活生产的安全；(4) 通达工程，从道路建设方面确保流域治理的有效完成；(5) 管护工程，依靠后期管护发挥作用以确保水土流失治理的效益。

（四）改革完善生态治理机制

彭阳县政府将生态文明建设放在经济发展的首要位置，而水土保持恰是彭阳县生态文明建设中首先要攻克的难题。县政府按照“政府主导、水保搭台、部门唱戏，建设生态、发展产业”模式治理，由水利部门统一规划，财政、农业、水务、林业等相关部门按照职能分工具体负责。成立生态文明县创建领导小组，分管农业副县长任组长，领导小组下设办公室分管具体项目，实行县级领导包乡、部门包村、乡镇干部包点的目标责任制，每年县、乡、村都会逐级签订责任书，再把治理任务分解到乡、村，最后落实到户和个人。

在资金投入方面，为克服国家资金投入不足的困难，彭阳县探索出政府扶持、群众主体、市场参与的投入方式。从2008年开始，在县财政每年投入不低于500万元的基础上，由群众、市场作为生态建设的主体共同投资建设。此外各部门还实行不同的激励措施鼓励农户劳力投资，林业部门采取“退一还二”的办法，要求农户每退耕1亩，须完成2亩荒山造林；农田建设方面，农户每完成1亩高标准农田，可获政府补助120元；在道路建设方面，实行民办公助、以奖代补的办法，动员农户义务投工投劳，共同参与建设与管理。以南山流域治理区为例，水保部门配套项目共计投入600万元，农、林、牧等涉农部门、社会、市场、群众投入超过了3000万元。

（五）建设生态宜居美丽乡村

2019年，彭阳县全面落实自治区“生态立区28条”和固原市“绿色发展30条”，统筹山、水、林、田、湖、草系统治理，加快转变生产生活方式，建设生活环境整洁优美、生态系统稳定健康、人与自然和谐共生的生态宜居美丽乡村。

一是着力推进农业清洁生产。按照废弃物“减量化产生、无害化处理、资源化利用”原则，大力推行“种养结合、循环利用”的发展模式，通过有机肥加工、农村沼气、畜禽粪污沤肥还田等措施，实现粪污资源化利用率达89.4%。深化残膜回收利用“163”模式，回收率达95%以上。开展农作物病虫害统防统治，普及静电喷雾机等高效新型植保器械，应用精准施药技术，实现农药使用零增长。鼓励秸秆还田、种植绿肥、增施有机肥，化肥用量减少10%。推广普及清洁能源，全县清洁能源入户普及率达到98%以上。

二是深入开展农村人居环境整治。深入开展农村人居环境整治村庄清洁行动，大力实施“五清一绿一改”。目前，清理村庄堆积的柴草杂物、塑料袋等生活垃圾1.1万余吨，清理建筑垃圾7000余吨，清理运送到田畜禽养殖粪便16万吨，清理回收残膜3600吨，清理村庄及道路两旁沟渠及河道共1500多条，清扫村组道路650多条3000多公里，拆除危窑危房和残垣断壁2418处，清理乱堆乱建1748处。引导农民改变不良生活习惯和落后的生活方式，落实“门前三包”责任，倡导新时代新文明。

三是梯次推进美丽乡村建设。2018年投资2500万元建成草庙美丽小城镇1个，整合资金3000多万元建成美丽村庄6个。

（六）做好秸秆禁烧防控工作

为做好农业和生态环境保护工作，有效防止大气污染，改善空气环境质量，保障公共环境安全，彭阳县多措并举做好冬春季农作物秸秆综合利用和禁烧防控工作。

一是在人员集中地区采取悬挂横幅、张贴宣传标语、禁烧通告等方式，把秸秆综合利用和禁烧工作宣传到村、到户、到田间地头，调动广大群众参与秸秆综合利用和禁烧工作。

二是全力加大秸秆禁烧专项巡查力度，采取“封、禁、堵、压、打”等措施，加强对人口集中地区、重要干线禁烧区实施24小时值班巡查，做到“有烟必查、有火必罚、有灰必究”，坚决杜绝辖区内焚烧秸秆现象。

三是对发现焚烧秸秆者当场制止，并进行批评教育，责令改正，对性质严重者按照《宁夏回族自治区大气污染防治条例》规定，依法予以行政处罚。

四是积极推广秸秆青（黄）贮、秸秆压块打捆技术、秸秆养殖技术，生物秸秆反应堆、秸秆还田等技术，有效实现秸秆全量化利用，秸秆“三贮一化”等综合利用率达到85%以上，禁烧率达到100%，从根本上解决秸秆焚烧问题。

五是树立绿色发展理念，把秸秆综合利用与农民养殖增收、农村文明创建、农村面源污染治理结合起来，从源头上杜绝焚烧秸秆污染大气现象，切实提高和改善城乡环境空气质量。

四、绿色发展

彭阳县深入学习贯彻习近平生态文明思想，认真贯彻落实自治区“生态立区”战略，牢固树立“绿水青山就是金山银山”理念，准确把握“生态优先、富民为本、绿色发展”定位，坚持以“四个一”（一棵树、一株苗、一枝花、一棵草）林草产业试验示范工程为抓手，调整林草结构，推广优新品种，创新发展机制，完善政策措施，提升生态水平，持续推动生态经济高质量发展。

（一）注重顶层设计，“一盘棋”推进试验示范工程

在市委、市政府确定“四个一”林草产业发展思路后，彭阳县委、县政府高度重视，立即组建团队，第一时间召开会议安排部署，在全市率先出台《“四个一”林草产业试验示范工程建设实施方案》，结合林草产业现状，突出关联产业融合，整县推进试验示范。坚持把“四个一”林草产业试验示范建设作为“一把手”工程，建立了“主要领导挂帅抓、分管领导督促抓、部门负责人直接抓、技术服务团队指导抓”的“四级包抓”责任落实体系，各司其职，各负其责，密切配合，通力协作，形成了齐抓共管的“一盘棋”发展格局。同时，积极建立健全林业保险机制，由政府、企业和农户共同出资保险费用、共同抵御种植风险，解决了企业和种植户的后顾之忧。

（二）合理规划布局，分区域选育推广优质林草品种

坚持统筹规划、因地制宜、适地引种、分类推进原则，宜树则树、宜苗则苗、宜花则花、宜草则草。按照不同土壤、气候、海拔等条件，把县域内划分为北部黄土丘陵区、中部河谷残塬区和西南部土石质山区3个自然类型区，引进培育、筛选推广适宜种植且附加值高、经济效益好的林果、苗木、花卉和牧草品种，在不断提高森林覆盖率和植被覆盖率的同时，进一步优化调整林草产业结构，形成多产业、多树种并存的良好局面，带动生态旅游等关联产业取得显著经济效益。2018 年为试

验种植阶段，累计试验种植矮砧苹果、文冠果、花椒、格桑花、金银草等林草新品种147个3475亩，筛选出适种新品种40个。2019年为引种推广阶段，在总结试验示范经验的基础上，重点围绕矮砧苹果、红梅杏、花椒、大果榛子、山楂、香椿、甜高粱、金银草、油用牡丹、万寿菊等林草品种，推广种植“四个一”林草产业48.05万亩，已完成整地47.95万亩，占规划任务的99.8%，栽植种植40.89万亩，占规划任务的85.1%。

（三）创新经营模式，多层次配套发展扶持政策

坚持政府引导、社会参与原则，探索建立“三个扶持”发展经营模式，以政府投入撬动企业扩大投资，用配套扶持政策吸引农户积极参与。一是利用400毫米降雨量造林绿化、水保小流域综合治理工程资金扶持发展红梅杏、花椒、苹果、大果山楂等经果林。二是给予基础设施配套支持和苗木补贴扶持企业自主经营。对于集中连片型种植的自主经营企业，积极配套基础设施和苗木补贴扶持政策，三是利用整合资金解决整地栽植及苗木费用扶持村集体合作社及农户庭院型经营。由林业部门负责落实种植积极性较高的村集体合作社、农户，统一采购发放苗木和树膜，按照整地数量指导督促栽植。

（四）坚持融合发展，实现“生态＋产业＋旅游”协同共进

坚持生态与经济统筹考虑、统筹推进，实施“林草产业＋”行动，与脱贫富民、生态治理、全域旅游互融互促、协同共进。扶持群众积极发展庭院经果林、林下经济和特色作物，动员群众积极参与土地流转、就近务工，为群众增加经营性、财产性和工资性收入拓展了新渠道，带动群众稳定增收致富。2018年带动全县发展草畜、中药材、万寿菊、中华蜂实现经济收入10亿元以上，林草产业对全县农民人均可支配收入贡献率达到35%以上。比如，城阳乡引进宁夏科技有限公司、宁夏东昂农业科技有限公司、彭阳壹珍药业有限公司建立试验示范园区种植太子参、苹果和黄蜀葵，可提供长期就业岗位200个、临时就业岗位500个，年支付群众劳务费用1000万元以上。2019年，在小园子、茹河、草庙3个国有林场规划种植红梅杏3000亩，在白阳镇刘台移民迁出区种植大果榛子1000亩，在草庙乡祁崾岘移民迁出区种植山楂2000

亩，在古城镇挂马沟移民迁出区种植彩叶苗木1000亩，在城阳乡陈沟移民迁出区和农村撂荒地（流转）种植油用牡丹3000亩。围绕“花园城市”建设，在县城周边规划建设“四个一”林草产业示范园2000亩，持续为城市增果、增色、增彩、增绿。2018年，全县累计接待游客55万人次，实现旅游社会收入3.4亿元，分别增长10%和13%。

（五）加强第三产业的培育

生态环境的改善不仅带动传统农林产业的发展，还带动了第三产业的迅速发展。2014年，彭阳全年接待游客15.8万人次，实现收入3400万元。茹河水利风景区、南山小流域风景区结合经济效益和生态旅游为一体，为游客提供农田观摩、自助采摘、垂钓休闲等生态旅游项目。借果林优势，于每年4月举办“杏花旅游文化节”，吸引全国各地的游客来到彭阳赏花摄影。农户们看准商机打造农家乐，开发休闲娱乐项目。“游生态彭阳，赏特色美食”，这一旅游品牌为彭阳人创造了更多的财富。

五、主要经验

一是生态治理需要强有力的组织保障。以经济建设为中心是我国长期以来坚持的发展方针，然而“生态立县”却早在几十年前就成为彭阳县的发展方针，并体现在当地经济社会发展的全过程。

二是生态治理需要先进的理念指导。彭阳县生态治理的显著成效离不开“生态立县”方针的正确指导，同时也依靠着世代形成的“彭阳精神”。贾世昌、柳富等老一辈彭阳人务实苦干的工作作风是“彭阳精神”的核心，广大人民群众“愚公移山”般的毅力是彭阳精神最好的诠释。生态建设投资大，收益却不能立竿见影，这就要求地方领导要树立正确的政绩观，切忌追求“显性政绩”，要平衡好经济效益与生态效益之间的关系。彭阳县营造良好的社会氛围，利用多种形式开展生态环境宣传教育，普及环境法律知识，倡导合理节制消费，让生态意识贯穿人们的衣食住行，真正融入经济社会发展。

三是生态治理要将生态效益和经济效益并重。彭阳县重点落实退耕还林政策，着力解决水土流失问题，并两次开展大规模生态移民工程以缓解人地矛盾，提出“山水林田路”一体思路，以交通促进当地生态优势转换为经济优势，打造生态农业，发展林业经济，从根本上解决了当地生态性贫困，既留住了绿水青山又收获了金山银山。

第九节　四川省洪雅县

一、县情简介

洪雅地处四川盆地西南，位于眉山、乐山、雅安腹心地带，幅员1896平方公里。洪雅是生态大县，森林覆盖率超过70%，负氧离子平均浓度达国家6级标准，是国家生态县、全国生态文明示范工程试点县、中国最佳投资旅游典范县，荣获四川唯一、全国仅19个的“中国生态文明奖”。洪雅是旅游大县，以洪雅为重要组成部分的“大峨眉”旅游区上升为省级发展战略，拥有全国首个“抗衰老健康产业试验区”七里坪，成功获批成为2016年全省6个旅游强县之一。洪雅是农业大县，茶叶、牛奶、林竹三大特色农产品领跑全省第一方阵。成功获批全市首个国家级有机产品认证示范创建区，认证无公害、绿色、有机农产品46个，是国家农业循环经济发展示范县、全省现代农业建设重点县。

洪雅县坚持生态优先绿色发展，以吃得放心、玩得开心、住得舒心、购得称心“四心工程”为主抓手，推进天府花园·国际休闲度假体验旅游目的地、健康养生产业示范区、绿色有机农产品示范区、生态工业示范区“一地三区”建设，大力发展康养旅游产业，打造川内生态康养旅游重要支撑极。2019年，全县地区生产总值实现125.85亿元，比上年增长7.2%，第三产业增加值70.24亿元，增长9%。全年共接待游客人数1062.15万人次，增长3%；实现旅游总收入100.4亿元，增长18.1%。全县林地面积207万亩，人工造林1万亩，森林覆盖率71.68%。全年城区空气质量优良天数317天，创历史新高；未发生重度以上污染天气，大气环境质量持续改善。

二、发展历程

（一）协调经济与生态的发展（2001—2011 年）

2001 年 5 月，洪雅县委、县政府在全国率先发布《绿色食品宣言》。宣言中，洪雅承诺：有害化肥、问题饲料等将在该县消失，让消费者吃放心粮、食放心肉、饮放心茶、喝放心奶、品放心笋。2006 年，洪雅新一届党政班子鲜明地将“建设生态经济强县”作为党代会和人代会报告的主题。2008 年，抓住被命名为国家级生态示范区的契机，洪雅县先后编制《洪雅县生态县建设规划》《洪雅县生态县三年行动计划》，探索出“打响一个品牌，实施两步走目标、走好三条路径、推进四大建设”的发展模式。打响一个品牌，即在把洪雅生态环境质量提升到全川一流、全国领先的基础上，打响“生态洪雅”品牌。实施两步走目标，即力争到 2009 年建成省级生态县，到 2011 年建成国家级生态县。走好“三条路径”，即走绿色农业之路、新型工业化之路和生态旅游之路。推进“四大建设”，即抓好生态经济建设、生态环境建设、生态文化建设和生态建设的能力建设。

（二）全域生态化（2012—2017 年）

2011 年，在中国共产党眉山市第三次代表大会上，市委书记李静首提“全域生态化”理念。2012 年，眉山出台《眉山市人民政府关于推进全域生态化的实施意见》，推进全域生态化建设，立足眉山的独特资源禀赋，着力打造“绿海明珠、千湖之城、天府花园、文化名城”，把眉山建设成为全国生态环境最好的地区之一。2013 年 1 月，市委、市政府出台《关于建设“绿海明珠”的实施意见》和《关于建设“千湖之城”的实施意见》，随后制定了《眉山市城市绿地系统规划》和县城绿地系统规划，完善了全市《重点中小河流治理规划和病险水库整治规划》，修订了《眉山市山坪塘整治理规划》，增加了生态文明建设与环境保护在综合目标考核的权重。陆续实施“绿海明珠”“千湖之城”“百园之市”三大工程。2013 年启动“绿海明珠”建设以来，以“绿带”“绿肺”“拥翠”“绿色家园”四大工程为载体，深入开展全民绿化、城市增绿、通道添彩、集镇拥翠、乡村美化、园区绿化等六大行动，搭建了

“绿色基地”“绿色阳台”“绿色医院”“绿色校园”“绿色庭院”“绿色小区”“绿色企业”等全民绿化平台。

洪雅县于2012年成功申报全国生态文明示范工程试点县、第一批省级节水型社会建设重点县，被评为全国首批社会主义新农村示范县、全省现代农业产业基地强县提升县。着力保护生态环境、调整产业结构、转变发展方式、优化消费模式，强化制度机制保障，促进经济效益、社会效益、生态效益的和谐共生、相融互动。2013年眉山市《关于支持洪雅县旅游跨越发展的若干政策意见》出台。省级农业综合开发循环经济试点项目建成投运，群众反映强烈的养殖污染问题基本解决。

（三）生态文明示范引领（2018年后）

“十三五”期间，洪雅更为专注绿色发展，以“一地三区”为总目标，以“四心工程”为主抓手，以“绿色发展”为引擎，以“八大行动”（开放改革、绿色发展、产业提质、生态宜居、民生改善、法治提升、平安洪雅、管党治党）为路径，力争在全国、全省、全市率先全面建成小康社会，让“要想身体好，常往洪雅跑”实至名归。

2018年，制定《洪雅县健全生态保护补偿机制实施方案》，力争到2020年，实现全县农、林、牧、水重点生态领域和自然保护区、国家公园、森林公园、国有林场、湿地公园、城市绿地、水源保护地等重点生态区域生态保护补偿基本覆盖。委托环保部华南所编制《洪雅县生态文明建设规划（2017—2025）》，又在全省率先开展《洪雅县森林康养产业发展规划（2018—2025年）》编制。2018年12月，生态环境部表彰命名了第二批45个“国家生态文明建设示范市县”，四川省洪雅县名列其中。此外，洪雅县还先后入选国家生态示范区、全国生态文明示范工程试点县，先后荣获国家循环经济示范县、中国最佳投资旅游典范县、国家中医药养生与抗衰老产业示范基地等荣誉。

作为国家生态文明示范县，洪雅县生态文明建设成效显著，在污染治理、国家公园、森林资源管理等领域积累了丰富经验，“河长制”“生态段长”成效明显。同时积极落实主体功能区划，开展生态保护红线划定工作，持续推进生态建设工程实施，成功创建国家级生态乡镇12个、省级生态乡镇12个、国家级生态村1个、省级生态村9个、市级生态村108个、省级生态家园191户、市级生态家园260户、县级生态家园61829户、省级绿色社区4个、市级绿色社区16个、省级绿色小区2个、市级绿色学校26所、市级生态园区2个、省级生态农业产业园区1个。

三、绿色治理

（一）强化依法行政，严格目标考核

参照《眉山市依法治市纲要》和《眉山市党政法律顾问团管理办法》规定，为发挥法律顾问在县委、县政府重大决策、重大行政行为和推进依法行政中的积极作用，2018年洪雅县人民政府面向社会高标准公开遴选、聘任法律顾问9名，组建党政法律顾问团。严守“三重一大”制度，集体研究合同、土地报征等重大事项69项，加快推进“互联网＋政务服务”。

强化对各乡镇党委、政府和县级相关部门环境保护工作目标绩效考核，县委、县政府分管领导对考核排名靠后的乡镇和部门分管负责人进行约谈；对连续3年未完成环境保护目标任务的，按规定启动问责程序。自2018年4月起，强化对环境保护工作的专项督查，组织开展暗访督查，每季度开展一次，及时发现问题，推动问题解决。县级领导带队开展环境保护督察整改推进情况专项督导。对乡镇和县级部门（单位）在推进环境保护工作方面的不作为、慢作为、乱作为问题，按照干部管理权限，由纪检监察机关、组织人事部门依法依规问责。

（二）率先考核绿色GDP，助推生态修复

陆续出台《洪雅县生态文明建设目标评价考核办法》《洪雅县党政领导干部生态环境保护实绩考核办法》，率先在全省单独设立生态文明建设促进办公室，探索实行绿色GDP考核，为山区县生态文明建设提供了样板。自2017年开始，将生态文明建设工作占党政实绩考核比例设置为20%，并逐年递增，将达标情况与干部评优和晋升直接挂钩。其上级政府眉山市也不再单纯考核洪雅县地区生产总值、规模以上工业增加值、固定资产投资等目标，转为重点考核洪雅县的生态指标。将生态文明建设指标纳入考核体系后，考核指向性更为科学，促使具有生态

优势的乡镇可以聚焦生态修复和生态效益提升。如以旅游业为主导产业的柳江古镇，生态文明考核指标包括空气质量、水环境质量等方面，其中要求地表水水质达Ⅱ类水质标准，空气质量指标更细化到负氧离子含量等方面，契合了柳江古镇产业转型的现实需求。同时，自 2008 年开始洪雅县便努力进行生态治理，拒绝了数十家“三高”企业入驻申请，2017 年坚决落实中央生态环境整治的要求，拆除了瓦屋山自然保护区内的 46 座水电站，关闭矿山 14 家、铜矿 52 个，以大幅减少税收为代价推进生态修复，为转型发展创造新的契机。

（三）探索生态补偿机制

2018 年 2 月，洪雅县政府出台了《洪雅县健全生态保护补偿机制实施方案》。按照“谁受益、谁补偿”和保护者与受益者之间良性互动的原则，落实中央和省、市关于地区间横向生态保护补偿机制。加强青衣江、花溪河、安溪河水质监测，开展水资源承载能力现状评价，在青衣江流域干流及主要支流交界断面的上下游各乡（镇）之间探索水环境横向生态补偿，逐步建立流域上下游各乡（镇）之间的横向水环境生态补偿机制。在林地保护补偿机制方面，开展以购买服务为主的公益林管护机制，将补助到期的生态区位特别重要的退耕还林纳入公益林补偿范围。全面推进生态公益林纳入政策性森林保险范围，进一步扩大商品林保险覆盖面。

（四）创新生态环境案件处置模式

2017 年 7 月，洪雅县检察院坚持“环境有价、损害担责”理念，创新构建起“四个一”生态环境案件处置机制，有效弥补过去“重惩罚、轻保护”的缺陷，探索生态环境案件打击、预防、治理三效合一的处置新模式。一是增设生态环境资源检察科，集生态环境资源类案件预防、监督、批捕、起诉及环境保护综合治理五项职能为一体，试行了捕诉合一，极大提高办案效率。机构设立顺应了司法体制改革要求，建立专业化办案团队后，针对环境资源类案件，检察官办案能力明显增强，办案责任感明显增加。二是搭建“两法衔接”信息共享平台，涵盖全县 43 家行政执法机关，通过平台具备的案件移送、跟踪监督、执法动态、预警提示、辅助决策、监督管理等功能，检察院足不出户就能够及时掌握行政处罚案件情况，查找犯罪线索，并督促行政机关移送，克服疑案不移、漏案不送瓶颈，防止以罚代刑。检察院依托平台，联合行政执法机关建立健全重大案件会商督办、快速响应和联合调查等机制，形成了打击环境资源犯罪的强大合力。三是建立“补植复绿”基地。在玉屏山风景区探索“谁破坏、谁修复”模式，曾经盗伐滥伐林木、非法占用农用地等破坏森林资源的违法犯罪当事人，要根据赔偿协议集中补种数倍于受损面积的林木，达到生态修复目的。落实专人负责“补植复绿”指导、督查、验收等工作，做到补植有人管，抚育有人抓。四是弥补案件执法空白，建立依法行政长效协作机制。洪雅检察院牵头制定《关于破坏森林资源犯罪案件生态损失补偿实施办法》，明确补偿范围、方式、评估、监督等内容，增强“补植复绿”的实用性，弥补了该类案件在鉴定、操作流程、执法对接等方面的空白。2018 年 4 月，相继出台《关于深入推进公益诉讼工作的实施意见》《洪雅县公益诉讼工作联席会议制度（试行）》，推动公益诉讼与行政执法的深度融合。

（五）完善制度体系，推进“全域生态化”

编制完成洪雅县生态文明建设规划，建立自然资源资产、绿色建筑评价标准等制度，加快完善生态文明制度体系。推进生态保护红线划定，加强自然保护区、森林资源管理和野生动植物保护，建设大熊猫国家公园。抓好环保督察问题后续整改，强化大气污染防治，全域禁烧秸秆，县城区空气质量优良率保持 80%以上。深化“河长制”工作，推进水生态环境 PPP 项目建设，整体提升全县流域水质。编制完成土壤污染治理与修复规划，严控农药、化肥使用，全面治理农村面源污染，专项整治工业“散乱污”企业。

四、绿色发展

（一）优美生态吸引实力企业，生态食品拓展高端市场

洪雅县坚持“突出国际、强化高端、壮大产业”，充分将生态优势转化为“金山银山”。利用生态优势发展特色产业，增强农业发展动力。作为“中国藤椒之乡”，通过优质产品与川航等公司合作，提高品牌知名度；大力发展洪雅茶叶产业，打造出“峨雅红”“雅茶”“洪雅绿茶”

等优质品牌，“洪雅绿茶”还获评国家农产品地理标志产品。依靠优越的生态环境，吸引新兴产业，如智能光电、智能终端、物联网无线通信模块等项目积极落户。因天然空气洁净度较高，有效降低了新兴产业空气净化成本和检修成本，也吸引了诸如制药产业等对生产环境要求较高的企业在洪雅建立生产线。

（二）创造“三位一体”种养循环模式，形成绿色农业典型

位于洪雅县中保镇的青衣江种养循环现代农业园区，以“生态循环、节能低碳、科技高效、休闲观光”为发展理念，整合高标准口粮田、循环经济沼液还田、现代农业水稻项目等涉农项目资金 1.2 亿元，建成高标准农田 1.5 万余亩。目前，园区做到机械化、规模化、标准化、设施化联动，实现农田排灌能力、农机作业能力、耕地生产能力提升，形成了“三位一体”种养循环模式的发展亮点。“三位”是指雨水、污水分流和粪污干、湿分离到位，配套粪污消纳土地和沼液管网覆盖到位，沼液使用技术培训和社会化服务到位。“一体”是指形成“以种定养、以养促种、种养循环”有机综合体。通过推行一个畜禽养殖场配套一片种植园的“1＋1”种养结合模式，一方面解决了畜禽养殖污染问题，另一方面又提供了充足的农业种植肥料，初步形成了养防并重、种养一体的绿色发展格局。

（三）聚焦生态本底，形成康养产业市场领跑优势

洪雅县出台实施了全省首个县域森林康养产业发展规划，荣获《中国国家旅游》杂志最佳休闲旅游目的地奖，被全国生态文明建设发展论坛组委会授予“中国宜居养生之都”，被省旅发委评为四川省乡村旅游强县。康养旅游产业发展成效显著，成为全省首个生态旅游创建示范县。玉屏山和七里坪森林康养基地被评为全国森林康养基地、四川省首批森林康养国际合作示范基地。2017 年，洪雅又被中国林业产业联合会评为“全国森林康养基地试点县”，是全国仅有的 3 个试点之一。洪雅县发展康养旅游产业充分发挥了“绿水青山”的资源优势，其森林康养独树一帜，目前成为全国森林旅游示范县、全国唯一的“全国森林康养标准化建设县”。县域内森林康养基地众多，旅游业态日渐丰富，旅游业成为洪雅的支柱产业，已经形成玉屏山、瓦屋山和七里坪三大森林康养基地，2019年旅游收入突破百亿。玉屏山推出“三天两夜”旅游项目，同时对接国际赛事成为中国长板速降最美赛道；瓦屋山定位游憩度假目的地，被《国家地理》杂志评为“最美桌山”，与国际著名设计公司联合策划打造国际旅游示范区；七里坪打造医疗养生首选地，凝聚国内外著名医疗康养资源，吸引实力企业联合打造度假乐园。

（四）建设大熊猫国家公园基地设施，积蓄产业动能

洪雅县516平方公里土地被纳入大熊猫国家公园范围。眉山市和洪雅县两级严格按照中央和四川省统一安排部署，开展了生态修复和生态保护工作，全面停止国家公园范围内新建采（探）矿权、新建水电站等建设项目审批，关闭取缔了违法违规的采探矿企业和水电站，为实现大熊猫稳定繁衍生息，促进生物多样性保护打下了坚实基础。2019年初，大熊猫国家公园眉山管理分局在洪雅县揭牌。大熊猫国家公园基地建设将促进以大熊猫为核心的生物多样性保护，加大对破坏自然资源违法行为的打击力度，提高生物多样性保护的系统化、规范化、精细化、科学化水平。该基地建设充分体现了人与自然和谐共生的发展理念，是对“绿水青山就是金山银山”理念的生动实践，将有效促进生态旅游、熊猫文化产品等相关产业发展，为洪雅带来巨大的资源优势和大熊猫品牌影响力，进一步提升洪雅旅游形象、丰富瓦屋山旅游业态以及为周边区域经济社会发展带来综合效益。同时，结合生态体验和科教宣传，大熊猫基地还将发挥提升公众自觉、改善生态认知、传播文明风尚的社会功能。

五、主要经验

（一）一届接着一届干，坚持生态立县

历届县委、县政府坚定不移推进绿色发展，充分认识到“想得金山银山，先保绿水青山”。积极创建国家生态县，立足生态优先和绿色发展，坚持“功成不必在我”的信念，一届接着一届干。确立“生态立县、旅游兴县”的战略，推进“两化互动、旅游驱动、统筹城乡、科学发展”，打造长江上游重要的生态屏障。发布《生态文明建设纲要》，编制《洪雅生态县建设规划》，印发《洪雅县创建国家级生态县的实施方案》，将创建工作纳入县委、县政府目标管理，形成党委及政府领导，人大及政协监督，部门分工负责，全社会共同参与的工作格局。立足把“生态”这一最大优势发挥到极致，处理好开发建设的速度、力度、强度与生态承载力的关系，防止“遍地开花”乱上项目，坚决保护好片山寸水、一草一木。

（二）科学规划布局，注重发展品质

洪雅县坚定不移推进品质发展。强化规划意识、品牌意识，重视专业团队作用，尊重科学规律，把每个项目当成作品、建成精品，经得起历史检验。大力发展生态工业，坚决不要“三高一低”。严控低端农家乐，严控借旅游之名搞房地产开发，力促旅游开发上档升级。

（三）产业结构清晰，发展思路明确

洪雅县将生态旅游确立为第一支柱产业，立足自然、绿色、生态资源优势，以生态康养为核心，打造出康养服务业、有机农业和生态工业的科学发展格局。坚持以生态文明建设统领经济社会发展，立足生态禀赋，突出比较优势，确立建设“国际康养度假旅游目的地”的发展目标。以创建国家生态文明示范县为契机，重点培养康养旅游主导产业，实践绿色发展和高质量发展，提升产业活力和综合竞争力。

第十节　云南省勐海县

一、县情简介

勐海，意为勇敢之人居住的地方，地处祖国西南边陲，云南省西南部，西双版纳傣族自治州西部，东连景洪市，东北和西北与普洱市思茅区和澜沧县相邻，西部和南部与缅甸接壤。属亚热带高原气候，冬无严寒，夏无酷暑，年平均气温 18.1℃，年均日照 2088 小时，年均降雨量 1341 毫米，境内山峰、丘陵、平坝相互交错。

勐海县区位优势独特，土地、森林、温泉、矿产、水力等资源丰富。其土壤类型多样，呈垂直分布，主要分为赤红壤、砖红壤、红壤、黄壤等 4 种。境内沟谷纵横，河网密布，水资源主要来自地表径流和地下径流，河水多为降水补给性河流。气候适宜动物、植物生长，珍稀动植物较多。复杂、多样的土壤类型和立体气候促成勐海植被类型的多样性，其生物资源极其丰富，素有“生物基因库”美誉，是云南省重点林区县之一。勐海县是国家重点生态功能区、国家主体功能区建设试点示范单位、首批国家级生态保护与建设示范区。

“森林是父亲，大地是母亲，天地间谷子至高无上”“有树才有水，有水才有田，有田才有粮，有粮才有人”等傣族世代流传的许多谚语都生动地体现了人类与自然是相互依存、相互联系的整体，人是自然的一部分、人离不开自然、依赖于自然这一朴素而崇高的思想。千百年来，世居在这里的傣族、哈尼族、布朗族、拉祜族等就是用这样质朴的生态哲学观、生态宗教观、生态经济观、生态生活观、生态审美观守护着这片神奇而美丽的土地。

二、发展历程

（一）保护森林资源和生态环境，转变增长方式（2008 年以前）

树立“生态优先、持续发展”理念，促进生态与人居环境的持续优化。实施天然林保护和退耕还林工程，积极开展全民造林绿化活动，开展林业专项治理，严厉打击乱砍滥伐、乱捕滥猎、毁林开荒等违法行为，提高生态建设成效。重视森林资源管理与严格执法，依法按程序加大护林防火和打击乱砍滥伐、乱捕滥猎等各种违法行为力度，保护好森林资源。在工业经济方面，按照项目建设和环境保护“三同时”的要求，严格执行环境影响评价制度，加强环境监测和管理，巩固骨干企业和重点行业污染物的达标排放再提高成果。积极推行“资源—产品—再生资源”的循环发展模式，开展生态示范园区和环境友好型企业创建活动，引导骨干企业加强技术改造，实行清洁生产，形成低投入、低消耗、低排放和高效率的节约型增长方式。

（二）实施“七彩云南·西双版纳保护行动”，严抓环境保护（2009—2012 年）

2008 年，勐海县被环境保护部列为农村环境保护试点县。之后，勐海县在全社会牢固树立生态文明观念，把建设资源节约型、环境友好型社会放在工业化、现代化发展战略的突出位置。全面实施“七彩云南·西双版纳保护行动”，做好以水、大气、土壤为重点的污染防治。

严格落实环境保护责任制，全面实施《勐海县农村环境保护实施方案》，加大环境保护力度，狠抓污染治理，最大限度地减少对环境的破坏，改善环境质量。加强矿产资源开发监管、耕地保护和资源林政管理，以最严厉的手段落实森林和基本农田保护责任制，开展森林和基本农田保护大检查，全力保护好森林资源和基本农田。加强自然保护区建设工作。

（三）推动“森林勐海”建设，创建国家级生态县（2013—2016 年）

以“森林勐海”建设、“平安林区”创建和国家级生态县创建为抓手，深入推进生态文明建设，努力建设“美丽勐海”。认真落实《勐海县生态文明建设实施意见》，加快制定生态环境保护规划，探索形成符合勐海实际的源头保护制度、损害赔偿制度、责任追究制度，完善环境治理和生态修复制度，用制度保障生态长远效益和农民近期收益。

坚持生态产业化和产业生态化的路子，大力发展绿色经济和绿色产业。一是按照建设“中国普洱茶第一县”“西双版纳春城”的目标定位，做足“生态环境、山地城镇、古茶文化、农耕田园”等特色文章，“做优县城，做特乡镇，做美村庄”。二是紧紧围绕生态农林、生态工业、生态旅游、生态城镇四大生态经济体系，加大项目包装、推介和招商力度，变“单一项目招商”为“链条式整体招商”，着力引进实施一批能有效带动结构调整和产业升级的重大项目。三是深入推进森林勐海工程，强化与云南省林科院开展战略合作，重点建设打洛生态口岸，认真实施种植示范乡镇、示范村、示范户工程，扎实推进工业原料林、竹林、特色经济林、珍贵用材林、生态景观林等产业基地建设，积极发展林下种植、林下养殖、森林旅游等林下经济。

规划引领，突出生态文化和生态旅游。一是认真落实《勐海县桥头堡建设总体规划（2012—2020）》和《勐海县打洛镇边境口岸型特色小镇规划（2012—2030）》，以口岸开发开放为重点，全力抓好打洛口岸餐饮文化区、六国风情酒吧区、商贸街等项目建设，着力推动边境经济合作区建设。二是以打造普洱茶文化、民族宗教文化、乡村旅游体验区和中缅边境“特色旅游经济区”为目标，持续抓好边境旅游，全力推动旅游二次创业。

2014 年，因生态文明建设成效突出，勐海被国家林业局列为“国家级珍贵树种培育示范县”，被省政府命名为“省级生态文明县”，9 个乡镇被环保部授予“国家级生态乡镇”称号。2016 年勐海成功创建国家级生态县。

（四）突出生态空间，聚焦绿色发展（2017 **年以来**）

划分主体功能区，突出生态空间保护。启动主体功能区建设，划定城镇建设区、农业（村）发展区、生态保护区三类空间工作。开展创建国家生态县工作“回头看”活动，进一步加强和提升薄弱环节，把生态文明建设提高到新的水平。

推动制度健全，严格监管体系。严格执行党政领导干部生态环境损害责任追究制，严厉打击生态环境违法犯罪行为，构建政府主导，企业主体、社会组织和公众共同参与的环境治理体系。建立“林长制”，深入推进“平安林区”建设，扎实开展省级“森林县城”创建活动。全面落实“河长制”，以“水清、河畅、岸绿、景美”为目标，开展水质监测体系、水域岸线划定、信息化体系建设等基础工作，完成 40 公里以上河道和渠道清理。

增强绿色经济新效能，打好“三张牌”。紧紧围绕打造世界一流“三张牌”，努力在培育壮大“六大生态经济产业”上取得新进展，不断增强经济实力。打好绿色能源牌，大力培育和发展新能源产业，持续推动恒鼎光伏农业发电站建设、协鑫光伏 50 兆瓦农光互补电站等项目建设。打好绿色食品牌，启动“一县一业、一乡一特、一村一品”规划编制，使特色产业发展有章可循，实现优势产业在提质提效上取得更大突破。打好健康生活目的地牌，完成大健康产业发展规划编制，积极开拓和发展以健康养老、养生保健、慢病康复、旅游等业态为主的健康服务，着力构建“大健康＋全域旅游＋康养＋特色小镇”链条。

三、绿色治理

（一）推进“生态勐海”建设

切实抓好生态公益林、国家储备林和珍贵用材林基地建设，实施“山水林田湖草”生态修复治理工程，完成新一轮退耕还林2.05万亩，新增绿化造林2万亩，积极开展国家“绿水青山就是金山银山”实践创新基地创建工作；加强森林资源保护管理，加快推行“林长制”，严厉打击各类破坏森林、林地和野生动植物资源的违法犯罪行为，抓好检查发现问题整改工作；实施古茶树保护、有机茶园、初制所标准化等茶产业20项重点工程，持续推动古茶树“双遗产”申报工作；全面禁止非法野生动物交易，革除食用野生动物陋习；全面加强亚洲象保护及肇事防范管理，积极参与“西双版纳亚洲象国家公园”建设。

（二）建立人居环境长效管理机制

加快补齐农村基础设施短板，统筹推进“四好农村路”建设，改扩建农村道路93公里，完成5个“五小”水利项目和200公里渠道建设。持续开展提升农村人居环境“大比武”和“十百千万”活动，继续推进农村“七改三清”，推动“大清扫、大消毒、大灭蚊”常态化制度化，推广美丽乡村“曼拉模式”，抓实村庄规划、垃圾污水治理、“厕所革命”、“厨房革命”和村容村貌提升等硬任务，全县村庄人居环境达1档标准；打造一批美丽村庄、美丽庭院和美丽田园，切实加强传统村落和特色村寨保护发展。

（三）以空间规划引领城市更新

一方面，加快推进国土空间规划编制。高水平编制县域国土空间规划和4个县城专项规划，严守生态保护红线，以及永久基本农田、城镇开发边界等控制线，实现多规合一、全域管控；加快“景洪—勐海同城化”进程，编制完善村庄规划。另一方面，稳步推进“美丽县城”建设。加快推进城市地下空间、地下综合管廊等建设，启动省级“文明城市”创建工作。

（四）打好污染防治三大保卫战

着力打好蓝天保卫战，聚焦$PM_{2.5}$和臭氧浓度“双控双减”，坚决整治建筑扬尘、露天焚烧、工业废气、机动车尾气、餐饮油烟等问题，确保空气质量持续提升。着力打好碧水保卫战，深入落实“河（湖）长制”，实施河道综合治理和景观提升项目，加快县城、打洛污水处理厂提标改造和建设，力争县城污水处理率和垃圾无害化处理率均达100%，地表水、地下水及水源地水质全部达标。着力打好净土保卫战，强化固体废物监管和无害化处理，加强土壤污染地块管控与治理修复，加快建筑垃圾、餐厨垃圾处理设施建设，大幅削减农业面源污染，持续推动农药、化肥减量行动，确保土壤环境质量持续改善。

四、绿色发展

（一）大力发展“六大生态产业”

西双版纳州印发《中共西双版纳州委　西双版纳州人民政府关于培育壮大生态经济产业的意见》等文件，大力支持发展特色生物产业、旅游文化产业、加工制造产业、健康养生产业、信息及现代服务产业和清洁能源产业“六大生态产业”。勐海县科学合理布局产业园区，基础设施网络更加完善，主导产业优势突出，创新能力明显增强，生态环境进一步优化，城镇综合服务功能不断提高，基本形成具有勐海特色的产城融合发展体系，并且力争六大生态经济产业增加值占GDP比重15%左右。

（二）做大做强生态工业

勐海县委、县政府紧紧围绕“绿色经济强省”“生态立州”“生物富州”等省、州重大战略定位，坚持“绿色GDP”的发展理念，用发展生态工业引领勐海发展，使生态经济发展成为勐海发展的鲜明主题。完成《勐海工业园区控制性详细规划》等，将工业园区定位为勐海工业强县的重要载体、生态建县的示范区和全县经济社会发展的带动区，推进发展方式转变、结构调整加快、发展环境改善，集中力量抓好招商引资与项目建设、基础设施建设、特色产业培育三个重点，全力打造生态产业集聚平台。

大力发展战略性新兴产业，加快构建现代产业体系。实施产业、集群、园区、企业、项目“五位一体”系统工程，加快培育加工制造、仓储物流等重点产业集群，增强区域产业核心竞争力。走新型工业化道路，大力发展适合县情的新型工业，重点发展生物资源综合加工产业，实现经济效益、生态效益、社会效益相统一和可持续化发展。围绕新型工业化，重点做好能源、生物工业，提高茶叶精深加工、保健食品加工、对外贸易加工水平，积极培育一批战略性新兴产业。建立健全以企业为主体、市场为导向、产学研用游相结合的技术创新体系，推动产业结构向高端化、高质化、高新化方向发展，加快形成新型工业现代产业体系。

（三）加快发展生态特色农业

勐海县土壤肥沃，气候宜人，生态环境优越，农业生产具有得天独厚的自然条件。该县按照保护生态、发展农业的思路，以特色产业提升农业效益，以生态建设优化发展环境，着力构建生态文明、农业增效、农民增收的生态农业，努力打造农产品“绿色、健康、放心”的生态品牌。大力发展优质稻谷、茶叶、小耳朵猪、绿色蔬菜、茶花鸡等农业特色主导产业。勐海是国际茶界公认的世界茶树原产地中心地带和驰名中外的普洱茶发祥地之一，是滇藏茶马古道的源头和滇缅通关的重要驿站，素有“世界茶树王之乡”“世界茶王之乡”“普洱茶圣地”“中国茶都”“茶乡梦海”的美誉。历年来，县委、县政府围绕把勐海建成“中国普洱茶第一县”和全国最大、最优质、最安全的普洱茶加工基地及普洱茶文化旅游目的地的目标定位，大力发展茶文化产业，将其作为引领勐海县域经济发展的“火车头”和“发动机”。

（四）大力发展生态旅游产业

认真贯彻落实“旅游强州”战略，把生态旅游产业发展作为引领县域经济加速转型、突破发展的着力点和突破口，充分发挥地文景观、水域风光、生物景观、天象与气候景观等 34 类自然资源和遗址遗迹、建筑与设施、旅游商品、人文活动等 65 类人文资源优势，大力推动生态旅游产业发展。加快实施勐巴拉旅游风情小镇、贺开古茶文化园、菩提缘·景真避暑山庄、茶禅世界等旅游项目。实施特色生态旅游村建设，深入挖掘傣族、哈尼族、拉祜族、布朗族等民族悠久的历史和灿烂的文化，大力举办傣族“泼水节”、哈尼族“嘎汤帕节”、拉祜族“拉祜扩节”、布朗族“桑衎文化节”，集中展示独特的民风民俗文化和浓郁的民族风情。

五、主要经验

（一）完善城乡基础设施，提升群众幸福指数

坚持“循序渐进、节约土地、集约发展、合理布局”的城乡建设理念，注意处理好开发与保护的关系和“城镇上山、农民进城、工业进坡”“山水田园一幅画、城市农村一体化”的特殊要求，以统筹协调推进城镇化水平提高和新农村建设为重点，着力抓好城乡基础设施建设，完善公共服务与社会管理，改善人居环境，促进城乡建设的科学发展、和谐发展、可持续发展。实施更加积极的民生保障措施，扎实推进“兴边富民”整村推进、易地扶贫开发、扶贫安居、扶持人口较少民族发展、山区综合开发、扶贫连片开发等工程。落实各项惠民政策，实施保障性住房、农村危房改造工程，加大贫困救助力度，向贫困发出宣战书。认真贯彻落实计划生育基本国策，稳步推进文化惠民工程，实施职业高中、普通高中免费教育，及时有效防控登革热、风疹等疫情。通过一系列城乡统筹发展措施，城乡基础设施、公共服务设施和生产生活设施明显改善，城乡面貌大为改观，初步构建了特色鲜明、资源节约、环境整洁、经济发展、和谐稳定的勐海城乡一体化新格局。

（二）加快环保设施建设，着力构建生态家园

勐海县在发展经济的同时，始终将环境保护工作放在重要位置，不断加大资金投入，统筹推进城乡生活垃圾、污水处理等环保基础设施建设，提高城乡生活污水处理和生活垃圾无害化处理能力，有效促进了经济建设和环境建设同步协调发展。着眼城镇绿化、美化、亮化的内在功能，依托城镇重要区域、重要节点、重点工程、重大项目的分布格局，结合路桥建设、内河治理、区域整治实施增绿扩绿，因地制宜搞好生态绿化、园林绿化、景观绿化。

（三）以“美丽乡村”为抓手，推进农村生态文明建设

全县把整治农村环境卫生作为建设社会主义新农村的一个突破口，开展“美化乡村、保洁清运”活动，高强度抓治理，下大力求实效，全

面实施农村环境综合整治，使全县农村环境卫生面貌发生了明显的改观。在全县 85 个行政村制订了环保村规民约，普遍建立以老年协会为主的村庄环境卫生保洁小组，落实“门前三包”责任制，基本实现自我教育、自我管理、自我发展、自我服务、自我约束的农村环境保护管理机制。积极开展农村环境综合整治示范项目，勐海县被列为“全国农村环境保护试点县”。加快农村新能源建设，以农村户用沼气池、太阳能热水器利用等为重点，通过项目带动、行政大力支持、示范点的促动，较好地推进了农村能源项目建设，充分利用了农村可再生能源。

后　记

在习近平生态文明思想的指导下，我国社会主义生态文明建设涌现出大量的实践创新成果。党的二十大对社会主义生态文明建设的规律性认识达到新的高度，未来我国的生态文明建设必将有新的历史性变革，取得历史性成就。本书从研究的视角记录、追踪我国生态文明建设的新变化、新成果，从各地实践的成功案例中总结经验。

本书的作者主要是北京林业大学从事生态文明研究的师生们。多年的生态文明研究实践，使作者们深感顶层设计、制度建设和县域治理对我国贯彻新发展理念的重要意义。本书上篇的研究也是基于这一观点而展开。分析县级政府工作报告是本书的关键所在，为保证报告的真实性，全部报告均来自全国县级政府网站。下篇呈现了全国各地典型的生态文明建设先进案例，主要由博硕士研究生们调研编写完成。由于县级政府工作报告的搜集和整理工作量大、耗时长，因此待本书出版时，报告年份已过去几年之久了。案例分析的体制机制原因也有待更深入地分析。

本书分工如下：第一章、第三章、全书统稿为林震；第二章为高兴武；第四章由方然、王尚宇编写，资料搜集为刘子奇、王倩，编程为王江峰；第五章的福建省永泰县、泰宁县、长泰区由李金玲编写，福建省长汀县由林龙圳、林予衡编写；第六章的北京市延庆区由张宇、刘欢、孙彦军编写，天津市武清区由张赢心、王尚宇、孙彦军编写，上海市闵行区由罗捷、宋春晓、孙彦军编写，杭州市拱墅区由曹忠倓、柳映潇、孙彦军编写，厦门市思明区由陈霈弦、柳映潇、孙彦军编写，深圳市福田区由苏彦舒、柳映潇、孙彦军编写；第七章的安徽省巢湖市由孙彦军编写，安徽省宁国市由耿飒、王尚宇编写，吉林省集安市由刘欢编写，四川省阆中市由孙彦军编写；第八章的浙江省安吉县由张赢心、李金玲编写，浙江省开化县由宋春晓、高阳编写，江西省婺源县由高阳、宋春晓编写，山东省微山县由王尚宇编写，河南省鄢陵县由耿飒编写，湖南省长沙县由陈霈弦、孙彦军编写，海南省陵水黎族自治县由王尚宇编写，宁夏回族自治区彭阳县由张朝阳、宋春晓编写，四川省洪雅县由孙彦军编写，云南省勐海县由陈远书、孙彦军编写；前言、后记、全书统稿由方然负责。

本书也可以说是作者们多年研究的合集，研究成果得以付梓凝聚了诸多同仁的辛勤工作和智慧。参编的老师们多年从事生态文明研究工作，为本书贡献了宝贵的经验。林震教授除了承担书稿的部分写作之外，还指导了整个研究工作，出于对学生的关爱，他在案例分析中注入了极大的心血。参与案例分析的研究生们，有的多年从事环境生态相关实践，有的多年在生态文明研究领域工作，他们是本书的主力军。福建人民出版社的编辑们精益求精，给予了专业的建议和帮助。政府工作报告搜集整理工作长达数月之久，工作单调又繁重，材料搜集和文本分析时软件开发工程师提供了技术支持。在此一并谢忱，深表感激！同时，感谢北京林业大学的经费支持（2019MJ05、2017CGP026），感谢北京林业大学马克思主义学院、北京林业大学生态文明研究院的支持！研究中还有很多不足之处，欢迎学界同仁、读者朋友们提供宝贵意见。

编者